R과 Python을 이용한
비모수통계학

박상언 지음

자유아카데미

머리말

학부에서 15년간 비모수통계학을 강의하면서 정리한 내용을 책으로 출간하게 되었다. 기초통계학 수준의 내용을 숙지한 비전공자를 대상으로 교재의 난이도를 조절하다 보니, 내용상 수학적 유도보다는 코딩에 중점을 두게 되었으며, 가급적 기초통계학의 내용과 연결하여 설명하고자 하였다.

책의 1장, 2장, 3장에서는 학부 수준의 통계학입문, 통계방법론의 내용을 간략하게 설명하였다. 그리고 4장과 5장에서는 순위를 이용한 비모수검정 방법들을 설명하였는데, 4장에서는 독립인 집단들의 비교에 대한 비모수검정 방법, 5장에서는 독립이 아닌 집단들의 비교에 대한 비모수검정 방법을 설명하였다. 그리고 6장에서는 분포함수와 Quantile 등을 이용하여 독립인 집단들을 비교하는 비모수 방법을 설명하였다. 7장에서는 비모수분포함수 추정에 대해 설명하였는데, 학부생들에게는 내용이 다소 어려울 수도 있어 개략적인 설명만 하였으며, 마지막으로 8장에서는 평가지표에 대한 설명을 하였다. 이 책에서 제시하는 여러 통계량에 대한 exact 확률분포표는 간단한 경우에는 대부분 책 뒤에 수록하였지만, 표가 너무 긴 경우에는 인터넷 검색을 이용하는 것이 더 효율적이라 생각하여 수록하지 않았다.

좋은 책을 위해 최선을 다했지만 미흡한 부분이 있을 수도 있다. 이 점은 양해를 바라며, 출간 후에 나올 수 있는 수정사항 등은 자유아카데미 홈페이지(www.freeaca.com) 자료실에 제공할 예정이니 참고하기 바란다.

끝으로, 이 책을 출간하는 데 도움을 준 자유아카데미 출판사 관계자분들께 감사드리며 원고의 최종 교정을 도와준 홍익선군에게도 감사드린다. 또한, R과 Python 코딩 및 연습문제 풀이작성 등 원고작성에 있어 누구보다 커다란 도움을 준 홍일기군에게 깊은 감사를 드린다.

2022년 1월

저자 박상언

차례

1장 확률변수와 분포

1.1 분포함수 2
1.2 확률변수의 요약 4
1.3 두 확률변수의 연관 측도 5
1.4 확률적 순서 6
1.5 순위 7

2장 기본 통계추론

2.1 누적분포함수 추정 12
2.2 통계량과 표본분포 14
2.3 구간추정 18
2.4 통계적 가설검정 23
2.5 절단자료의 생존함수 25

3장 통계 분석방법론의 개요

3.1 수치형 자료들의 요약: 상관계수 34
3.2 범주형 자료들의 요약: 카이제곱 검정통계량 40
3.3 수치와 범주형 변수들의 요약: 분산분석 통계량 46

4장 독립인 집단들의 비교

4.1 이항변수의 모비율검정 60
4.2 수치형 자료의 분포검정 68

5장 독립이 아닌 집단들의 비교

5.1 이항변수 82
5.2 수치형 자료 91

6장 누적분포함수의 비교

6.1 누적분포함수 비교: 검정통계량을 이용한 방법 112
6.2 누적분포함수 비교: 그래프를 이용한 방법 120
6.3 누적비교함수 비교: 역함수를 이용한 방법 127

7장 비모수적 확률밀도함수 추정과 회귀

7.1 비모수적 확률밀도함수 추정 136
7.2 비모수 회귀식 142

8장 분류모형의 평가

8.1 모형성능지표 148
8.2 예측확률과 오분류율의 Calibration 150

종합 연습문제 161
참고문헌 171
부록 173
찾아보기 237

1장

확률변수와 분포

1.1 분포함수
1.2 확률변수의 요약
1.3 두 확률변수의 연관 측도
1.4 확률적 순서
1.5 순위

1.1 분포함수

1) 이산형 분포함수

- 이산형 균등분포: 확률변수 X가 N개의 값을 가질 때, $P(X=x)=\frac{1}{N}$인 분포로 실험결과에 대한 예측이 가장 불확실한 분포이다. 이산형인 경우 분포의 불확실정도를 보통 $-\sum_{i=1}^{n} p_i \log p_i$($p_i$는 i번째 값이 나올 확률)인 엔트로피로 정의하는데, 이 불확실정도를 가장 크게 하는 분포가 이산형 균등분포이다.

- 베르누이 시행(Bernoulli trial): 확률변수 X가 둘 중 하나의 값(예를 들어, 성공 또는 실패)을 가지고 성공일 확률이 p, 실패할 확률이 $1-p$인 시행이다.

- 이항분포: n번의 독립적인 베르누이 시행을 하였을 때, 성공인 횟수를 X라고 하면, x번의 성공확률은 다음과 같이 구할 수 있다.

$$P(X=x)=C_{n,x}p^x(1-p)^{n-x}$$

- 초기하분포(hypergeometric distribution): 성공으로 표시된 G개와 실패로 표시된 $N-G$개로 구성된 N개의 모집단에서 n개를 복원 없이 추출한다고 하자. 이때 n개의 표본 중에서 성공인 개수를 확률변수 X라고 할 때, x개가 성공일 확률은 다음과 같다.

$$P(X=x)=\frac{C_{G,x}C_{N-G,n-x}}{C_{N,n}}, \ \max(0,n-(N-G))\le x\le \min(n,G)$$

2) 연속형 분포함수

- 지수분포: 지수분포는 사건이 발생할 때까지 걸리는 시간(x)에 대한 분포로 평균시간을 나타내는 λ에 따라 형태가 결정되는데, 확률밀도함수는 다음과 같다.

$$f(x;\lambda)= \frac{1}{\lambda}\exp\left[-\frac{1}{\lambda}x\right]$$

지수분포의 가장 큰 특징으로 무기억성(lack of memory)이 있다. 이는 $P(X> x+a|X>a)=P(X>x)$으로 표현할 수 있으며, 지나온 시간 a에 대하여 앞으로 일어날 사건이 영향을 받지 않는 성질이다.

- 정규분포(가우스 분포, Gaussian distribution): 정규분포는 두 개의 모수인 평균(μ)과 표준편차(σ)에 따라 형태가 결정되는데, 보통 $N(\mu,\sigma^2)$로 표기하며 확률밀도함수는 다음과 같다.

$$f(x;\mu,\sigma)= \frac{1}{\sqrt{2\pi\sigma^2}}\exp\left[-\frac{1}{2\sigma^2}(x-\mu)^2\right]$$

정규분포의 두 개의 모수인 μ와 σ가 각각 0과 1일 때, 이 분포를 특별히 표준정규분포라고 부른다.

- 카이제곱분포(chi-square distribution): 카이제곱분포는 표준정규분포를 따르는 n개의 독립적인 확률변수의 제곱합이 따르는 분포이며, 이때 분포의 자유도는 n이다. 보통 $\chi^2(n)$으로 표기한다.

- F 분포(F-distribution): F 분포는 카이제곱분포를 따르는 두 개의 독립적인 확률변수의 비가 따르는 분포이며, 분자에 해당하는 카이제곱분포의 자유도가 n, 분모에 해당하는 카이제곱분포의 자유도가 m일 때, 보통 $F(n,m)$으로 표기한다.

1.2 확률변수의 요약

1) p번째 분위수(quantile)

연속형 확률변수의 경우 $P(X \le x_p) = p$(또는 $P(X \ge x_p) = 1 - p$)인 x_p를 p번째 분위수라고 하고 연속형 확률분포함수를 $F(x)$라고 하면 $F^{-1}(p)$이 된다. 이산형 확률변수인 경우는 이러한 정의가 가능하지 않으므로 x_p보다 작을 확률이 p보다 같거나 작고, x_p보다 작거나 같을 확률은 p보다 같거나 큰 것으로 정의된다. 따라서 일반적으로 p번째 분위수인 x_p는 다음과 같이 정의된다.

$$P(X > x_p) \le p \text{ and } P(X \le x_p) \ge p \quad (\text{또는 } P(X > x_p) \le 1 - p)$$

예제 1

40, 50, 60, 70, 80, 90의 6개 값이 각각 1/6의 확률을 가질 때, 0.5번째 분위수와 0.6번째 분위수를 구하시오.

풀이 위의 정의에 따르면 0.5번째 분위수는 [60,70]인 모든 값, 0.6번째 분위수는 70이 된다. 또는 이처럼 이산형 확률변수인 경우는 2장에서 설명할 경험적 분포함수를 그린 후 점프가 있는 x값에서는 수직선을 이용하여 연속으로 만든 다음 p에 대응하는 x값을 구하면 된다.

2) 적률(moment)

분포함수는 확률변수의 모든 x값에 대한 확률값을 나타내는 함수이므로, 이러한 분포함수의 형태를 숫자로 요약하여 분포의 특성을 나타내고 싶어 할 때가 있다. 즉, $E(X^k), k = 1, 2, \cdots$를 이용하여 분포의 특성을 숫자로 나타낼 수 있는데, 이를 k번째 적률이라 하고 보통 μ_K로 나타낸다. k가 1인 경우는 분포의 기댓값을 나타내고, 1번째와 2번째 적률을 이용한 $E(X^2) - E(X)^2$는 분포의 분산을 나타낸다. 하지만 이러한 적률이 존재하지 않는 분포도 있다.

1.3 두 확률변수의 연관 측도

하나의 쌍을 이루는 두 확률변수 X, Y의 연관성은 모든 (x,y)에 대한 결합확률분포로 나타낼 수 있지만, 이러한 형태를 하나의 숫자로 요약하여 두 확률변수 간의 연관 정도를 나타낼 수 있다. 각 변수의 평균값에서 벗어나는 정도를 고려하여 두 변수가 같은 방향으로 움직이는지를 하나의 측도로 요약할 수 있는데, 이를 공분산(covariance)이라 하고 다음과 같이 정의된다.

$$Cov(X, Y) = E[(X - E(X))(Y - E(Y))]$$

공분산이 양의 값이 나오면 각 평균값에서 벗어나는 방향이 비슷하다는 걸 나타낸다. 이러한 공분산을 다시 X, Y의 분산을 고려하여 표준화하게 하면 -1에서 1의 값을 가지게 되는데, 이것이 다음의 피어슨 상관계수(Pearson's coefficient of correlation)이다.

$$\rho = \frac{Cov(X, Y)}{\sqrt{Var(X)\,Var(Y)}} \quad (-1 \le \rho \le 1)$$

예제 2

1부터 N까지 번호가 붙어있는 N개의 공에서 복원 없이 공을 차례대로 추출한다. X_i를 i번째 뽑은 공의 숫자라고 한다면, i번째 뽑은 공의 숫자가 j일 확률은 $\Pr(X_i = j) = 1/N$이다. 이러한 분포에 대한 기댓값과 분산은 다음과 같이 구할 수 있다.

$$E(X_i) = \sum_{i=1}^{N} i \times \frac{1}{n} = \frac{N+1}{2}$$

$$V(X_i) = E(X_i^2) - (E(X_i))^2 = \sum_{i=1}^{N} i^2 \times \frac{1}{n} - (\frac{N+1}{2})^2 = \frac{(N+1)(N-1)}{12}$$

또한, $Cov(X_i, X_j) = Cov(X_i, Const - X_1 - \cdots - X_{j-1} - X_{j+1} - \cdots - X_N)$

$= -V(X_i) - (N-2)Cov(X_i, X_j)$이므로

$Cov(X_i, X_j) = -(N+1)/12$로 얻어진다.

예제 3

위의 <예제 2>에서 Y를 $X_1 + \cdots + X_n$ $(n \le N)$라고 한다면, Y의 기댓값과 분산은 다음과 같다.

$$E(Y) = n\frac{N+1}{2}$$

$$V(Y) = n\,V(X_i) + n(n-1)\,Cov(X_i, X_j) = \frac{n(N+1)(N-n)}{12}$$

1.4 확률적 순서

만일 a, b가 숫자라고 한다면, $a < b$ 등과 같이 대소관계를 나타낼 수 있다. 그러나 확률변수는 숫자가 아니므로 이러한 대소관계를 나타낼 수가 없다. 하지만 $X \sim N(\mu_x, \sigma^2)$, $Y \sim N(\mu_y, \sigma^2)$, $\mu_x < \mu_x$와 같은 경우 두 확률변수에 대해서도 확률적인 대소관계를 정의하여 Y가 X보다 크다는 정의를 내리고 싶을 것이다. 따라서 다음과 같은 두 확률변수 간의 대소관계에 대한 정의를 고려할 수 있다.

먼저 X, Y의 누적분포함수가 F, G라고 가정하자.

정의 확률적 순서(stochastic order)

만일 모든 t에 대해 $1 - F(t) \le 1 - G(t)$이면, X는 확률적 순서에서 Y보다 작다($X \le_{st} Y$).

정의 확률적 선행(stochastic precedence)

$\Pr(X \le Y) \ge 1/2$이면, X는 Y보다 확률적으로 우선한다($X \le_{sp} Y$).

확률적 순서와 확률적 선행과의 관계는 다음과 같다.

- $X \le_{st} Y$는 $\Pr(X \le Y) \ge 1/2$를 나타내지만, 역은 성립되지 않는다. 따라서 확률적 선행은 확률적 순서보다 약한 개념이다. 또한, 확률적 선행이 성립되지 않으면 확률적 순서 역시 성립되지 않는다.
- $X \le_{st} Y$는 $E(X) \le E(Y)$를 나타내지만, 역은 성립되지 않는다.
- $X \le_{sp} Y$는 $E(Y-X) \ge 0$을 나타내지 않으며, 역의 경우도 마찬가지이다.
- $X \le_{sp} Y$는 $Y-X$의 중위수가 0보다 크거나 같다는 것과 동일하다.

1.5 순위

동일한 분포에서 얻어진 표본값을 사칙연산 등을 이용하여 통계량을 구한다면, 이 통계량의 분포는 모집단 분포에 따라 달라진다. 따라서 모집단의 분포를 모른다면, 이 통계량을 추론에 사용하기 힘들어진다. 하지만 표본을 크기 순서대로 나열하여 순위(rank)를 구한 후 이 순위들에 대해 사칙연산을 하여 통계량을 구한다면, 이 순위들의 확률은 모집단 분포에 상관없이 $1/n$이므로 통계량의 분포를 구할 수 있고 추론에 사용할 수 있다.

X_i의 순위는 다른 표본들과의 대소를 비교하여 정해지므로 만일 동률이 없다면, $R(X_i) = \sum_{j=1}^{n} I(X_i \le X_j)$라고 표현할 수 있으므로 순위에 기초한 추론은 앞에서 정의한 확률적 선행에 대한 추론과 밀접한 관련이 있다. 만일 표본이 동일한 분포에서 독립적으로 얻어졌다면, $\Pr(R(X)=i) = 1/n$이 된다. 따라서 $\Pr(R(X)=i) \ne 1/n$이라면, 동일한 분포에 독립적으로 얻어졌다는 가정이 틀렸다는 것을 말해준다. 예를 들어, 두 집단 전체에 대해 순위를 매긴 경우 두 집단의 분포가 같다면, 한 집단의 평균 순위와 다른 집단의 평균 순위가 비슷하여야 한다. 만일 이 평균 순위의 차이가 크다면, 두 집단의 분포가 같다고 할 수 없다.

1장

연습문제

1. 정규분포가 통계추론에서 왜 중요한지 말하시오.

2. 각 $X=x_i, i=1, \cdots, k(x_i < x_{i+1})$가 가지는 확률을 p_i라고 하고, 누적확률인 $\sum_{i=1}^{j} p_i$를 P_j라고 하자. 이러한 확률이 균등분포이기 위해서는 $(x_i, P_i)'s$, for $i=1, \cdots, k$가 일직선상에 있어야 한다.

   ① 균등분포이지 않은 x_i를 다음과 같이 x_i'로 변환함으로써 균등분포로 만들 수 있음을 보이시오.

$$x_i' = \frac{(P_i - P_1) \times (x_n - x_1)}{1 - P_1} + x_1$$

   ② 각 $x_i = i$, $i=1$, …, 256이고 값이 커질수록 pixel의 하얀 정도를 나타낸다고 하자. ①의 결과를 이용하여 다음과 같이 균등분포화(histogram equalization)할 수 있음을 보이시오(그림 참조).

Before Histogram Equalization

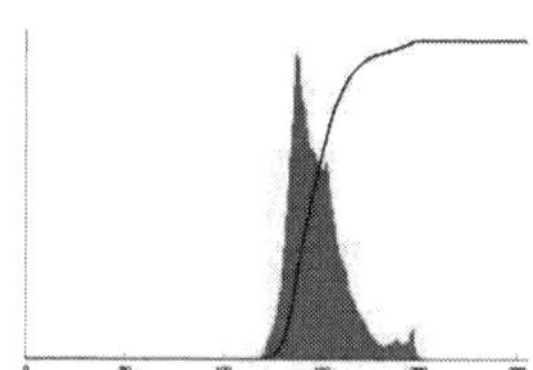

Corresponding histogram (red) and cumulative histogram (black)

After Histogram Equalization

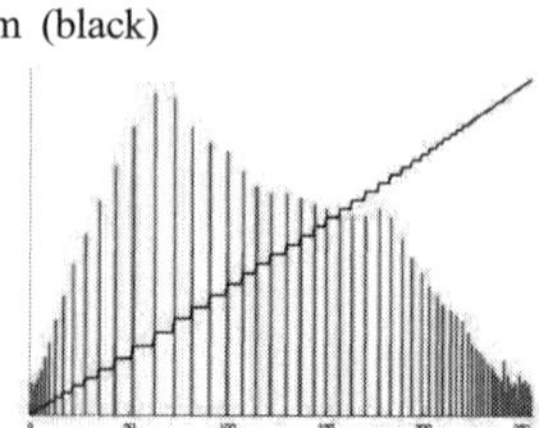

Corresponding histogram (red) and cumulative histogram (black)

(그림 출처: wikipedia)

3. 갑돌이는 모집단에 대해 카이제곱분포를 가정하여 표본을 가지고 카이제곱분포의 자유도를 추정하였다. 이에 대해 어떻게 생각하는지 말하시오.

4. 현재 50살인 갑돌이는 사람의 수명에 대해 지수분포를 가정한 후 70살, 84살로 얻어진 표본 2개로 적합성 검정을 한 결과, 귀무가설이 기각되지 않아서 사람의 수명에 대해 평균이 77인 지수분포를 가정하기로 하였다. 따라서 이 지수분포에 대해 현재 50세인 사람의 기대잔여수명인 $E(X-50 \mid X>50)$을 구하면, 77이라는 값이 나온다. 무엇이 문제인지 말하시오.

5. 다음에 대해 답하시오.

① (2,4,6)으로 얻어진 표본이 있다. 모집단이 정규분포라고 알려진 경우 $P(X>5)$와 $P(\overline{X_3}>5)$를 추정하시오.

② (2,4,6)으로 얻어진 표본이 있다. 모집단 분포가 알려지지 않은 경우 $P(X>5)$와 $P(\overline{X_3}>5)$를 추정하시오.

6. $P(X=1)=0.3$, $P(X=2)=0.4$, $P(X=3)=0.3$일 때, $F(x)$를 그리고 $F(2-)$와 $F(2)$를 구하시오. 또한, $\int_0^{\infty}(1-F(x))dx$와 $E(X)$를 구하시오.

7. $P(X=0)=1/4$, $P(X=1)=1/4$, $P(X=2)=1/3$, $P(X=3)=1/6$이다. 0.5번째와 0.75번째 분위수를 구하시오.

8. $P(X=0)=1/4$, $P(X=a)=1/4$, $P(X=b)=1/3$, $P(X=3)=1/6$이다. X가 균등분포이기 위한 a와 b를 구하시오.

9. 어떠한 연속형 분포함수가 다음과 같은 성질을 가지고 있다.

$$\frac{F'(x)}{1-F(x)}=c, x \geq 0. \text{ (여기서 } c\text{는 상수)}$$

위의 성질을 설명하고 이러한 분포함수를 구하시오.

2장

기본 통계추론

2.1 누적분포함수 추정

2.2 통계량과 표본분포

2.3 구간추정

2.4 통계적 가설검정

2.5 절단자료의 생존함수

2.1 누적분포함수 추정

모수적 방법에서는 먼저 모집단 분포에 대한 대략적인 형태인 $F(x;\theta)$를 설정하고 정해지지 않은 미지의 모수인 θ를 표본으로부터 추정하게 된다. 이 추정된 모수값을 $\hat{\theta}$ 라고 한다면 x에서 추정되는 모집단 누적분포값은 $F(x;\hat{\theta})$이 된다. 모수적 방법을 사용하기 위해서는 먼저 표본 수집 전에 $F(x;\theta)$를 설정할 수 있는 충분한 근거가 있어야 하고, 수집된 표본으로부터 표본 수집 전에 가정한 $F(x;\theta)$이 적합한 가정이었는지를 검정하여야 한다. 만약 그러지 않는다면 비모수적 방법을 사용하여야 한다.

모집단에 대한 누적분포함수를 F라고 할 때 x에서 누적분포는 $F(x) = \Pr(X \le x)$로 정의되고 이는 $E(I(X \le x))$로 나타낼 수 있는데, 여기서 $I(R)$은 지시함수(indicator function)이며, 만일 관계식 R이 참이면 1, 거짓이면 0이 된다. 따라서 $\Pr(X \le x)$에 대한 추정치는 다음과 같이 구할 수 있고,

$$F_n(x) = \frac{1}{n}\sum_{i=1}^{n} I(X_i \le x)$$

이를 경험적 분포함수(empirical distribution function)라고 하며 계단함수(step function)의 형태를 가진다.

예제 1

6개의 표본, (40, 50, 60, 70, 80, 90)이 있을 때 다음의 R과 Python을 이용한 경험적 분포함수는 다음과 같다.

```
x=c(40,50,60,70,80,90)
plot(ecdf(x))
```

그림 2.1

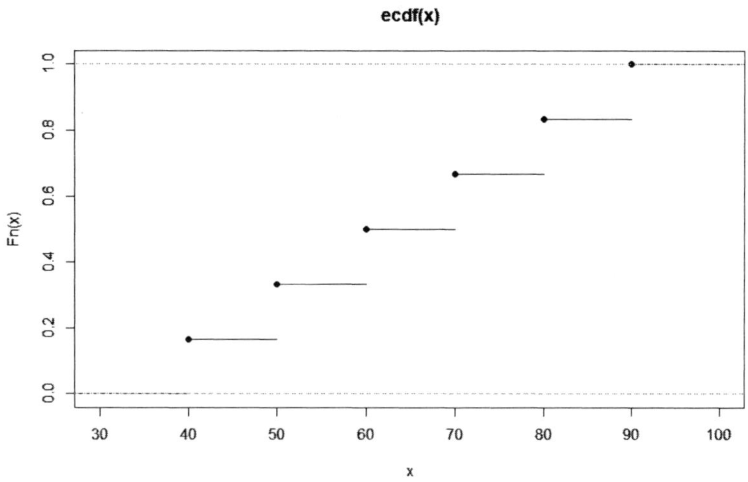

그림 2.2

```
x = np.linspace(start=40,stop=90,num=6)
y = np.linspace(start=1/len(x), stop=1, num=6)
fig1, ax = plt.subplots(1,1)
ax.step(x,y,'.-g',where='post')
ax.hlines(0,30,x.min(),'g')
ax.hlines(1,x.max(),100,'g')
ax.vlines(x.min(),0,y.min(),'g')
ax.set_title('ECDF')
ax.set_xlabel('x')
ax.set_ylabel('F(x)')
```

그림 2.3

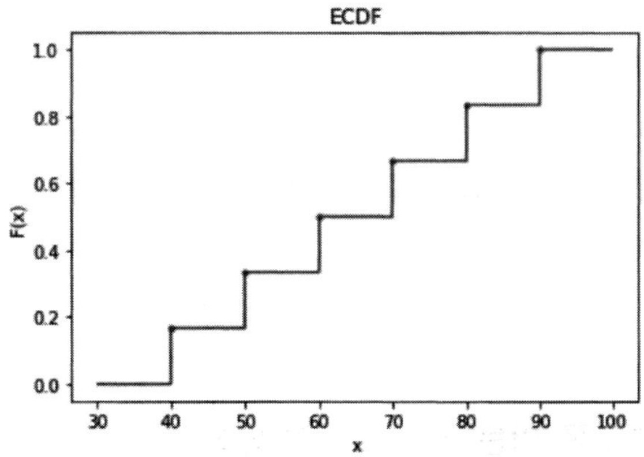

그림 2.4

예제 2

40, 50, 60, 70, 80, 90의 6개 값이 각각 1/6의 확률을 가질 때 0.5번째 분위수와 0.6번째 분위수를 구하시오.

풀이 1장에서는 정의에 따라 0.5번째 분위수는 [60,70]인 모든 값, 0.6번째 분위수는 70이 되는 것을 살펴보았다. 또한, 〈그림 2.4〉에서와 같이 경험적 분포함수를 그린 다음, 점프가 있는 x값에서 수직선을 이용하여 연속으로 만든 다음 p에 대응하는 x값을 구하는 방법을 이용할 수 있다.

2.2 통계량과 표본분포

일반적으로 표본을 얻은 후 하나의 숫자로 요약하여 표본의 특성을 나타내고자 하는데, 이처럼 하나의 숫자로 요약된 식을 통계량이라고 한다. 즉, 통계량은 n개의 표본값을 하나의 값으로 나타내므로 n개 표본값의 함수라고 할 수 있으며 표본평균, 표본중위수, 표본분산 등이 그 예이고 보통 T_n으로 나타낸다. 그리고 통계량을 구성하고 있는 n개 표본값의 변동에 따라 통계량의 변동이 있게 된다. 예를 들어, 표본값들이 정규분포를 따르면 표본평균은 정규분포를 따르게 된다.

따라서 모집단 분포에 대한 가정하에서 통계량의 분포를 구할 수 있고, 이러한 통계량의 표본분포를 이용하여 만일 통계량의 값이 t라면, $P(T_n > t)$등과 같이 확률을 구하여 가정하에서 나올만한 표본인지에 대한 추론을 하게 된다. 이와 같이 통계량의 표본분포는 추론에 필요하므로 이를 구하려고 한다. 만일 어떠한 통계량에 대한 표본분포를 구할 수 없다면, 그 통계량을 이용한 추론을 할 수 없으므로 그다지 유용한 통계량이 되지 못한다.

2.2.1 모집단의 분포를 아는 경우(모수적 방법)

표본값들의 모집단의 분포를 아는 경우에는 통계량의 분포 역시 알 수 있다.

1) 정확한 분포

모집단의 분포를 아는 경우 통계량의 분포를 수학적으로 도출해낼 수 있는데, 이를 정확한(exact) 분포라고 한다. 하지만 수학적 도출의 어려움으로 일반적으로 정확한 분포를 구하는 것이 어려운 경우들이 대부분이다. 예를 들어, 모집단의 분포가 정규분포일 때, 표본평균이라는 통계량의 분포 역시 정규분포이다.

2) 모의실험을 이용한 근사분포

몬테칼로(Monte Carlo) 모의실험이란 주어진 분포에 대해서 반복적인 모의실험을 통하여 수치적 결과물을 얻는 방법을 의미한다. 몬테칼로 모의실험을 이용하여 통계량의 표본분포를 대략적으로 구할 수 있다. 즉, 모집단의 확률분포에서 n개의 값을 생성하여 통계량을 계산하고 이러한 계산을 아주 큰 횟수인 m번 반복한다면, 우리는 m개의 통계량값을 얻게 되고 이를 이용하여 통계량의 분포를 근사할 수 있게 된다. 모집단의 확률분포 형태는 알지만 그 모수에 대해서는 모를 때는 이 모수를 표본으로부터 추정한 후, 몬테칼로 모의실험 방법과 동일하게 통계량의 표본분포를 근사하면 된다. 이러한 방법을 모수적 붓스트랩(Parametric Bootstrap)이라고 한다. 물론 정확한 분포를 구하는 것이 근사적 분포를 구하는 것보다 우선되어야 한다.

2.2.2 모집단의 분포를 모르는 경우

모집단의 분포를 모르는 경우에는 정확한 통계량의 표본분포를 알 수가 없다.

1) 대표본인 경우의 근사분포

표본수가 커지면 통계량의 분포가 모집단의 분포가 관계없이 일정한 형태를 가지게 되는 경우가 있는데, 이러한 경우 이 형태를 구하여 통계량의 근사적 표본분포로 사용할 수 있다. 예를 들어, 일정한 조건하에서 모집단 분포에 상관없이 표본평균의 분포는 표본수가 커질수록 정규분포와 비슷해진다. 그러나 이렇게 일정한 형태를 가지는 경우가 그리 많지 않고, 또한 표본수가 작은 경우에 사용하기에는 확률의 오차가 다소 크다.

예제 3

$p = 0.3$인 이항분포에서의 n개의 표본에 대해 통계량 $T_n = (\overline{X} - 0.3)/\sqrt{0.3(1-0.3)/n}$의 분포는 대략적으로 표준정규분포와 비슷해진다. 다음 <그림 2.5>는 이항분포를 이용하여 10,000번의 모의실험을 거쳐 통계량값을 구해 히스토그램으로 나타낸 것과 표준정규분포와의 비교이다. n이 20인 경우 히스토그램은 치우쳐짐을 보인다. 따라서 표준정규분포와의 근사에 차이가 있음을 알 수 있다. 하지만 $n = 200$인 경우에는 거의 표준정규분포와 비슷해짐을 알 수 있다.

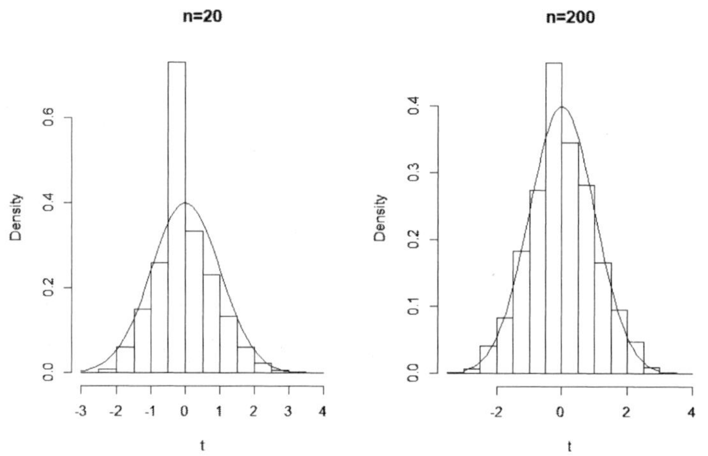

그림 2.5

2) 비모수적 붓스트랩 방법에 의한 근사분포

모집단의 분포를 모르는 경우 표본의 경험적 분포함수를 이용하여 n개의 새로운 표본을 생성(이때 중복추출을 허용해야 한다.)하여 통계량을 계산하고, 다시 이러한 과정을 아주 큰 횟수인 B번 반복한다면 우리는 B개의 통계량값을 얻게 된다. 이를 이용하여 통계량의 표본분포를 추정할 수 있으며, 통계량의 표준오차를 다음과 같이 추정할 수 있다.

$$SE(\widehat{\theta_n}) = \sqrt{\frac{1}{B-1}\sum_{b=1}^{B}\left(\widetilde{\theta_i} - \widetilde{\theta^*}\right)^2}$$

여기서 $\widetilde{\theta_1}, \cdots, \widetilde{\theta_B}$는 B개의 비모수적 붓스트랩(Nonparametric Bootstrap) 통계량값이고 통계량의 표본평균은 $\widetilde{\theta}^* = \sum_{b=1}^{B} \widetilde{\theta}_i / B$이다.

예제 4

2.08, 2.60, 2.67, 2.70, 2.94, 3.08, 3.71, 4.66, 4.71, 5.20인 표본이 있다. $\log \mu$는 $\log \overline{X}$로 추정될 수 있고, 이는 1.2340으로 추정된다. 추정치의 표준오차를 추정하시오.

풀이 만일 모집단 분포를 알고 있는 경우 $\log \overline{X}$의 분포의 수학적인 식을 구할 수 있다면, $V(\log \overline{X})$를 구할 수 있다. 만일 수학적인 식을 구할 수 없다면, 몬테칼로 모의실험을 이용하여 대략적으로 추정할 수 있다. 여기서는 모집단 분포를 모르기 때문에 다음과 같이 구할 수 있다.
μ에 대한 테일러 전개에 따라 $\log \overline{X} \approx \log\mu + (\overline{X} - \mu)/\mu$이므로 $V(\log \overline{X})$는 $V(\overline{X})/(\overline{X})^2$로 추정할 수 있다. 이때 $V(\overline{X}) = \frac{v(x)}{n}$이며, 모집단의 분포를 모르기 때문에 모집단의 분산인 $V(X)$를 표본분산으로 추정한다. 따라서 $\sqrt{V(\log \overline{X})}$는 0.0987로 추정된다. 이 방법은 n이 커짐에 따라 $\overline{X} \approx \mu$이기 때문에 적절한 추정 방법이라고 할 수 있다.
R과 Python을 이용한 비모수적 붓스트랩 추정결과는 다음과 같다.

```
> x=c(2.08,2.60,2.67,2.70,2.94,3.08,3.71,4.66,4.71,5.20)
> sim=10000
> stat=array(0,sim)
> for(i in 1:sim) {
+     stat[i]=log(mean(sample(x,10,replace=T)))
+ }
> print(sd(stat))
[1] 0.09321176
```

그림 2.6

```
x = np.array([2.08, 2.60, 2.67, 2.70, 2.94, 3.08, 3.71, 4.66, 4.71, 5.20])
B = 10000
result = []
for i in range(B):
    temp = np.random.choice(x,len(x)) # with replacement
    result.append(np.log(temp.mean()))
result = np.array(result)
std = result.std()
print(std)

0.09391471062855239
```

그림 2.7

2.3 구간추정

어떤 모수 θ에 대한 추정을 할 때 표본값의 함수인 통계량을 이용하는데, 이렇게 추정에 사용되는 통계량을 추정량이라고도 한다. 그리고 표본에 따라 실현된 통계량값을 t_n이라 한다면, θ를 하나의 숫자로 추정하였으므로 이를 점추정량이라 하고 $\hat{\theta}$으로 나타낸다. 하지만 이러한 점추정량은 정확도가 반영되지 않으므로, 정확도를 반영하기 위하여 $(\widehat{\theta_L}, \widehat{\theta_U})$과 같이 θ를 구간으로 추정하는 경우 이를 구간추정량이라고 한다. 구간추정량은 정해진 확률하에서 추정치 t_n이 나올 수 있는 모수값들이므로 $\widehat{\theta_L}, \widehat{\theta_U}$은 다음과 같이 구할 수 있다.

$$\text{구간의 하한: } \Pr(T_n \geq t_n | \widehat{\theta_L}) = \alpha/2$$

$$\text{구간의 상한: } \Pr(T_n \leq t_n | \widehat{\theta_U}) = \alpha/2$$

이렇게 구한 $(\widehat{\theta_L}, \widehat{\theta_U})$은 θ를 포함할 확률이 $100(1-\alpha)\%$라는 것으로 해석되는데, 이러한 구간추정을 신뢰수준이 $100(1-\alpha)\%$인 신뢰구간이라고 한다. α를 작게 할수록 신뢰구간의 길이는 길어지며 일반적으로는 α를 0.05로 놓고 95% 신뢰구간을 구하게 된다.

예제 5

갑돌이의 IBT 점수를 θ라 하고, 갑돌이는 두 번의 시험에서 평균 102점을 받았다고 하자. 만일 갑돌이의 IBT 점수의 분포가 알려져 있다면, 95% 신뢰구간은 하한, 상한이 각각 $\Pr(\overline{X} \geq 102 | \theta_L) = 0.025$, $\Pr(\overline{X} \leq 102 | \theta_U) = 0.025$를 만족하는 $(\widehat{\theta_L}, \widehat{\theta_U})$로 구할 수 있다.

2.3.1. 모비율에 대한 구간추정

1) 모비율에 대한 정확한 구간추정

성공확률이 p인 n번의 베르누이 시행에서 성공인 횟수를 Y라고 할 때, 이항분포를 이용하여 Y에 대한 확률을 구할 수 있고, 신뢰구간(95%)을 구하기 위해서는 주어진 n과 Y에 대하여 다음의 두 식을 풀어 (p_L, p_U)를 구하면 된다.

$$\Pr(Y \geq y; p = p_L) = \sum_{i=y}^{n} C_{n,i} p_L^i (1-p_L)^{n-i} = 0.025$$

$$\Pr(Y \leq y; p = p_U) = \sum_{i=0}^{y} C_{n,i} p_U^i (1-p_U)^{n-i} = 0.025$$

2) 모비율에 대한 근사적 구간추정

표본의 수가 크다면 구체적인 계산이 번거롭기 때문에 근사적인 신뢰구간을 사용하는 것이 보편적이다. 따라서 계산과정의 편의상 다음과 같은 Y의 근사적인 분포를 많이 이용하게 된다.

$$\frac{Y - np}{\sqrt{n\frac{Y}{n}\left(1 - \frac{Y}{n}\right)}} \approx N(0,1)$$

그러므로 위의 정확한 확률식보다는 다음의 근사식을 이용하여 구하게 된다.

$$\Pr(Y \geq y; p = p_L) \approx \Pr\left(Z \geq \frac{y - np_L}{\sqrt{n\frac{y}{n}\left(1 - \frac{y}{n}\right)}}\right) = \frac{\alpha}{2}$$

$$\Pr(Y \leq y; p = p_U) \approx \Pr\left(Z \leq \frac{y - np_U}{\sqrt{n\frac{y}{n}\left(1 - \frac{y}{n}\right)}}\right) = \frac{\alpha}{2}$$

즉, p_L은 $\frac{y - np_L}{\sqrt{n\frac{y}{n}(1 - \frac{y}{n})}} = Z_{\alpha/2}$을 풀어 $\frac{y}{n} + Z_{2\alpha/2}\sqrt{\frac{1}{n}\frac{y}{n}(1 - \frac{y}{n})}$로 구해지고, p_U

는 $\dfrac{y-np_U}{\sqrt{n\frac{y}{n}(1-\frac{y}{n})}}=Z_{\alpha/2}$을 풀어 $\frac{y}{n}-Z_{1-\alpha/2}\sqrt{\frac{1}{n}\frac{y}{n}(1-\frac{y}{n})}$ 로 구해진다. 따라서 100 $(1-\alpha)\%$ 신뢰구간은 $\frac{y}{n}\pm Z_{1-\alpha/2}\sqrt{\frac{1}{n}\frac{y}{n}(1-\frac{y}{n})}$ 이 된다.

예제 6

20명의 고객 중 제품 A를 선호하는 고객이 7명일 때, 제품 A를 선호하는 고객의 비율을 95% 신뢰수준으로 추정하시오.

(풀이) 표본비율의 대략적인 정규분포를 이용하면 근사적인 95% 신뢰구간은 다음과 같이 구해진다.

$$\left(\frac{7}{20}\pm 1.96\sqrt{\frac{1}{20}\frac{7}{20}\left(1-\frac{7}{20}\right)}\right)=(0.141,\ 0.559)$$

또한, 정확한 분포인 이항분포를 이용하면 정확한 95% 신뢰구간은 (0.154, 0.592)로 구해진다.

2.3.2 모평균에 대한 구간추정

모평균의 추정량으로는 표본평균을 이용할 수 있고, 표본평균의 표본분포를 이용하여 구간추정을 구할 수 있다. 따라서 표본평균의 표본분포에 따라 다음과 같이 구할 수 있다.

1) 모집단의 분포를 정규분포로 가정한 경우의 정확한 구간추정

모집단이 정규분포인 경우 $T_n=\dfrac{\overline{X}-\mu}{s/\sqrt{n}}\sim t_{n-1}$(자유도가 $t-1$인 t 분포)이므로 다음의 두 식으로부터

$$\Pr(\overline{X}\geq \overline{x};\mu=\mu_L)=\Pr\left(T_n\geq \frac{\overline{x}-\mu_L}{s/\sqrt{n}}\right)=\frac{\alpha}{2}$$

$$\Pr(\overline{X}\leq \overline{x};\mu=\mu_U)=\Pr\left(T_n\leq \frac{\overline{x}-\mu_U}{s/\sqrt{n}}\right)=\frac{\alpha}{2}$$

따라서 $100(1-\alpha)\%$ 신뢰구간은 다음과 같이 얻어진다.

$$\left(\bar{x}-t_{n-1,\alpha/2}\frac{s}{\sqrt{n}},\ \bar{x}+t_{n-1,\alpha/2}\frac{s}{\sqrt{n}}\right)$$

2) 모집단의 분포에 대한 가정이 없는 경우의 근사적인 구간추정

표본수가 큰 경우 일정한 조건하에, 모집단의 분포와 상관없이 중심극한정리에 따라 다음의 표본평균에 대한 근사적인 표본분포를 이용하여, 모평균에 대한 구간추정을 할 수 있다.

$$\frac{\bar{X}-\mu}{s/\sqrt{n}} \sim N(0,1)$$

따라서 다음의 두 식으로부터

$$\Pr(\bar{X} \geq \bar{x}; \mu=\mu_L) = \Pr\left(Z \geq \frac{\bar{x}-\mu_L}{s/\sqrt{n}}\right) = \frac{\alpha}{2}$$

$$\Pr(\bar{X} \leq \bar{x}; \mu=\mu_U) = \Pr\left(Z \leq \frac{\bar{x}-\mu_U}{s/\sqrt{n}}\right) = \frac{\alpha}{2}$$

그러므로 $100(1-\alpha)\%$ 신뢰구간은 다음과 같이 얻어진다.

$$\left(\bar{x}-z_{\alpha/2}\frac{s}{\sqrt{n}},\ \bar{x}+z_{\alpha/2}\frac{s}{\sqrt{n}}\right)$$

3) 비모수적 붓스트랩을 이용한 구간추정

각 표본값이 나올 확률을 $1/n$로 놓고 중복을 허용하여 n개의 새로운 표본값을 생성해서 통계량을 계산하고, 이러한 계산을 아주 큰 횟수인 B번 반복한다면 B개의 통계량값을 얻게 된다. 이를 $(t_1, \cdots, t_B)$라고 한다면 $(t_{0.025B}, t_{0.975B})$로 95% 신뢰구간을 추정하게 된다.

예제 7

10개의 표본이 (2.08, 2.60, 2.67, 2.70, 2.94, 3.08, 3.71, 4.66, 4.71, 5.20)으로 주어졌을 때, 모평균의 95% 신뢰구간을 비모수적 붓스트랩 방법으로 구하시오.

(풀이) R과 Python을 이용한 결과는 다음과 같다.

```
> x=c(2.08,2.60,2.67,2.70,2.94,3.08,3.71,4.66,4.71,5.20)
> sim=10000
> stat=array(0,sim)
> for(i in 1:sim) {
+   stat[i]=mean(sample(x,10,replace=T))
+ }
> stat=sort(stat)
> print(c(stat[sim*0.025],stat[sim*0.975]))
[1] 2.839 4.084
```

그림 2.8

```
x = np.array([2.08, 2.60, 2.67, 2.70, 2.94, 3.08, 3.71, 4.66, 4.71, 5.20])
B = 10000
result = []
for i in range(B):
    temp = np.random.choice(x,len(x)) # with replacement
    result.append(temp.mean())
result = np.sort(result)
l, u = int(B*0.024), int(B*0.975)
print([result[l],result[u]])
[2.844, 4.089]
```

그림 2.9

위 예제에 대해서 대략적인 정규분포를 이용하여 근사적으로 구하면 다음과 같이 구할 수 있다.

$$(3.435-1.96\times 1.0722/\sqrt{10}, 3.435+1.96\times 1.0722/\sqrt{10}) = (2.7704, 4.0996)$$

또한, 모집단이 정규분포라면 정확한 신뢰구간은 다음과 같다.

$$(3.435-2.26\times 1.0722/\sqrt{10}, 3.435+2.26\times 1.0722/\sqrt{10}) = (2.6680, 4.2020)$$

2.4 통계적 가설검정

1) 구성요소

- 귀무가설, 대립가설: 귀무가설은 무죄 추정과 같이 참이라고 믿어지지만 검증되어야 하는 가설이고, 대립가설이란 귀무가설 대신 참이라고 생각되는 가설을 나타낸다. 따라서 귀무가설이 기각되기 위해서는 대립가설 쪽으로 매우 충분한 증거들이 제시되어야 한다. 단, 통계적 가설검정은 귀무가설, 대립가설 둘 중 하나를 선택하는 것이 아니라 귀무가설을 기각하느냐 못하느냐로 귀결된다. 즉, 귀무가설을 기각하지 못하였다는 것은 귀무가설이 참임을 입증한 것이 아니라 아무런 사실을 밝히지 못하였다는 것이다.

- 검정통계량: 검정통계량이란 가설검정을 위해 표본들을 하나의 값으로 요약하는 통계량이며, 일반적으로 귀무가설이 거짓인 경우 0에서 많이 벗어난 값을 가지는 통계량을 선택하면 된다.

- 기각역(critical region): 귀무가설이 참인 경우라 하더라도 나오기 힘든 경우를 확률로 표시할 수 있는데, 이를 유의수준이라며 이를 사전에 설정하는 것이 보통이다. 하지만 0.05가 일반적이고 경우에 따라서는 이보다 클 수도 작을 수도 있다. 따라서 이러한 정해진 유의수준에 해당하는 검정통계량값의 범위를 기각역이라고 하고, 이에 해당하는 경우 귀무가설을 기각한다.

- p-값(p-value): 유의수준을 사전에 정하지 않고 검정통계량의 값에 따라 귀무가설을 기각하는 최소한의 유의수준으로 검정결과를 보고할 수 있는데, 이를 p-값이라고 한다. p-값은 귀무가설과 주어진 자료와의 일치 정도를 나타내며 단순히 귀무가설이 참일 확률로 해석되면 안 된다.

2) 검정(기각역)의 비교

정해진 유의수준에서 선택된 검정통계량에 따라 기각역이 정해지므로 여러 기각역들을 비교하여 제일 좋은 기각역을 선택하여야 한다. 모든 기각역은 다음의 두 가지 오류들로 요약될 수 있고 두 가지 오류가 모두 작은 기각역을 좋은 기각역이라고 할 수 있다.

- 제1종 오류(type I error): 참인 귀무가설을 기각하는 잘못된 결정일 확률
- 제2종 오류(type II error): 거짓인 귀무가설을 기각하지 않은 잘못된 결정일 확률

만일 기각역이 모든 범위라면, 어떠한 경우라도 귀무가설은 기각되므로 제1종 오류는 1이지만 제2종 오류는 0이 된다. 반대로 기각역이 공집합이면, 제1종 오류는 0이지만 제2종 오류는 1이 된다. 따라서 위의 두 가지 오류를 동시에 비교하는 것은 불가능하므로 일반적으로 제1종 오류를 정하고, 이에 따른 기각역을 구한 다음 제2종 오류를 비교하여 작은 쪽을 선택하면 된다. 이를 다음과 같이 다시 정의할 수 있다.

- 유의수준(significance level, 1 - 제1종 오류): 즉, 참인 귀무가설을 기각하지 않을 확률
- 검정력(power, 1 - 제2종 오류): 즉, 거짓인 귀무가설을 기각할 확률

따라서 일정 유의수준의 기각역 중에서 검정력이 제일 큰 기각역을 선호하게 된다.

만일 귀무가설이 $\mu = 0, 1, 2$ 또는 $\mu \leq 0$ 등과 같이 하나의 값 이상으로 구성된 경우를 복합가설(composite hypothesis)이라 하고, 이 경우에는 모든 경우의 유의수준 중 가장 작은 값을 유의수준으로 한다.

예제 8

귀무가설이 $\mu = a_1, a_2, a_3$이고 A가 기각역일 때, $P(A|\mu = a_1) = 0.04$, $P(A|\mu = a_2) = 0.07$, $P(A|\mu = a_3) = 0.10$이라면 이 기각역의 유의수준은 1 - 0.10인 0.90이 된다.

▮ 예제 9 ▮

검정통계량 $T \sim B(10, p)$이고 귀무가설이 $p \le 0.05$이며 기각역을 $T > 2$라고 한다면, 유의수준은 $P(T \le 2) = \sum_{i=0}^{2} C_{10,i} p^i (1-p)^{10-i}$가 되어 귀무가설인 $p \le 0.05$에 따라 많은 유의수준이 계산된다. 하지만 p가 0.05일 때 최소가 되고, 이때 계산되는 0.9885가 유의수준이 된다.

2.5 절단자료의 생존함수(survival function)

수명(lifetime)에 관련된 연구에서는 과거형태인 $\Pr(T \le t)$보다는 미래형태인 $\Pr(T > t) = (1 - \Pr(T \le t))$에 관심이 많다. 이를 생존함수라 하고 직접적으로 추정하려고 한다. 따라서 $\Pr(T > t) = E(I(T > t))$이므로 적률법을 이용하면 다음과 같이 추정될 수 있다.

$$S_n(x) = \frac{1}{n} \sum_{i=1}^{n} I(X_i > x)$$

수명에 관한 자료는 비음(nonnegative)이고, 일반적으로 시간과 비용 때문에 모든 개체들의 수명이 관찰될 때까지 실험을 진행할 수 없기 때문에 일반적으로 정해진 시간(C)까지만 실험을 진행한다. 따라서 정해진 시간에 생존하여 있는 개체들의 생존시간은 $C+$라고 나타내게 되고, C 시간까지는 생존하여 있지만 그 이후 정확한 고장시간(failure time)은 알지 못한다는 걸 나타낸다. 만일 어느 개체의 생존시간이 20+(시간)라면, 이 개체는 20시간까지는 생존하여 있었지만 그 후 고장시간은 알 수가 없다는 걸 나타낸다. 따라서 이 개체의 실제 생존시간을 T라고 한다면 $I(T > 20)$은 1이 되지만, $I(T > 25)$는 알 수가 없으므로 위의 수식을 이용하여 생존함수를 추정할 수가 없다.

이러한 문제점을 해결하기 위해 다음의 간단한 예를 생각해 보자.

예제 10

기말시험을 친 100명의 학생 중 10명의 학생이 기말성적이 60점보다 높다고 답변하였고, 이 10명 중 5명은 80점보다 높고 4명은 80점 이하라고 답변하였다. 하지만 60점보다 높다고 답한 1명은 80점보다 높은지 아닌지를 끝내 답하지 않았다. 그러면 $P(X>80)$을 어떻게 추정할 수 있을지 구하시오.

(풀이) 1) $P(X>80)$의 추정치는 5/100(답을 하지 않은 1명이 80점 이하인 경우) 또는 6/100(답을 하지 않은 1명이 80점보다 높은 경우)이 될 수 있으므로 기댓값을 구할 수 있다. 이때 답을 하지 않은 1명이 80점 이하일 확률은 답을 한 9명 중 4명이 80점 이하이므로 4/9라고 추정할 수 있다. 따라서 다음과 같이 구할 수 있다.

$$\widehat{\Pr}(T>80)=(5/100)\times(4/9)+(6/100)\times(5/9)=5/90$$

(풀이) 2) 위와 같은 답은 다음의 확률의 곱셈법칙을 이용하여도 간단히 풀어낼 수 있다.

$$P(X>80)=P(X>60)P(X>80|X>60)$$

따라서 $P(X>60)$의 추정값은 10/100, $P(X>80|X>60)$의 추정값은 5/9이므로 $P(X>80)$의 추정값은 (10/100)×(5/9)=5/90으로 구할 수 있고, 이 방법이 일반화시키는 과정에서 풀이 1보다 더 편리하다고 할 수 있다.

풀이 2의 과정을 일반화하면 다음과 같다. 즉, $t_1<\cdots<t_n$인 n개의 생존시간이 있다면,

$$\Pr(X>t_k)=P(X>t_k|X>t_{k-1})P(X>t_{k-1})$$

이므로 다음과 같이 일반화하여 나타낼 수 있다.

$$\Pr(X>t_k)=\prod_{i=2}^{k}\Pr(X>t_i|X>t_{i-1})\Pr(X>t_1)$$

그러므로 $\Pr(X>t_1)$, $\Pr(X>t_2)$, $\cdots$, $\Pr(X>t_n)$ 순으로 구하면 편리해진다.

▮ 예제 11 ▮

(37+, 43+, 47, 56, 60+, 62+, 71+, 77, 80, 81)의 10개의 생존시간이 주어졌을 때, 모든 i에 대하여 $\Pr(X > t_i)$를 추정하시오.

풀이

i	Time(t_i)	Status	$P(T>t_i \mid T>t_{i-1})$	$P(T>t_i)$
1	37	Censored	10/10	1
2	43	Censored	9/9	(9/9)*1=1
3	47	Death	7/8	(7/8)*1=7/8
4	56	Death	6/7	(6/7)*(7/8)=3/4
5	60	Censored	6/6	(6/6)*(3/4)=3/4
6	62	Censored	5/5	(5/5)*(3/4)=3/4
7	71	Censored	4/4	(4/4)((3/4)=3/4
8	77	Death	2/3	(2/3)*(3/4)=1/2
9	80	Death	1/2	(1/2)*(1/2)=1/4
10	81	Death	0/1	0*(1/4)=0

37, 43, 60, 62, 71과 같이 절단된 시간에서는 이전 시간에서의 생존확률과 같아서 생존확률의 변화가 없음을 알 수 있다. 즉, 절단된 시간에서는 생존확률의 변화가 발생하지 않았으므로 이전 시간에서의 생존확률과 달라졌다고 할 수 없기 때문이다. 같은 맥락으로 t가 만일 78로 관측되지 않은 시간에서는 $\Pr(X > 78)$은 $\Pr(X > 77)$과 같은 값으로 추정된다. 따라서 관측되지 않은 일반적인 시간 t에서의 생존확률은 다음과 같이 쓸 수 있다.

$$\Pr(X > t) = \prod_{t_i \le t} \Pr(X > t_i \mid X > t_{i-1}) \Pr(X > t_1)$$

R과 Python을 이용한 결과는 다음과 같다.

```
> library(survival)
> x=c(37, 43, 47, 56, 60, 62, 71, 77, 80, 81)
> d=c(0,0,1,1,0,0,0,1,1,1)
> out=survfit(Surv(x,d)~1)
> summary(out)
Call: survfit(formula = Surv(x, d) ~ 1)

 time n.risk n.event survival std.err lower 95% CI upper 95% CI
   47      8       1    0.875   0.117        0.673            1
   56      7       1    0.750   0.153        0.503            1
   77      3       1    0.500   0.228        0.204            1
   80      2       1    0.250   0.210        0.048            1
   81      1       1    0.000     NaN           NA           NA
> plot(out,conf.int=F)
```

그림 2.10

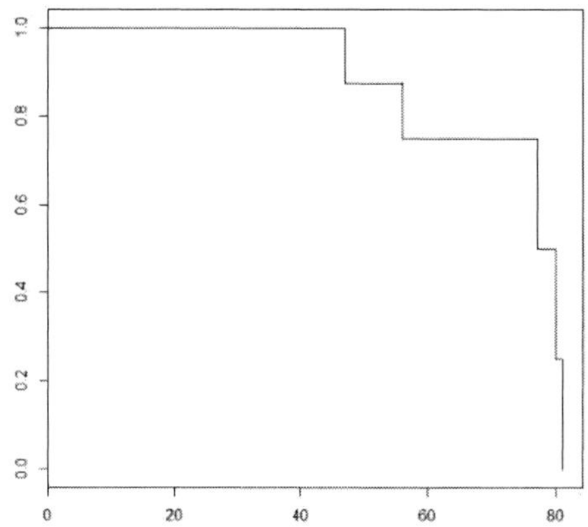

그림 2.11

```
from lifelines import KaplanMeierFitter

x = [37,43,47,56,60,62,71,77,80,81]
d = [0,0,1,1,0,0,0,1,1,1]

kmf = KaplanMeierFitter()
kmf.fit(x,d,label='Kaplan Meier Estimate')
kmf.plot(ci_show=False)
```

그림 2.12

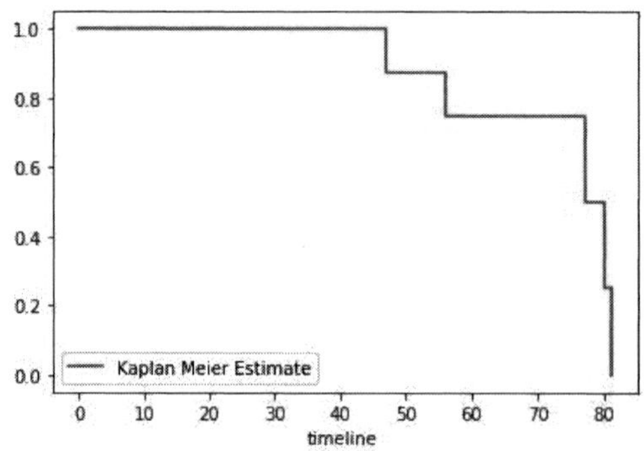

그림 2.13

2장

연습문제

1. 다음과 같이 9개의 표본이 있다.

   −2.3, 2.1, 1.3, 1.4, 0.3, −0.5, 3.2, 0.6, 0.9

   ① 경험적 분포함수를 그리시오.

   ② $\Pr(X \le 2)$를 추정하시오.

   ③ $H_0 : \Pr(X \le 2) = 0.5$를 검정하시오.

2. 다음은 어떤 주식의 최근 10일간 일별 수익률(%)이다.

   4.12, −0.68, 0.19, 1.11, 0.37, 1.16, −3.65, 0.03, 0.81, 0.03

   ① 경험적 분포함수를 구하고, 경험적 분포함수의 단점에 대하여 적으시오.

   ② $F(0)$를 추정하고 추정치의 표준오차를 구하여 $H_0 : F(0) = 0.5$를 검정하시오.

   ③ $V(\exp(X))$를 추정하기 위해 갑돌이는 $\exp(x) \approx \exp(\mu) + (X - \mu)\exp(\mu)$를 이용하여 다음과 같이 구하였다.

   $$V(\exp(x)) \approx V(X)\exp(2\overline{X}) \approx 7.36$$

   ④ $V(\exp(x))$를 대략적으로 추정하고 ③에서의 결과와 비교하시오. 무엇이 잘못되었는지 적으시오.

   ⑤ $V(\exp(\overline{X}))$를 붓스트랩을 이용하여 추정하기 위한 R 코드를 적으시오.

3. $N(\mu, 1)$에서 $H_0 : \mu = 0 \; vs \; H_A : \mu > 0$를 기각역인 $\overline{x} > 1.96/\sqrt{n}$으로 검정하고자 한다. 유의수준을 구하시오.

4. 287번의 시행 끝에 2번의 실패가 나왔다.

① 이항분포를 이용하여 실패율 p에 대한 정확한 95% 신뢰구간을 구하시오.

② 정규분포근사를 이용하여 실패율에 대한 95% 신뢰구간을 구하시오.

③ ②에서의 신뢰구간은 (0,1)을 벗어나게 된다. 이 경우 어떻게 해야 하는가? 또한, 정규분포근사를 이용한 신뢰구간이 (0,1)을 벗어나지 않게 하기 위해선 어떻게 해야 하는지 적으시오.

5. 유의수준이 0.05인 검정이라면 거짓인 대립가설을 기각할 확률이 적어도 0.05보다는 커야 하는데, 모든 대립가설에 대하여 이러한 검정을 불편(unbiased)검정이라고 한다. $N(\mu, 1)$의 경우 $H_0 : \mu = 0\, vs\, H_A : \mu \neq 0$를 검정할 때, 기각역인 $\bar{x} > 1.96/\sqrt{n}$은 불편검정이 아님을 보이시오.

6. 갑돌이의 중간고사와 기말고사는 100명 중 각각 12등, 14등이다. 중간고사, 기말고사의 평균성적에 따라 10등 이내여야 1등급을 받을 수 있지만, 갑돌이는 평균 13등이기 때문에 1등급을 받는 것이 불가능하다고 생각한다. 이에 대하여 어떻게 생각하는지 적으시오.

7. 다음의 자료에 대하여 생존함수를 추정하고 $\int_0^\infty S_n(x)dx$를 구하시오.

① 3, 3, 5, 6+, 7, 10

② 3, 3, 5, 6+, 7, 10+

3장

통계 분석방법론의 개요

3.1 수치형 자료들의 요약: 상관계수
3.2 범주형 자료들의 요약: 카이제곱 검정통계량
3.3 수치와 범주형 변수들의 요약: 분산분석 통계량

사회과학이나 자연과학에서는 일반적으로 두 가지 이상의 현상 간의 관련성에 대하여 관심이 있다. 어떤 현상을 확률변수로 표현할 수 있을 때, 여러 현상 간의 관련성은 해당하는 확률변수의 관련성을 표현한 그림 또는 표로 나타낼 수 있으며, 이를 통하여 여러 변수 사이의 관련성을 수치로 요약할 수 있다.

먼저 변수의 종류에는 크게 숫자를 그 값으로 취하는 수치형 변수, 숫자가 아닌 범주를 값으로 취하는 범주형 변수로 나눌 수 있다. 수치형 변수는 그 값들이 사칙연산이 가능하며 좌표평면 위에 표시할 수 있는 변수를 의미하며, 범주형 변수는 그 값이 어떤 집단을 가리키는 변수를 의미한다. 범주형 변수는 범주 간의 순서를 비교할 수 있는 순서형 변수, 범주 간의 순서를 비교할 수 없는 명목형 변수로 구분할 수 있다. 각 변수의 종류별로 관련 정도를 어떤 방식으로 나타내는지는 다음과 같다.

1) 수치형 변수와 수치형 변수

산점도를 그려 나타내고, 상관계수를 이용하여 관련 정도를 숫자로 요약할 수 있다.

예제 1

다음은 학생 12명을 대상으로 수능점수와 1학년 학점을 조사하여 이를 산점도로 그려낸 것이다.

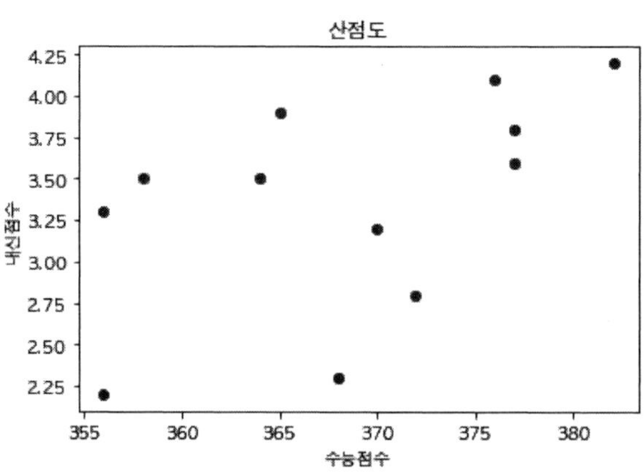

그림 3.1

2) 범주형 변수와 범주형 변수

변수별로 서로 다른 범주 조합에 해당하는 표본의 개수를 정리한 분할표로 나타낼 수 있고, 피어슨 카이제곱 검정통계량을 이용하여 관련 정도를 나타낼 수 있다.

예제 2

다음은 각 15명에 대해 성별과 혈액형을 조사하여 나타낸 것이다.

성별/혈액형	A	B	O	AB
남	3	4	3	1
여	4	4	2	0

3) 범주형 변수와 수치형 변수

상자그림을 이용하여 각 범주에 따른 숫자들의 분포를 나타낼 수 있고 t-검정(또는 z-검정)이나 분산분석을 이용한 F-검정 등을 이용하여 범주에 따라 평균에 차이가 있는지를 나타낼 수 있다. 만일 범주형 변수에 해당하는 범주가 둘이거나 순서형 범주인 경우 각 범주를 상응하는 숫자로 나타낸 후, 상관계수를 이용하여 범주 간 평균의 추이를 나타낼 수도 있다.

예제 3

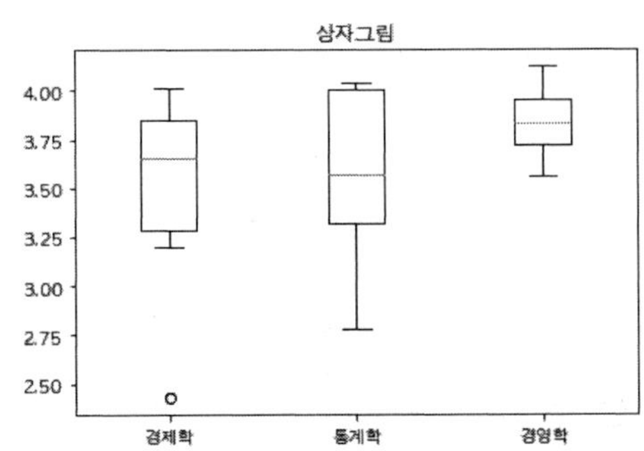

그림 3.2

앞의 그림은 경제학과, 통계학과, 경영학과 학생들의 전공학점을 조사하여 상자그림을 그려낸 것이다.

그리고 두 변수의 분석에서 보통은 인과관계를 나타내어 분석하고자 하는데, 이 경우 결과를 Y(종속변수 또는 반응변수), 원인을 X(독립변수 또는 설명변수)로 하는 통계 모형을 이용하여 분석하려고 한다. 이때도 마찬가지로 변수가 숫자 또는 범주로 측정되느냐에 따라 다음과 같은 분석방법을 주로 사용한다.

반응변수(Y) / 설명변수(X)	범주형	수치형
범주형	로그 선형모형	로지스틱 회귀분석
수치형	분산분석	회귀분석

3.1 수치형 자료들의 요약: 상관계수

1) 피어슨 상관계수

피어슨 상관계수(Pearson correlation)는 수치형 변수 간의 관련성을 요약할 때 가장 많이 사용하는 통계량으로 두 수치형 변수 간의 선형적인 관련 정도를 나타낸다. 피어슨 상관계수는 -1부터 1까지의 값을 가질 수 있는데, 1에 가까울수록 양의 선형적인 관련 정도가 강해지며 -1에 가까울수록 음의 선형적인 관련 정도가 강해지는 것을 나타낸다. 또한, 0의 값을 갖는 경우에는 두 변수 간의 선형적인 관련성이 존재하지 않는다는 것을 나타낸다. 두 수치형 변수 X, Y의 모집단의 분포가 알려진 경우 피어슨 상관계수 ρ는 다음과 같이 계산된다.

$$\rho = \frac{Cov(X, Y)}{\sqrt{V(X)V(Y)}}$$

두 수치형 변수 X, Y의 모집단의 분포가 알려지지 않은 경우에는 표본을 통해서 $V(X)$, $V(Y)$, $Cov(X, Y)$를 추정하여 다음과 같이 상관계수를 추정한 표본상관계수를 사용하게 된다.

$$r = \frac{\sum_{i=1}^{n} X_i Y_i - n\overline{X}\,\overline{Y}}{\sqrt{(\sum_{i=1}^{n} X_i^2 - n\overline{X^2})(\sum_{i=1}^{n} Y_i^2 - n\overline{Y^2})}}$$

만일 두 수치형 변수 X, Y가 모두 정규분포를 따르며, 두 변수 간의 상관계수인 ρ가 0인 경우(즉, 변수 X, Y가 독립이며 정규분포를 따를 때), 통계량 $r\sqrt{(n-2)/(1-r^2)}$는 자유도가 $n-2$인 Student t 분포를 갖게 된다. 따라서 두 변수가 정규분포를 따를 때 두 변수가 독립인지 아닌지, 즉 ρ가 0인지를 검정할 수 있다.

일반적으로 ρ가 0인지를 검정하는 것은 두 변수 간 선형적 관련성의 유무를 검정하는 것일 뿐 두 변수가 독립인지 검정하는 것과는 다르지만, 두 변수가 정규분포라는 조건하에서 두 검정은 같은 검정이 된다. 또한, n이 큰 경우 r의 대략적인 분포는 모집단 분포에 상관없이 $N(\rho, \frac{1}{n-1})$이 된다. 피어슨 상관계수의 단점으로는 이상치(outlier)에 다소 취약하다는 점이 있다.

예제 4

모 대학생 12명에 대한 수능점수와 고등학교 내신점수는 다음과 같다. 피어슨 상관계수를 구하시오.

학생	1	2	3	4	5	6	7	8	9	10	11	12
수능점수	382	376	377	377	365	370	356	364	356	358	372	368
내신점수	4.2	4.1	3.6	3.8	3.9	3.2	2.2	3.5	3.3	3.5	2.8	2.3

풀이 수능점수를 X, 고등학교 내신점수를 Y라 할 때, $V(X)$, $V(Y)$, $Cov(X, Y)$는 각각 77.5379, 0.4224, 2.9333이므로 다음과 같이 구해지고, R에서는 cor 함수를 이용하여 쉽게 구할 수 있다.

$$r = \frac{2.9333}{\sqrt{77.5379 \times 0.4224}} = 0.5125$$

또한, 수능점수와 내신점수 모두 정규분포를 따른다고 가정하였을 때, 두 집단의 피어슨 상관계수 ρ가 0

인지에 대한 검정통계량과 신뢰구간은 cor.test 함수를 이용하여 구할 수 있다.

```
> SAT=c(382,376,377,377,365,370,356,364,356,358,372,368)
> GPA=c(4.2,4.1,3.6,3.8,3.9,3.2,2.2,3.5,3.3,3.5,2.8,2.3)
> cor(SAT,GPA)
[1] 0.5125427
> cor.test(SAT,GPA)

        Pearson's product-moment correlation

data:  SAT and GPA
t = 1.8876, df = 10, p-value = 0.08841
alternative hypothesis: true correlation is not equal to 0
95 percent confidence interval:
 -0.08692902  0.83950476
sample estimates:
      cor
0.5125427
```

그림 3.3

Python에서는 scipy.stats 모듈의 pearsonr 함수를 이용하여 피어슨 상관계수 ρ와 상응하는 p-값을 구할 수 있다.

```
stats.pearsonr(X,Y)
(0.5125426884655703, 0.08841204646982714)
```

그림 3.4

2) 스피어맨의 순위상관계수

만일 수능점수와 고등학교 내신점수의 관련성을 (수능점수, 내신점수)의 자료를 이용한다면 피어슨 상관계수를 이용할 수 있다. 하지만 내신 1등이 수능 1등인지와 같이 두 변수의 순위 간의 관련성에 관심이 있다면, 순위로 자료를 바꾸어 상관계수를 구할 수가 있다. 즉, $(X_1, Y_1), \cdots, (X_n, Y_n)$에 대해 순위를 구한 $(R(X_1), R(Y_1)), \cdots, (R(X_n), R(Y_n))$에 대하여 피어슨 상관계수를 구하면, 다음과 같은 스피어맨의 순위상관계수(Spearman's rho)를 구할 수 있다.

$$\rho = \frac{\sum_{i=1}^{n} R(X_i)R(Y_i) - n\left(\frac{n+1}{2}\right)^2}{\sqrt{\left(\sum_{i=1}^{n} R(X_i)^2 - n\left(\frac{n+1}{2}\right)^2\right)\left(\sum_{i=1}^{n} R(Y_i)^2 - n\left(\frac{n+1}{2}\right)^2\right)}}$$

스피어맨의 순위상관계수는 피어슨 상관계수와 마찬가지로 -1부터 1까지의 값을 가질 수 있는데, 1에 가까울수록 두 변수의 순위에 대한 양의 선형적인 관련 정도가 강해지며, -1에 가까울수록 두 변수의 순위에 대한 음의 선형적인 관련 정도가 강해지는 것을 나타낸다. 또한, 0의 값을 갖는 경우 두 변수의 순위 간의 선형적인 관련성이 존재하지 않는다는 것을 나타낸다. 스피어맨의 순위상관계수는 자료의 값이 아닌 순위값을 이용하기 때문에 피어슨 상관계수보다는 이상치(outlier)에 다소 덜 민감하게 된다.

예제 5

<예제 4>의 자료에 대하여 스피어맨 순위상관계수를 구하시오.

(풀이) 다음과 같이 순위를 구하여 상관계수를 구해도 되지만, cor 함수에 method = "spearman" 옵션을 추가하여 구하는 게 더 편리하다.

```
> SAT.r=rank(SAT)
> GPA.r=rank(GPA)
> cor(SAT.r,GPA.r)
[1] 0.5834807
> cor(SAT,GPA,method="spearman") #: Spearman rho
[1] 0.5834807
```

그림 3.5

Python에서는 scipy.stats 모듈의 spearmanr 함수를 이용하여 스피어맨의 순위상관계수 p와 상응하는 p-값을 구할 수 있다.

```
stats.spearmanr(X,Y)
SpearmanrResult(correlation=0.5834806902022491, pvalue=0.046414965997292175)
```

그림 3.6

3) 켄달의 순위상관계수

'고등학교 내신이 좋은 학생이 수능점수도 좋다.'는 것과 같이 내신점수와 수능점수 순위에 대한 경향성에 관심이 있다면, 켄달의 순위상관계수(Kendall's tau)를 사용할 수 있다. 즉, n명의 학생에서 임의로 뽑은 두 학생의 내신점수와 수능점수를 비교하여 내신점수가 높은 학생이 수능점수도 높은지 여부를 확인하면 된다. 동률이 없는 경우 모든 비교 가능한 쌍의 수는 $C_{n,2} = n(n-1)/2$이므로 동률을 고려하지 않은 경우의 켄달의 순위상관계수는 $Tau-a$라고 하며 다음과 같이 정의된다.

$$Tau-a : \tau = \frac{N_c - N_d}{n(n-1)/2}$$

여기서 N_c와 N_d는 각각 일치, 불일치하는 쌍의 개수를 나타내는데, 일치와 불일치는 다음과 같이 정의된다.

- 일치: $X_j > X_i$ 그리고 $Y_j > Y_i$인 경우

  예 학생1의 점수: (376,4.1) vs 학생2의 점수: (382,4.2)
  학생2가 학생1보다 수능점수와 내신점수 모두 높으므로 일치하는 쌍이다.

- 불일치: $X_j > X_i$ 그리고 $Y_j < Y_i$인 경우

  예 학생1의 점수: (365,3.9) vs 학생2의 점수: (377,3.8)
  학생2의 수능점수는 학생1보다 높지만, 내신점수는 학생2보다 학생1이 더 높으므로 불일치하는 쌍이다.

만약 모든 쌍에 대해서 수능점수가 높은 학생이 내신점수도 높다면, $N_d = 0$, $N_c = C_{n,2} = \frac{n(n-1)}{2}$이므로 켄달의 순위상관계수 $\tau = 1$이 된다. 반대로 모든 쌍에 대해서 수능점수가 높은 학생이 내신점수는 낮다면, $N_c = 0$, $N_d = C_{n,2} = \frac{n(n-1)}{2}$이므로 켄달의 순위상관계수는 $\tau = -1$이 된다. 한편, $N_c = N_d$인 경우 $\tau = 0$이 되며, 이 경우 수능점수와 내신점수는 관련이 없다는 결론을 내릴 수 있다.

만약 임의로 뽑은 학생1과 학생2의 수능점수나 내신점수가 동일한 경우에는 $N_c + N_d \neq \frac{n(n-1)}{2}$가 되므로 켄달의 순위상관계수 식을 수정해야 할 필요성이 생긴다. 따라서 $X_i = X_j$ 또는 $Y_i = Y_j$와 같이 동률을 고려한 경우의 켄달 순위상관계수를 $Tau-b$라고 하며 다음과 같이 분모를 수정한 식으로 정의된다.

$$Tau-b : \tau = \frac{N_c - N_d}{N_c + N_d}$$

또한, 여러 가지 방법으로 분모를 수정할 수 있는데, 다음의 $Tau-b$는 R에서 계산한다.

$$\tau_b = \tau(X, Y) = \frac{N_c - N_d}{\sqrt{n_X n_Y}}$$

여기서 n_X는 X 내에서 동률을 제외한 비교 가능한 경우의 개수이며, n_Y 역시 Y에 대하여 똑같이 정의된다. 다음으로 τ에 대한 검정은 아래와 같다.

- 동률이 없는 경우에는 $T = N_c - N_d$값에 대한 확률을 계산할 수 있고, 이 확률값은 표를 이용하여 구할 수 있다.

- 동률이 있는 경우에는 경우의 수가 많아지므로 다음과 같이 분포를 근사할 수 있다.

$$T \sim N(0, \frac{n(n-1)(2n+5)}{18})$$

위의 근사한 분포를 이용하여 p-값을 구할 수 있는데, 이때 다음과 같이 연속성 조정을 이용하여 좀 더 근사된 p-값을 얻을 수 있다.

$$\Pr(T \geq t) = \Pr(Z \geq \frac{(t-1)\sqrt{18}}{\sqrt{n(n-1)(2n+5)}},$$

$$\Pr(T \leq t) = \Pr(Z \leq \frac{(t+1)\sqrt{18}}{\sqrt{n(n-1)(2n+5)}}$$

예제 6

<예제 4>에 대하여 켄달의 순위상관계수를 계산하면 0.4355이고, T는 44.5-17.5=27이므로 표에 따르면 기각역은 $w_{0.95} = 24$이기에 귀무가설을 기각한다. 또한, 근사적인 p-값은 다음과 같이 계산된다.

$$p\text{-값} = P(T \geq 27) = P(Z \geq \frac{(27-1)\sqrt{18}}{\sqrt{12 \times 11 \times 29}}) = 0.037$$

예제 7

<예제 4>의 자료에 대하여 켄달의 순위상관계수를 구하시오.

(풀이) 동률을 제외한 모든 경우의 수는 63개, 일치하는 개수는 46개, 불일치하는 개수는 17개이다. 따라서 τ_a는 (46-17)/(46+17) = 0.4603이고, τ_b는 $(46-17)/\sqrt{((66-1-1)(66-1)}$ = 0.4496이다.

모든 경우의 수를 계산하여 구할 수도 있지만, cor 함수에 method = "kendall" 옵션을 추가하여 구하는 게 더 편리하다. 단, τ_b가 계산된다.

```
> n=c(11,10,9-1,8,7,6,5-1,4-1,3,2,1)
> c=c(11,8,7,7,4,2,4,1,1,0,1)
> d=n-c
> (sum(c)-sum(d))/sum(n)
[1] 0.4603175
> (sum(c)-sum(d))/sqrt((66-2*1/2-2*1/2)*(66-2*1/2))
[1] 0.4496259
> cor(SAT,GPA,method="kendall") #: Kendall 타우
[1] 0.4496259
```

그림 3.7

Python에서는 scipy.stats 모듈의 kendalltau 함수를 이용하여 켄달의 순위상관계수 τ와 상응하는 p-값을 구할 수 있다. kendalltau 함수에 method = 'exact' 또는 'asymptotic' 옵션을 추가하여 정확한 p-값 또는 정규분포에 근사한 대략적 p-값을 얻을 수 있다. 또한, 디폴트로 τ_b가 계산된다.

```
stats.kendalltau(X,Y,method='asymptotic')
KendalltauResult(correlation=0.44962591288588066, pvalue=0.045216421534026836)
```

그림 3.8

3.2 범주형 자료들의 요약: 카이제곱 검정통계량

3.2.1 하나의 범주형 자료

모집단에 추출한 n개의 표본이 다음과 같이 c개의 범주로 나누어져 있다.

범주	1	2	…	c
관측 개수	O_1	O_2	…	O_c

i번째 범주에 속할 확률을 p_i라고 할 때, 귀무가설 $H_0 : p_i = p_i^*$를 검정하는 통계량은 다음과 같다.

$$T = \sum_{j=1}^{c} \frac{(O_i - E_i)^2}{E_j} \quad \text{여기서} \quad E_j = np_i^*$$

따라서 $T \sim^{under\, H_0} \chi^2(c-1)$이므로 자유도가 $c-1$인 카이제곱분포를 이용하여 p-값을 구한 후 유의수준 α와 비교하면 된다.

예제 8

난수를 생성하는 프로그램이 제공하는 0 ~ 9까지의 수가 1/10의 확률을 가지는지를 검정하기 위하여 300개의 수를 다음과 같이 분류하였다.

	0	1	2	3	4	5	6	7	8	9
관측 개수	22	28	41	35	19	25	25	40	30	35
기댓값	30	30	30	30	30	30	30	30	30	30

풀이 검정통계량 T는 17로 구해지고 자유도가 9인 카이제곱분포하에서 p-값은 0.0487이다.

3.2.2 두 개 이상의 범주형 자료

1) 두 개의 범주

각기 2개의 범주를 가지는 두 범주형 자료는 결합에 따라 다음과 같이 분할표로 요약할 수 있다.

	범주 1	범주 2	합
집단 1	O_{11}	O_{12}	n_1
집단 2	O_{21}	O_{22}	n_2
합	C_1	C_2	N

위 분할표의 모비율을 다음과 같이 정의할 수 있다.

	범주 1	범주 2	합
집단 1	p_{11}	p_{12}	p_{1+}
집단 2	p_{21}	p_{22}	p_{2+}
합	p_{+1}	p_{+2}	1

■ 가설검정

- 동질성 검정: 집단 1, 2에 대해서 각 범주에 속할 확률이 동일한지에 대한 검정을 의미한다. 즉, 귀무가설을 $H_0 : p_{11}/p_{1+} = p_{21}/p_{2+}$ 그리고 $p_{12}/p_{1+} = p_{22}/p_{2+}$와 같이 쓸 수 있다.
- 독립성 검정: X 변수가 0과 1의 값을 가지며, 0일 때 집단 1, 1일 때 집단 2를 나타내고 Y 변수가 0과 1의 값을 가지며, 0일 때 범주 1, 1일 때 범주 2를 나타낸다고 하자. 이때 X와 Y가 독립인지에 대한 검정을 의미하며 귀무가설은 $H_0 : p_{ij} = p_{i+}p_{+j}$와 같이 쓸 수 있다.
- 이때 $p_{11}/p_{1+} = p_{21}/p_{2+}$는 $p_{11} = p_{1+}p_{+1}$임을 보일 수 있으므로 동질성 검정과 독립성 검정의 결과는 같다고 할 수 있다.

■ 검정통계량: X와 Y가 독립이라는 가정하에서 셀의 기댓값은 $E_{ij} = n_i C_j / N$이고, O_{ij}는 대략적으로 $N(E_{ij}, E_{ij})$를 따르므로($\because O_{ij} \sim possion(E_{ij}) \cong N(E_{ij}, E_{ij})$) 표준화하여 다음과 같은 통계량을 구할 수 있다.

$$T=\sum_{i=1}^{2}\sum_{j=1}^{2}\frac{(O_{ij}-E_{ij})^2}{E_{ij}}$$

■ p-값: 위 검정통계량은 귀무가설하에서 대략적으로 자유도가 1인 카이제곱분포를 따르고, 이를 이용하여 대략적인 p-값을 구할 수 있다.

2) 여러 개의 범주

만일 4개의 범주를 가지는 혈액형과 2개의 범주를 가지는 흡연 여부와 같이 a개의 범주를 가지는 범주형 자료와 b개의 범주를 가지는 범주형 자료는 다음과 같이 분할표로 요약할 수 있다.

X/Y	1	2		b	
1	O_{11}	O_{12}	⋯	O_{1b}	n_1
2	O_{21}	O_{22}	⋯	O_{2b}	n_2
⋮	⋮	⋮	⋮	⋮	⋮
a	O_{a1}	O_{a2}	⋯	O_{ab}	n_a
합	C_1	C_2	⋯	C_b	N

■ 귀무가설: i, j번째 셀에 속할 확률이 p_{ij}일 때, 귀무가설인 $H_0 : p_{ij}=p_{ij}^*$를 검정한다. 여기서 $p_{ij}=p_{i+}p_{+j}$와 같이 X와 Y가 독립인 경우가 주로 관심이 되는데, 이 경우 이를 독립성 검정이라고 하고 두 범주형 변수 X, Y가 독립인지를 검정하게 된다.

■ 검정통계량: X와 Y가 독립이라는 가정하에서 셀의 기댓값은 $E_{ij}=np_{ij}^*=n_iC_j/N$이고, 검정통계량은 다음과 같다.

$$T=\sum_{i=1}^{a}\sum_{j=1}^{b}\frac{(O_{ij}-E_{ij})^2}{E_{ij}}$$

■ p-값: 자유도가 $(a-1)(b-1)$인 카이제곱분포를 이용하여 대략적인 p-값을 구하면 된다.

3.2.3 분할표에 대한 요약통계량

카이제곱 검정통계량 T가 큰 값을 갖을수록 p-값이 작아지기 때문에 T가 클수록 행과 열에 해당하는 두 변수 간의 독립 정도가 낮아진다고 볼 수 있다. 따라서 T의 크기로 두 변수 간의 독립 정도를 측정할 수 있으므로, 여러 개의 분할표의 행에 해당하는 변수와 열에 해당하는 변수의 독립 정도를 비교할 때, 각 분할표에 해당하는 T를 비교하는 방법을 이용하고자 한다. 하지만 카이제곱 검정통계량 T는 각 변수의 범주의 개수(행과 열의 칸의 개수)에 따라 자유도가 다른 카이제곱분포를 따르므로 서로 다른 두 개의 분할표가 같은 T값을 갖는다고 하더라도 이에 해당하는 p-값은 다를 수 있다. 따라서 단순히 T를 통해 각 분할표에 해당하는 변수들의 독립 정도를 비교하는 것은 적절하지 않다. T의 행과 열에 해당하는 변수가 갖는 범주의 개수에 대한 의존도는 다음과 같이 나타낼 수 있다.

$$0 \le T \le N(q-1)$$

여기서 r과 c를 각각 행과 열에 해당하는 변수의 범주의 개수라고 할 때, q는 $\min(r, c)$이고 N은 전체 합을 나타낸다.

따라서 각 변수의 범주의 개수(행과 열의 칸의 개수)에 따라 조정한 다음의 요약통계량으로 각 분할표에 해당하는 변수의 독립 정도를 나타내어 비교한다.

- Chi-square probability: 1-(p-값)
- Phi coefficient: $\varphi^2 = \dfrac{T}{N}$
- Cramer's V: $R_1 = \sqrt{\dfrac{T}{N(q-1)}}$, $0 \le R_1 \le 1$
- Contingency coefficient(Pearson): $R_2 = \sqrt{\dfrac{T}{N+T}}$, $0 \le R_2 \le \sqrt{\dfrac{q-1}{q}} < 1$

예제 9

다음의 자료에 대해 카이제곱 통계량, Chi-squre probability, Cramer's V, Contingency coefficient를 구하시오.

	A	B	C	D	E
상	6	14	17	9	46
하	30	32	17	3	82
합	36	46	34	12	128

(풀이) 카이제곱 통계량: $T = 17.3$

Chi-squre probability: $1 - p = 0.001$

Cramer's V: $R_1 = \sqrt{\dfrac{17.3}{128(2-1)}} = \sqrt{0.135} = 0.3674$

Contingency coefficient: $R_2 = \sqrt{\dfrac{17.3}{128 + 17.3}} = 0.345$

예제 10

다음과 같이 2 by 2 표에 대하여 카이제곱 통계량, Phi coefficient, Cramer's V, Contingency coefficient를 구하시오.

	Column 1	Column 2	합
Row 1	a	b	r_1
Row 2	c	d	r_2
합	c_1	c_2	

(풀이) 카이제곱 통계량: $T = \dfrac{N(ad-bc)^2}{r_1 r_2 c_1 c_2}$

Phi coefficient: $\varphi = \dfrac{ad - bc}{\sqrt{r_1 r_2 c_1 c_2}}$

Cramer's V: $R_1 = \sqrt{\dfrac{(ad-bc)^2}{r_1 r_2 c_1 c_2}}$

Contingency coefficient: $R_2 = \sqrt{\dfrac{(ad-bc)^2}{r_1 r_2 c_1 c_2 + (ad-bc)^2}}$

3.3 수치와 범주형 변수들의 요약: 분산분석 통계량

여러 집단에 대하여 측정값을 조사하고 각 집단들의 측정값의 평균이 같은지를 비교할 수 있다. 이때 두 집단의 측정값의 평균을 쌍별로 비교하는 것이 아닌 모든 집단에 대해서 한 번에 측정값의 평균이 같은지를 비교하는 방법으로 분산분석(ANOVA)이 사용된다. 분산분석에는 다음과 같은 3가지 가정을 한다.

① 모든 표본들은 독립이다.
② 각 집단의 모집단의 분포는 정규분포이다.
③ 모든 집단은 공통의 분산을 갖는다.

3.3.1 일원분산분석

(혈압, 혈액형)과 같이 (수치형 자료, 범주형 자료)로 구성된 자료는 다음과 같이 범주에 따라 수치형 자료를 정렬할 수 있다.

범주(집단)	수치	합	평균
1	$x_{11}, x_{12}, \cdots, x_{1n_1}$	$x_{1.}$	$\overline{x_{1.}}$
2	$x_{21}, x_{22}, \cdots, x_{2n_2}$	$x_{2.}$	$\overline{x_{2.}}$
⋮	⋮	⋮	⋮
k	$x_{k1}, x_{k2}, \cdots, x_{kn_k}$	$x_{k.}$	$\overline{x_{k.}}$

여기서 $N = \sum_{i=1}^{k} n_i$, $x_i = \sum_{j=1}^{n_i} x_{ij}$, $\overline{x_{i.}} = \frac{\sum_{j=1}^{n_i} x_{ij}}{n_i}$, $\overline{x} = \frac{\sum_{i=1}^{k}\sum_{j=1}^{n_i} x_{ij}}{N}$ 이다. 이러한 자료의 경우 집단 간의 모평균이 같은지가 기본적인 관심이고, 이러한 귀무가설은 다음과 같이 쓸 수 있다.

$$H_0: \text{모든 집단의 모평균은 같다.}$$

i번째 집단의 모평균을 μ_i라고 한다면 이러한 귀무가설은 다음과 같이 쓸 수 있고,

$$H_0 : \mu_1 = \mu_2 = \cdots = \mu_k$$

또한, 같은 모평균을 μ라고 한다면 위의 귀무가설을 다음과 같이 쓸 수도 있다.

$$H_0 : \sum_{i=1}^{k} (\mu_i - \mu)^2 = 0$$

따라서 위의 귀무가설을 $\sum_{i=1}^{k} (\overline{X_{i.}} - \overline{X})^2$로 추정할 수 있는데, 이 검정통계량의 분포는 다음과 같은 절차를 통해 구할 수 있다.

- 모집단의 분포가 정규분포라는 가정과 집단 간 분산이 같다는 가정인 $V(X_{ij}) = \sigma^2$하에서 각 표본평균 $\overline{X_i}$의 분포는 $N(\mu_i, \sigma^2/n_i)$이므로 표준화된 추정량 $Z_i = \frac{\sqrt{n_i}(\overline{X_{i.}} - \mu_i)}{\sigma}$는 표준정규분포를 따른다.
- $Z_i = \frac{\sqrt{n_i}(\overline{X_{i.}} - \mu_i)}{\sigma}$가 표준정규분포를 따르므로 Z_i^2는 자유도가 1인 카이제곱분포를 따르고, 각 집단이 독립이라는 가정하에서 $\overline{X_{i.}}$들도 독립이다. 따라서 $\sum Z_i^2 = \sum_i^k \frac{n_i(\overline{X_{i.}} - \mu_i)^2}{\sigma^2}$는 자유도가 k인 카이제곱분포를 따른다.
- 귀무가설 $H_0 : \mu_1 = \mu_2 = \cdots = \mu_k = \mu$하에서 $\sum_i^k \frac{n_i(\overline{X_{i.}} - \mu_i)^2}{\sigma^2} = \sum_i^k \frac{n_i(\overline{X_{i.}} - \mu)^2}{\sigma^2}$이며, $\sum_i^k \frac{n_i(\overline{X_{i.}} - \mu)^2}{\sigma^2}$는 자유도가 k인 카이제곱분포를 따른다. 여기에서 다시 μ를 $\overline{X}$로 추정하면, $T = \sum_i^k \frac{n_i(\overline{X_{i.}} - \overline{X})^2}{\sigma^2}$는 자유도가 $k-1$인 카이제곱분포를 따르게 된다.

또한, σ^2의 추정량으로는 귀무가설하에서 다음의 두 가지를 생각할 수 있다.

■ Pooled variance: $s_p^2 = \sum_{i=1}^{k}\sum_{j=1}^{n_i}\frac{(X_{ij}-\overline{X_{i.}})^2}{N-k}$

■ Overall variance: $s^2 = \sum_{i=1}^{k}\sum_{j=1}^{n_i}\frac{(X_{ij}-\overline{X})^2}{N-1}$

따라서 $\sum_{i=1}^{k}\frac{n_i(\overline{X_{i.}}-\overline{X})^2}{s_p^2}$, $\sum_{i=1}^{k}\frac{n_i(\overline{X_{i.}}-\overline{X})^2}{s^2}$ 둘 다 충분히 큰 N일 때, 대략적으로 자유도가 $k-1$인 카이제곱분포를 따른다. 하지만 $(N-k)s_p^2$가 정확히 자유도가 $N-k$인 카이제곱분포를 따르므로 $\sum_{i=1}^{k}\frac{n_i(\overline{X_{i.}}-\overline{X})^2/(k-1)}{s_p^2}$은 정확히 자유도가 $k-1$, $N-k$인 F 분포이기에 이를 사용해야 한다.

위의 과정을 제곱합(sum of square)으로 나타낼 수 있는데, SST, SSE, TSS는 X_{ij}, $\overline{X_i}$, $\overline{X}$ 간의 차이를 계산하는 것으로 다음과 같다.

Source	Sum of Square	df
집단 간 제곱합 (Treatment)	$SST=\sum_{i=1}^{k}n_i(\overline{X_{i.}}-\overline{X})^2=\sum_{i=1}^{k}n_i\overline{X_{i.}^2}-N\overline{X}^2$	$k-1$
집단 내 제곱합 (Error)	$SSE=\sum_{i=1}^{k}\sum_{j=1}^{n_i}(X_{ij}-\overline{X_{i.}})^2=\sum_{i=1}^{k}\sum_{j=1}^{n_i}X_{ij}^2-\sum_{i=1}^{k}n_i\overline{X_{i.}^2}$	$N-k$
전체제곱합 (Total)	$TSS=\sum_{i=1}^{k}\sum_{j=1}^{n_i}(X_{ij}-\overline{X})^2=\sum_{i=1}^{k}\sum_{j=1}^{n_i}X_{ij}^2-N\overline{X}^2$	$N-1$

따라서 위의 검정통계량들을 이러한 제곱합으로 나타내면 다음과 같다.

■ SST와 SSE의 비교

- $\frac{SST}{SSE/(N-k)}$: 모집단의 분포에 상관없이 표본이 큰 경우 대략적으로 χ_{k-1}^2 분포를 따른다.
- $\frac{SST/(k-1)}{SSE/(N-k)}$: 모집단의 분포가 정규분포인 경우에 $F_{k-1,N-k}$ 분포를 따른다.

■ SST와 TSS의 비교

- $\frac{SST}{TSS/(N-1)}$: 모집단의 분포에 상관없이 표본이 큰 경우 대략적으로 χ^2_{k-1} 분포를 따른다.

예제 11

갑돌이는 통계학을 전공하면 학점을 얻기 어렵다는 얘기를 듣고, 17명의 친구를 대상으로 전공과 학점을 조사하였다. 세 전공의 학점이 같은지를 검정하시오.

전공	학점
경제학	3.20, 3.76, 2.43, 3.54, 3.88, 4.01
통계학	2.78, 3.37, 4.04, 3.27, 3.57, 3.98, 4.02
경영학	3.77, 4.12, 3.56, 3.89

풀이 위의 자료에 대한 분산분석표이다.

Source	자유도	SS	MS	F
Treatment	2	0.3264	0.1632	0.7112
Error	14	3.2127	0.2295	
Total	16	3.5391		

정규분포 가정하에서 사용할 검정통계량은 (SST/2)/(SSE/14) = 0.7112이고 해당되는 p-값은 0.5079이다. 주어진 자료로 볼 때, 세 학과 간의 평균학점 차이가 있다고 보기는 힘들다. R을 이용한 분석결과는 다음과 같다.

```
> y=c(3.20,3.76,2.43,3.54,3.88,4.01,2.78,3.37,4.04,3.27,3.57,3.98,4.02,3.77,4.12,3.56,3.89)
> x=c(rep(1,6),rep(2,7),rep(3,4))
> anova(lm(y~factor(x)))
Analysis of Variance Table

Response: y
          Df Sum Sq Mean Sq F value Pr(>F)
factor(x)  2 0.3264 0.16321  0.7112 0.5079
Residuals 14 3.2127 0.22948
```

그림 3.9

Python에서 scipy.stats 모듈의 f_oneway 함수를 이용한 분석결과는 다음과 같다.

```
f_oneway(econ,stat,busi)
```

```
F_onewayResult(statistic=0.7112332755875572, pvalue=0.5079481591347955)
```

그림 3.10

Python에서 statsmodels 모듈을 이용한 분석결과는 다음과 같다.

```
from statsmodels.formula.api import ols
from statsmodels.stats.anova import anova_lm
econ = [3.2, 3.76, 2.43, 3.54, 3.88, 4.01]
stat = [2.78, 3.37, 4.04, 3.27, 3.57, 3.98, 4.02]
busi = [3.77, 4.12, 3.56, 3.89]
value = econ+stat+busi
treatment = [1]*len(econ)+[2]*len(stat)+[3]*len(busi)
df = pd.DataFrame(data = {'value':value, 'treatment': treatment})
model = ols('value~C(treatment)', df).fit()
print(anova_lm(model))
```

```
                 df    sum_sq   mean_sq         F    PR(>F)
C(treatment)    2.0  0.326423  0.163211  0.711233  0.507948
Residual       14.0  3.212671  0.229477       NaN       NaN
```

그림 3.11

3.3.2 무작위 블록설계

(혈압, 혈액형, 연령대)와 같이 (수치형 자료, 범주형 자료, 범주형 자료)의 형태로 구성된 자료는 두 범주형 변수에서 관심이 있는 변수와 그렇지 않은 변수로 구분한 후 관심이 있는 변수를 관심변수, 관심이 없는 변수를 블록으로 생각해서 다음과 같이 수치형 자료를 정렬할 수 있다. 이때 각 관심범주와 블록 범주당 하나의 수치형 자료가 측정된다.

관심범주/block	1	2	⋯	b	평균
1	x_{11}	x_{12}	⋯	x_{1b}	$\overline{x_{1.}}$
2	x_{21}	x_{22}	⋯	x_{2b}	$\overline{x_{2.}}$
⋮	⋮	⋮	⋮	⋮	⋮
k	x_{k1}	x_{k2}	⋯	x_{kb}	$\overline{x_{k.}}$
평균	$\overline{x_{.1}}$	$\overline{x_{.2}}$	⋯	$\overline{x_{.b}}$	$\overline{x}$

이러한 자료의 경우 관심변수의 범주 간의 모평균이 같은지가 기본적인 관심이고, 이러한 귀무가설은 다음과 같이 쓸 수 있다.

$$H_0 : \mu_{1.} = \mu_{2.} = \cdots = \mu_{k.}$$

또한, 같은 모평균을 μ라고 한다면 위의 귀무가설을 다음과 같이 쓸 수도 있다.

$$H_0 : \sum_{i=1}^{k} (\mu_{i.} - \mu)^2 = 0$$

이때 전체제곱합은 $TSS = \sum_{i=1}^{k} \sum_{j=1}^{b} (x_{ij} - \overline{X})^2$로 계산되지만, 관심변수의 범주 간의 평균이 같다는 귀무가설이 참이더라도 블록의 모든 범주의 평균이 같지 않다면, 이를 오차합이라고 보기 힘들다. 따라서 다음과 같이 블록 내 모든 범주의 평균을 같게 한 후 다시 전체제곱합을 구할 수 있다.

집단/block	1	$\cdots$	b	평균
1	$x_{11} - \overline{x_{.1}}$	$\cdots$	$x_{1b} - \overline{x_{.b}}$	$\overline{x_{1.}} - \overline{x}$
2	$x_{21} - \overline{x_{.1}}$	$\cdots$	$x_{2b} - \overline{x_{.b}}$	$\overline{x_{2.}} - \overline{x}$
$\vdots$	$\vdots$	$\vdots$	$\vdots$	$\vdots$
k	$x_{k1} - \overline{x_{.1}}$	$\cdots$	$x_{kb} - \overline{x_{.b}}$	$\overline{x_{k.}} - \overline{x}$
평균	0	$\cdots$	0	0

여기서 전체제곱합을 TSS^A라고 한다면, $TSS^A = \sum_{i=1}^{k} \sum_{j=1}^{b} (x_{ij} - \overline{x_{.j}})^2$이며 $TSS - TSS^A$는 블록 내 모든 범주의 평균이 같은지를 나타내는 정도를 나타낸다. 이를 블록 내 범주 간의 제곱합이라고 할 수 있다. 따라서 일원분산분석에서와 같이 귀무가설은 집단 간 평균 $\overline{x_{i.}} - \overline{x}$와 전체평균 0 사이의 차이를 통하여 추정할 수 있다.

- SST(집단 간 제곱합): $\overline{x_{i.}} - \overline{x}$과 0의 차이

또한, 오차는 귀무가설하에서 다음의 두 가지를 고려할 수 있다.

- SSE(집단 내 제곱합): $x_{ij} - \overline{x_{.j}}$와 각 집단평균 $\overline{x_{i.}} - \bar{x}$의 차이
- TSS^A(전체제곱합): $x_{ij} - \overline{x_{.j}}$와 전체평균 0의 차이

이러한 과정을 다음과 같이 분석분석표로 정리할 수 있다.

Source	Sum of Squares	df
Block	$SSB = k\sum_{j=1}^{b}(\overline{x_{.j}} - \bar{x})^2$	$b-1$
Treatment	$SST = b\sum_{i=1}^{k}(\overline{x_{i.}} - \bar{x})^2 = \sum_{i=1}^{k} b\overline{x_{i.}}^2 - bk\bar{x}$	$k-1$
Error	$SSE = \sum_{i=1}^{k}\sum_{j=1}^{b}(x_{ij} - \overline{x_{.j}} - (\overline{x_{i.}} - \bar{x}))^2$	$(b-1)(k-1)$
Total	$TSS^A = \sum_{i=1}^{k}\sum_{j=1}^{b}(x_{ij} - \overline{x_{i.}})^2$	$b(k-1)$

따라서 검정통계량은 다음과 같다.

- SST와 SSE
  - $\dfrac{SST}{SSE/(k-1)(b-1)}$: 모집단의 분포에 상관없이 표본이 큰 경우 대략적으로 χ^2_{k-1} 분포를 한다.
  - $\dfrac{SST/(k-1)}{SSE/(k-1)(b-1)}$: 모집단이 정규분포인 경우 정확히 $F_{k-1,(b-1)(k-1)}$ 분포를 한다.

- SST와 SST+SSE
  - $\dfrac{SST}{(SST+SSE)/b(k-1)}$: 모집단의 분포에 상관없이 대략적으로 χ^2_{k-1} 분포를 한다.

예제 12

판매 중인 혈압을 감소시키는 3가지 약의 효과에 대하여 실험을 하였다. 다음은 18명의 실험대상자를 실험 전 혈압의 정도에 따라 6개 그룹으로 나눈 후 얻어진 혈압감소 측정치이다.

약 / 그룹	I	II	III	IV	V	VI
A	6.6	7.1	7.5	9.9	13.8	13.9
B	12.6	3.5	4.4	7.5	6.4	13.5
C	2.7	2.4	6.5	16.2	8.3	5.4

풀이 다음은 위의 자료에 대해 분산분석을 한 결과이다.

Source	df	SS	MS	F
Block	5	114.560	22.912	
Treatment	2	25.503	12.752	0.8109
Error	10	157.257	15.726	
Total	12	182.760		

정규분포 가정하에서 사용할 검정통계량은 (SST/2)/(SSE/10) = 0.8109로 $F_{2,10}$ 분포를 이용하여 p-값을 0.4717로 구할 수 있다. R을 이용한 분석결과는 다음과 같다.

```
> y=c(6.6,7.1,7.5,9.9,13.8,13.9,12.6,3.5,4.4,7.5,6.4,13.5,2.7,2.4,6.5,16.2,8.3,5.4)
> trt=c(rep(1,6),rep(2,6),rep(3,6))
> blk=c(rep(1:6,3))
> anova(lm(y~factor(trt)+factor(blk)))
Analysis of Variance Table

Response: y
            Df  Sum Sq Mean Sq F value Pr(>F)
factor(trt)  2  25.503  12.752  0.8109 0.4717
factor(blk)  5 114.560  22.912  1.4570 0.2859
Residuals   10 157.257  15.726
```

그림 3.12

Python을 이용한 분석결과는 다음과 같다.

```
from statsmodels.formula.api import ols
from statsmodels.stats.anova import anova_lm
a = [6.6, 7.1, 7.5, 9.9, 13.8, 13.9]
b = [12.6, 3.5, 4.4, 7.5, 6.4, 13.5]
c = [2.7, 2.4, 6.5, 16.2, 8.3, 5.4]
value = a+b+c
treatment = [1]*len(a)+[2]*len(b)+[3]*len(c)
block = [*range(1,len(a)+1)]+[*range(1,len(b)+1)]+[*range(1,len(c)+1)]
df = pd.DataFrame(data = {'value':value, 'treatment': treatment,
                          'block':block})
model = ols('value ~ C(treatment)+C(block)', df).fit()
print(anova_lm(model))
```

```
                df      sum_sq    mean_sq         F    PR(>F)
C(treatment)   2.0   25.503333  12.751667  0.810882  0.471671
C(block)       5.0  114.560000  22.912000  1.456981  0.285917
Residual      10.0  157.256667  15.725667       NaN       NaN
```

그림 3.13

연습문제

1. $N(\mu,\sigma^2)$을 따르는 21개의 표본인 $x_1, \cdots, x_{21}$으로 σ^2을 추정하려고 한다. 일반적으로 σ^2의 추정치는 $\sum_{i=1}^{21}(x_i-\overline{x})^2/(21-1)$인 표본분산을 사용하고 있다. 갑돌이는 21개 표본을 각 7개씩 3개 그룹으로 나누어 각각의 표본분산을 평균 내는 합동표본분산(pooled sample variance)을 쓰는 것을 제안하고 있다. 갑돌이의 방법이 무엇이 잘못되었는지 적으시오.

2. $x_1, \cdots, x_n$은 20개의 binary sample이다. 갑돌이가 이 표본들의 표본분산인 $\sum_{i=1}^{n}(x_i-\overline{x})^2/(n-1)$을 구하였더니 20이 나왔다. 갑순이는 $V(X)=p(1-p)$이고 p의 추정량은 $\overline{x}$이므로 $\overline{x}(1-\overline{x})$가 더 적당한 추정량이라고 주장한다. 갑돌이의 추정량과 갑순이의 추정량의 관계식을 구하시오.

3. 신용카드 회사에서 연간 사용액에 따라 인센티브를 주면 카드사용액이 늘어나 결국 회사에 이익이 될 것이라는 제안을 이를 본격적으로 시행하고자 한다. 그 전에 10명의 고객(카드사용액에 따라 선별)들을 대상으로 1년간 시범 실시하여 결과를 보고 결정하기로 하였는데, 그 결과는 다음과 같다(단위는 만 원).

고객	1	2	3	4	5	6	7	8	9	10
시행 전 1년 사용액	870	1210	780	2300	430	1100	80	923	3200	1700
시행 후 1년 사용액	840	1340	790	2160	470	1250	97	989	3300	1870

① Pearson 상관계수를 구하시오.

② 순위상관계수를 구하시오.

③ Kendall의 상관계수를 구하고 이를 해석하시오.

4. 두 신용평가 회사인 KIS, KCB에서는 각 회사에 대하여 (A, B)로 평가하고 있다. 다음은 임의로 추출된 100개 회사에 대한 각 신용평가사들의 평가결과이다.

	A	B
KIS	90	10
KCB	20	80

① 갑돌이는 각 신용평가사의 A등급을 내리는 확률이 같은지를 Chi-square 검정통계량을 이용하여 검정하려고 한다. 잘못된 점을 적으시오.

② 각 신용평가사의 A등급을 내리는 확률이 같은지를 검정하려면 어떠한 추가적인 자료가 필요한지 적으시오.

5. 다음의 자료에서 P(폐암|하) = 0.18, P(폐암|중) = 0.20, P(폐암|상) = 0.22로 흡연 정도가 증가함에 따라 폐암 확률이 다소 증가하는 경향을 보이는데, 표본의 수를 감안하더라도 카이제곱 검정통계량의 값은 0.25로 너무 낮게 나왔다. 왜 이러한 값이 나왔는지 적으시오(정답은 '대립가설'이라는 용어를 포함하여야 함).

폐암 여부/흡연 정도	하	중	상
폐암	9	10	11
정상	41	40	39

6. 다음은 7개 등급의 예측부도율에 대해 실제 부도 개수를 조사한 결과이다.

등급	예측부도율(%)	전체 개수(n)	실제 부도(x)
1	0	33	0
2	0.5	141	1
3	1	159	6
4	1.5	270	3
5	3	483	18
6	6.2	1236	117
7	27.87	678	155

① 각 등급에 대하여 $P(X \geq x \mid$예측부도율$)$을 구하고 각 등급에서의 예측부도율의 정확성에 대해서 논하시오. 그리고 왜 양측확률이 아닌 단측확률을 사용하는지도 논하시오.

② ①에서의 검정은 '부도의 발생이 독립적'이라고 가정하므로 연쇄적인 부도의 발생과 같은 현실적인 문제를 반영하는 데 한계가 있다. 이러한 한계점을 보완하는 방법에 대하여 적으시오.

③ ①은 각 7개 등급에 대한 검정이다. 전체등급에 대한 검정은 다음과 같이 하나의 숫자(Hosmer-Lemeshow 통계량)로 표현하고 이를 자유도 k의 카이제곱분포와 비교할 수 있다.

$$HL = \sum_{i=1}^{k} n_k \frac{(p_k - \widehat{p_k})^2}{p_k(1-p_k)}$$

이를 이용하여 전체등급의 정확성에 대해 논하고, ①에서의 결론과 비교하시오.

7. 다음은 세 가지 와인에 대한 감정사 21명의 평가이다. 평가점수는 정규분포를 따른다고 알려져 있다.

와인	평가
A	6.4, 6.8, 7.2, 8.3, 8.4, 9.1, 9.4, 9.7
B	2.5, 3.7, 4.9, 5.4, 5.9, 8.1, 8.2
C	1.3, 4.1, 4.9, 5.2, 5.5, 8.3

① 와인 A와 B의 평가에 차이가 있는지를 검정하시오.

② 세 와인 간 평가에 차이가 있는지를 검정하시오.

③ 와인 A의 첫 번째 표본값은 원래 6.7이나 6.4로 잘못 기록된 것을 발견하였다. 이를 수정한 후 다시 검정하시오.

8. 갑돌이는 기말고사에서 100점을 받았다. 기말고사가 중간고사보다 쉬웠는지에 대하여 알아보려고 한다. 다음은 갑돌이네 반 10명 학생에 대한 중간고사와 기말고사 성적에 대한 결과이다.

학생	1	2	3	4	5	6	7	8	9	10
중간고사	50	71	75	72	93	80	82	90	95	42
기말고사	86	68	90	30	100	70	87	88	96	67

이때 다음의 분산분석표를 작성하고 성적 차이에 대하여 검정하시오.

Source	Sum of Squares	df
Block	(i)	(iv)
Treatment	(ii)	(v)
Error	(iii)	(vi)

9. 다음은 세 가지 와인에 대한 감정사 21명의 평가이다. 평가점수는 정규분포를 따른다고 가정한다.

와인	평가
A	2.4, 5.8, 4.2, 6.3, 6.4, 8.1, 9.4
B	2.5, 3.7, 4.9, 5.4, 5.9, 8.1, 8.2
C	1.3, 4.1, 4.9, 5.2, 5.5, 8.3, 9.3

① 세 와인 간 평가에 차이가 있는지를 검정하시오.

② 갑돌이는 위의 평가가 21명이 아니라 7명의 감정사가 각자 세 와인을 모두 평가한 결과임을 나중에 알았다. 세 와인 간 평가에 차이가 있는지를 다시 검정하시오.

③ 위와 같이 세 와인을 평가하는 실험에서 21명의 감정사가 각자 1개의 와인을 평가하는 실험과 7명의 감정사가 각자 세 와인을 평가하는 실험 중 어느 쪽이 낫다고 생각하는지 적으시오.

4장

독립인 집단들의 비교

4.1 이항변수의 모비율검정

4.2 수치형 자료의 분포검정

4장에서는 독립인 집단들을 비교하는 비모수적 방법에 대하여 다룰 것이다. 3장에서 보았듯이 표본들의 사칙연산으로 만들어진 통계량의 분포는 모집단의 분포에 따라 달라지므로, p-값을 계산하기 위해서는 모집단의 분포를 알아야 한다. 따라서 모집단의 분포를 모른다면 이러한 p-값을 계산하는 데 어려움이 있게 된다. 하나의 집단 표본값은 3, 또 다른 집단의 표본값은 5라고 가정하여 보자. 3과 5의 사칙연산을 통하여 통계량을 만들기보다 표본값의 대소 또는 순위 등을 이용해서 통계량을 만들게 되면, 일정한 가정하에서 이러한 통계량은 모집단의 분포에 상관없이 그 분포가 일정하게 결정될 수 있다. 예를 들어, 두 집단의 분포가 같다는 귀무가설하에서는 모집단 분포에 상관없이 대소에 대한 확률은 0.5, 각 순위에 대한 확률은 $1/n$(이때 n의 순위를 정하는 데 포함된 표본의 수)이 된다. 따라서 대소 또는 순위에 따라 만들어진 통계량은 모집단의 분포와 관계없이 분포가 동일하므로 비모수적 방법이라고 할 수 있다.

4.1 이항변수의 모비율검정

4.1.1 하나의 집단

- 자료: 성공일 확률이 p라고 생각되는 베르누이 시행에서 추출된 n개의 독립인 표본 가운데 t개가 성공, $n-t$개가 실패로 나타났다.
- 귀무가설: $H_0 : p = p_0$
- 검정통계량: $T = \tau$(성공 개수)
- p-값
  - 정확한 p-값: 귀무가설하에서 T는 이항분포를 따르므로 $\Pr(T \ge t | p = p_0)$ 또는 $\Pr(T \le t | p = p_0)$를 구하면 된다. 방향은 대립가설의 방향을 따르면 된다.
  - 근사적 p-값: 표본수가 큰 경우 이항분포를 이용하여 정확한 p-값을 구하는 데 많은 계산이 필요할 수 있다. 이 경우 이항분포의 정규분포근사를 이용하여 다음과

같이 대략적인 p-값을 구할 수 있다.

$$Z = \frac{T - np_0}{\sqrt{np_0(1-p_0)}} \sim^{\text{under } H_0} N(0, 1)$$

단, 이산형 변수(이항분포)를 연속형 변수(정규분포)로 근사시킬 때 생기는 오차를 조정해주어야 하는데, 이를 연속성 조정(continuity correction)이라고 한다.

■ 연속형 조정: 이산형 확률변수의 경우에는 다음과 같지만,

$$\Pr(X \le c) + \Pr(X \ge c+1) = 1$$

이를 연속형 확률변수로 변환하여 확률을 계산하면, 다음과 같이 1보다 작게 되어 오차가 발생하게 된다.

$$\Pr(X \le c) + \Pr(X \ge c+1) < 1$$

따라서 이산형을 연속형으로 바꾸어 확률을 계산할 때는 이산형 $\Pr(X \le c)$는 연속형 $\Pr(X \le c+0.5)$와 같게, 이산형 $\Pr(X \ge c+1)$은 연속형 $\Pr(X \ge c+0.5)$와 같게 조정함으로써 오차를 줄일 수 있다. 같은 맥락으로 $\Pr(X < c)$와 $\Pr(X > c)$는 다음과 같이 조정을 한다.

$$\Pr(X < c) = \Pr(X \le c-1) : \Pr(X \le c-0.5)$$
$$\Pr(X > c) = \Pr(X \ge c+1) : \Pr(X \ge c+0.5)$$

예제 1

전체 925개 식물 중 682개는 크고, 나머지는 왜소한 것으로 관측되었다. 대립가설이 $p \ne 0.75$일 때, 큰 식물일 확률(p_0)이 0.75인지를 검정하시오.

풀이 대립가설에 따른 이항분포 확률에 의한 정확한 p-값은 $2P(T \le 682 \mid p = 0.75) = 0.392$와 같이 계산된다. 근사적인 p-값을 구하면 다음과 같다.

$$\Pr(T \le 682 | H_0) = \Pr\left(\frac{T - np_0}{\sqrt{np_0(1-p_0)}} \le \frac{682 - np_0}{\sqrt{np_0(1-p_0)}}\right)$$

$$= \Pr\left(Z \le \frac{682 - 693.75}{13.17}\right) \approx 0.186.$$

따라서 근사적인 p-값은 0.372이지만, 만일 연속형 보정을 하여 근사적인 p-값을 구하면, 다음과 같이 0.392로 계산되고 정확한 p-값과 거의 차이가 없게 된다.

$$\Pr(T \le 682 | H_0) = \Pr\left(\frac{T + 0.5 - np_0}{\sqrt{np_0(1-p_0)}} \le \frac{682.5 - np_0}{\sqrt{np_0(1-p_0)}}\right)$$

$$= \Pr\left(Z \le \frac{682.5 - 693.75}{13.17}\right) \approx 0.196.$$

4.1.2 두 집단의 모비율검정

■ 자료: 하나의 집단에서 추출된 n_1개의 표본이 두 개의 범주(Y, N)로 나누어져 있고, 또 다른 집단에서 추출된 n_2개의 표본이 두 개의 범주(Y, N)로 나누어져 관측되었다. 이러한 자료는 다음의 분할표를 이용하여 요약되는 것이 보통이다.

	Y	N	합
집단 1	O_{11}	O_{12}	n_1
집단 2	O_{21}	O_{22}	n_2
합	C_1	C_2	N

■ 귀무가설: p_1, p_2를 각 집단에서 Y가 나올 모비율이라고 한다면, 귀무가설은 $p_1 = p_2$이다.

■ 검정통계량: 모비율 차이 $p_1 - p_2$의 추정치는 $O_{11}/n_1 = O_{21}/n_2$이고, 공통된 모비율의 추정치는 C_1/N이므로 다음과 같은 검정통계량을 이용할 수 있다.

$$T = \frac{\frac{O_{11}}{n_1} - \frac{O_{21}}{n_2}}{\sqrt{\frac{1}{n_1}\frac{C_1}{N}\frac{C_2}{N} + \frac{1}{n_2}\frac{C_1}{N}\frac{C_2}{N}}} = \frac{\sqrt{N}(O_{11}O_{22} - O_{12}O_{21})}{\sqrt{n_1 n_2 C_1 C_2}}$$

귀무가설하에서 이에 대한 분포를 각각의 이항분포를 이용하여 구한 다음 정확한 p-값을 계산하여야 한다. 하지만 계산상의 편리를 위해서 다음과 같이 대략적으로 정규분포를 따른다는 사실을 이용하여 근사적인 p-값을 구할 수도 있다.

$$\frac{O_{11}}{n_1} \sim N(p_1, \frac{p_1(1-p_1)}{n_1}),\ \frac{O_{21}}{n_2} \sim N(p_2, \frac{p_2(1-p_2)}{n_2})$$

■ p-값

- 정확한 p-값: n_1, n_2가 주어졌을 때 O_{11}, O_{21}가 random이므로 다소 복잡하지만, $(1+n_1)(1+n_2)$인 모든 경우에 대하여 T를 계산해서 p-값을 구할 수 있다.
- 근사적 p-값: 이 검정통계량은 귀무가설하에서 대략적으로 표준정규분포를 따른다. 또는 T^2을 구하여 자유도가 1인 카이제곱 검정통계량을 이용하여 p-값을 구할 수도 있다.

예제 2

$n_1 = 2$ 그리고 $n_2 = 2$인 경우 $(O_{11},\ O_{21})$은 모두 9가지 경우가 있고, 귀무가설하에서 각 경우의 확률은 다음과 같다.

	Column 1	Column 2	Total	$p_1 = p_2 = p$
Row 1	O_{11}	$2-O_{11}$	2	$C_{2,O_{11}} p^{O_{11}}(1-p)^{2-O_{11}}$
Row 2	O_{21}	$2-O_{21}$	2	$C_{2,O_{21}} p^{O_{21}}(1-p)^{2-O_{21}}$

따라서 모든 $(O_{11},\ O_{21})$ 경우에 대한 확률은 다음과 같다.

(O_{11}, O_{21})	T	확률
(0, 2)	-2	$p^2(1-p)^2$
(2, 1), (1, 0)	-1.1547	$2p^3(1-p)+2p(1-p)^3$
(1, 1)	0	$4p^2(1-p)^2$
(0, 0), (2,2)	0(Undefined)	$p^4+(1-p)^4$
(1, 2), (0, 1)	1.1547	$2p^3(1-p)+2p(1-p)^3$
(2, 0)	2	$p^2(1-p)^2$

예를 들어, $O_{11}=2$, $O_{21}=1$인 경우 T는 1.1547이고, 이때 대략적인 p-값은 $P(\chi_1^2 \geq 1.1547^2)=0.2482$이다. 이 경우 정확한 p-값은 다음과 같이 구할 수 있다.

$$P(T_1 \geq 1.1547)+P(T_1 \leq 1.1547)=2\times(2p^3(1-p)\times 2p(1-p)^3+p^2(1-p)^2)$$

하지만 귀무가설이 $p_1=p_2=p$일 뿐 p에 대해서는 구체화되지 않았으므로 모든 p에 대해 p-값을 구한 후, 보수적인 관점에서 이 중 p-값이 가장 큰 경우를 선택하면 된다. $O_{11}=2$, $O_{21}=1$의 경우 p-값은 p=0.5일 때 최대가 되고 그 값은 5/8이다. 하지만 n_1, n_2가 큰 경우 이러한 정확한 p-값은 p의 값에 큰 영향을 받지 않게 된다.

예제 3

다음은 두 집단에서 새로운 제안에 대한 찬성 여부이다. 두 집단의 찬성비율이 같은지를 검정하시오.

	찬성	반대	합
A 집단	714	111	825
B 집단	662	154	816

풀이 이 경우 정확한 p-값을 계산하기는 어렵기 때문에 다음과 같이 근사적인 p-값을 구할 수 있다. 즉, T^2은 다음과 같이 계산되고 대략적인 p-값은 0.006으로 계산된다.

$$T^2 = \frac{1641(714 \times 154 - 111 \times 662)^2}{825 \times 816 \times 1376 \times 265} = 2.982^2 = 8.8923$$

4.1.3 여러 조건하에서의 두 집단의 모비율검정

예를 들어, 흡연 여부와 폐암 여부는 2 × 2 분할표로 요약될 수 있고, 두 변수 간의 관련성을 카이제곱 검정통계량을 통하여 나타낼 수 있다. 만일 이러한 조사가 지역 특성과 관계없이 그 관련성이 있는지를 알아보기 위해서는 여러 도시에 대해 조사되어야 하며, 아래와 같이 여러 개의 2 × 2 분할표로 요약될 수 있다.

- 자료: 각 i번째 지역에 대한 조사결과가 다음과 같다고 하자.

흡연 / 폐암	Y	N	합
Y	x_i	$r_i - x_i$	r_i
N	$c_i - x_i$	$N_i - r_i - c_i + x_i$	$N_i - r_i$
합	c_i	$N_i - c_i$	N_i

- 가설: $H_0 : p_{1i} = p_{2i}$ vs $H_A :$ $p_{1i} > p_{2i}$ for some i

  또는 $H_A :$ $p_{1i} < p_{2i}$ for some i

  즉, 귀무가설은 지역 특성과 관계없이 흡연 여부와 폐암 여부는 독립인 것을 의미한다.

- 검정통계량: 각 x_i가 독립일 때 기댓값보다 커지거나 작아지면, 대립가설을 지지하는 것이므로 $\sum x_i$가 기댓값의 합보다 커지거나 작아지면, 대립가설을 지지하는 것이라고 볼 수 있다. x_i는 다음과 같은 초기하분포를 따르므로 이를 이용하여 통계량에 대한 확률을 구할 수 있다.

$$\Pr(X_i = x_i) = \frac{C_{r_i, x_i} C_{N_i - r_i, c_i - x_i}}{C_{N_i, c_i}}$$

여기서 $\Pr(X = x_i)$는 흡연자 r_i명과 비흡연자 $N_i - r_i$명으로 나뉘어 있는 전체 N_i명 중에서 흡연자 집단에서 폐암에 걸린 사람 x_i명과 비흡연자 집단에서 폐암에 걸리지 않은 사람 $c_i - x_i$명을 표본으로 뽑을 확률을 의미한다.

$E(X_i) = \frac{r_i c_i}{N_i}$, $V(X_i) = \frac{r_i c_i (N_i - r_i)(N_i - c_i)}{N_i^2 (N_i - 1)}$를 이용하여 표준화한 다음의 검정통계량이 계산상의 편의를 위하여 대략적으로 표준정규분포를 따른다고 가정한 후, 대략적인 p-값을 구할 수 있다.

$$T_4 = \frac{\Sigma x_i - \Sigma \left(\frac{r_i c_i}{N_i}\right)}{\sqrt{\Sigma \left(\frac{r_i c_i (N_i - r_i)(N_i - c_i)}{N_i^2 (N_i - 1)}\right)}}$$

예제 4

다음은 A, B, C 세 지역에서 치료, 통제 집단에 대한 성공, 실패 결과이다.

	A 지역		B 지역		C 지역	
	성공	실패	성공	실패	성공	실패
치료	10	1	9	0	8	0
통제	12	1	11	1	7	3

풀이

$$T_4 = \frac{(10+9+8) - \left(\frac{11\times 22}{24} + \frac{9\times 20}{21} + \frac{8\times 15}{18}\right)}{\sqrt{\frac{11\times 22\times 13\times 2}{24^2\times 23} + \frac{9\times 20\times 12\times 1}{21^2\times 20} + \frac{8\times 15\times 10\times 3}{18^2\times 17}}}$$

$= 1.4323$

4.1.4 여러 집단의 모비율검정: 다항변수

둘 이상의 집단과 둘 이상의 범주로 구성된 자료는 앞의 3.2.2절에서 언급한 것과 같이 다음의 분할표로 요약할 수 있다.

X / Y	1	2		b
1	O_{11}	O_{12}	$\cdots$	O_{1b}
2	O_{21}	O_{22}	$\cdots$	O_{2b}
$\vdots$	$\vdots$	$\vdots$	$\vdots$	$\vdots$
a	O_{a1}	O_{a2}	$\cdots$	O_{ab}

$p_{ij} = P(X=i,\ Y=j)$라고 할 때, 일반적으로 관심이 많은 귀무가설은 다음과 같고 둘은 같은 관계이다.

- 동질성 검정: 모든 집단에 대하여 각 범주에 속할 확률이 동일하다(모든 i번째 범주에 대해 $p_{1i} = p_{2i} = \cdots = p_{ai}$).
- 독립성 검정: 집단에 해당하는 변수 X와 범주에 해당하는 변수 Y는 독립이다(모든 $i,\ j$에 대해 $p_{ij} = p_i p_j$).

따라서 모든 집단의 범주별 모비율이 같은지를 검정하는 것은 독립성을 검정하는 것과 같으므로 3장에서 설명된 검정통계량을 사용하면 된다.

4.2 수치형 자료의 분포검정

4.2.1 두 집단에 대한 비교

- 자료
  - 모집단 분포 F에서의 숫자로 측정된 n개의 임의표본, $X_1, \cdots, X_n$
  - 모집단 분포 G에서의 숫자로 측정된 m개의 임의표본, $Y_1, \cdots, Y_m$
  - 모든 i, j에 대해서 X_i와 Y_j는 독립이다.

- 귀무가설: $\Pr(X > Y) = 1/2$ 또는 $m_X = m_Y$, 여기서 m은 중간값을 의미한다.
  - 독립인 두 집단에 대해서 위에서 언급한 귀무가설을 검정하는 비모수 통계량에는 Mann-Whitney 검정통계량과 Wilcoxon rank sum 검정통계량이 있다.

- 검정통계량
  - Mann-Whitney 검정통계량

    두 집단의 표본들 대소에 대한 함수 $S(X_i > Y_j)$를 다음과 같이 정의하자.

$$S(X_i, Y_i) = \begin{pmatrix} 1 & (\text{if } Y < X) \\ \frac{1}{2} & (\text{if } Y = X) \\ 0 & (\text{if } Y > X) \end{pmatrix}$$

모든 비교할 수 있는 쌍은 $n \times m$개이므로 이들의 합은 다음과 같다.

$$M = \sum_{i=1}^{n} \sum_{j=1}^{m} S(X_i > Y_j)$$

이를 Mann-Whitney 검정통계량이라고 한다. 하지만 일반적으로 복잡한 계산방식 때문에 Mann-Whitney 검정통계량보다는 다음의 Wilcoxon rank sum 검정통계량을 선호한다.

- Wilcoxon rank sum 검정통계량

  전체 표본에 대해서 크기순으로 순위를 매긴 후 두 집단의 순위를 비교할 수도 있다. $R(X_i)$를 전체 표본에 대한 X_i의 rank라고 한다면, $\sum_{i=1}^{n} R(X_i)$의 값이 귀무가설하에서는 대략 $n(n+m+1)/2$이므로 많이 벗어난 값이 나올 시에 귀무가설을 기각할 가능성이 커지게 된다. 여기서 $W=\sum_{i=1}^{n} R(X_i)$를 Wilcoxon rank sum 검정통계량이라고 한다.

  순위는 둘 사이의 대소로 나타낼 수 있으므로 Mann-Whitney 검정통계량과 Wilcoxon rank sum 검정통계량과의 관계는 다음과 같이 나타낼 수 있다.

$$M=\sum_{i=1}^{n}\sum_{j=1}^{m} S(X_i > Y_j) = W - \frac{n(n+1)}{2}$$

  따라서 M과 W 중에서 어느 것을 사용해도 관계없으나 일반적으로 교과서 등에서는 예를 들어 설명하기가 쉬운 W를 선호한다.

예제 5

(7, 15, 15)와 (12, 13, 18, 28)인 두 집단에 대해 Mann-Whitney 검정통계량과 Wilcoxon rank sum 검정통계량을 구하고 둘 사이의 관계식이 성립됨을 보이시오.

(풀이) M과 W는 다음과 같이 계산되며

$$M=0+2+2=4$$
$$W=1+4.5+4.5=10$$

둘의 관계식인 $4=10-\frac{3(3+1)}{2}$이 성립됨을 알 수 있다.

■ p-값

- 정확한 p-값: 주어진 n, m의 모든 경우(즉, $(n+m)!$)에 대해 W를 구하여 W의 분포를 구할 수 있다.

• 근사적 p-값: 점차 컴퓨터를 이용한 계산환경이 좋아짐에 따라 n, m의 값이 다소 큰 경우라도 정확한 분포를 구할 수 있다. 대략적인 p-값을 구하는 절차는 다음과 같이 귀무가설하에서의 W의 평균과 분산을 구하여 표준화하는 과정을 수행하면 된다.

$$T=\frac{W-\dfrac{n(n+m+1)}{2}}{\sqrt{\dfrac{mn}{(n+m)(n+m-1)}\displaystyle\sum_{i=1}^{n+m}R_i^2-\dfrac{mn(n+m+1)^2}{4(n+m-1)}}}$$

따라서 표준정규분포를 이용하여 대략적인 p-값을 구할 수 있다.

만일 순위에 있어 동률이 없다면, 간단한 수열식을 이용하여 다음과 같이 간단히 표현할 수 있다.

$$T=\frac{W-n\dfrac{N+1}{2}}{\sqrt{\dfrac{mn(N+1)}{12}}}$$

예제 6

경영혁신을 한 기업들과 그렇지 않은 기업들의 과거 5년간의 주가수익률에 대한 자료이다. Wilcoxon rank sum 검정통계량과 Mann-Whitney 검정통계량값을 구하시오.

경영혁신	주가수익률(%)
많이 한 기업(X_1)	28, 87, 145, 110, 55, 84, 85, 67
작게 한 기업(X_2)	80, 50, 43, 121, 25, 54, 76

풀이 X_1에 대한 순위가 각각 2, 12, 15, 13, 6, 10, 11, 7이므로 순위합은 76이다. 따라서 Wilcoxon rank sum 검정통계량의 값은 76이다. R에서는 자료입력에 따라 다음의 두 가지 방법으로 처리할 수 있으며 검정통계량값은 76-8(8+1)/2를 계산한 Mann-Whitney 통계량인 40이 출력된다. 또한, 정확한 p-값을 구하는 옵션도 선택할 수 있다.

```
> x1=c(28,87,145, 110, 55, 84, 85, 67)
> x2=c(80, 50,  43, 121, 25, 54, 76)
> wilcox.test(x1,x2,exat=TRUE)#: This wilcoxon statistic returns [the sum of ranks - m(m+1)/2]

        Wilcoxon rank sum test

data:  x1 and x2
W = 40, p-value = 0.1893
alternative hypothesis: true location shift is not equal to 0

> wilcox.test(x1,x2)

        Wilcoxon rank sum test

data:  x1 and x2
W = 40, p-value = 0.1893
alternative hypothesis: true location shift is not equal to 0

>
> y=c(28,87,145, 110, 55, 84, 85, 67, 80, 50,  43, 121, 25, 54, 76)
> x=c(rep(1,8),rep(2,7))
> wilcox.test(y~x)

        Wilcoxon rank sum test

data:  y by x
W = 40, p-value = 0.1893
alternative hypothesis: true location shift is not equal to 0
```

그림 4.1

Python에서 scipy.stats 모듈의 mannwhitneyu 함수를 통해 분석한 결과는 아래와 같다.

```
from scipy import stats
X1 = [28, 87, 145, 110, 55, 84, 85, 67]
X2 = [80, 50, 43, 121, 25, 54, 76]
stats.mannwhitneyu(X1,X2,alternative='two-sided')

MannwhitneyuResult(statistic=40.0, pvalue=0.1832329769288218)
```

그림 4.2

4.2.2 여러 집단들의 비교: Kruskal-Wallis 검정

Kruskal-Wallis 검정은 일원분산분석의 비모수적 접근 방법이다. 따라서 Kruskal-Wallis 검정은 일원분산분석과 달리 각 집단이 정규분포를 따른다는 가정이 필요 없다.

■ 자료

범주(집단)	값	합	평균
1	$X_{11}, X_{12}, \cdots, X_{1n_1}$	$X_{1.}$	$\overline{X_{1.}}$
2	$X_{21}, X_{22}, \cdots, X_{2n_2}$	$X_{2.}$	$\overline{X_{2.}}$
⋮	⋮	⋮	⋮
k	$X_{k1}, X_{k2}, \cdots, X_{kn_k}$	$X_{k.}$	$\overline{X_{k.}}$

■ 귀무가설: 모든 집단의 순위 자료의 분포는 동일하다.

■ 검정통계량: $R(X_{ij})$를 X_{ij}의 전체 표본에 대한 순위라고 하면, 전체적인 순위는 다음과 같다.

범주(집단)	값	합
1	$R(X_{11}), R(X_{12}), \cdots, R(X_{1n_1})$	R_1
2	$R(X_{21}), R(X_{22}), \cdots, R(X_{2n_2})$	R_2
⋮	⋮	⋮
k	$R(X_{k1}), R(X_{k2}), \cdots, R(X_{kn_k})$	R_k

따라서 앞장에서 설명한 분산분석 내용에 따르면 TSS와 SST는 다음과 같이 나타낼 수 있다($\overline{R_i} = \sum_{j=1}^{n_i} R(X_{ij})/n_i$).

Source	df	Sum of Square
Treatment	$k-1$	$SST = \sum_{i=1}^{k}\sum_{j=1}^{n_i}(\overline{R_i} - \frac{N+1}{2})^2$
Error	$N-k$	$SSE = \sum_{i=1}^{k}\sum_{j=1}^{n_i}(R(X_{ij}) - \overline{R_i})^2$
Total	$N-1$	$TSS = \sum_{i=1}^{k}\sum_{j=1}^{n_i}(R(X_{ij}) - \frac{N+1}{2})^2$

계산상 편의를 위하여 다음의 표를 이용하기도 한다.

Source	df	Sum of Square
Treatment	$k-1$	$SST=\sum_{i=1}^{k}\frac{R_i^2}{n_i}-N\frac{(N+1)^2}{4}$
Error	$N-k$	$SSE=\sum_{all\ ranks}R(X_{ij})^2-\sum_{i=1}^{k}R_i^2$
Total	$N-1$	$TSS=\sum_{all\ ranks}R(X_{ij})^2-N\frac{(N+1)^2}{4}$

Kruskal-Wallis 검정통계량은 TSS를 분산에 이용한 통계량으로 다음과 같이 나타낼 수 있다.

$$T=\frac{SST}{TSS/(N-1)}=\frac{1}{S^2}\left(\sum_{i=1}^{k}\frac{R_i^2}{n_i}-\frac{N(N+1)^2}{4}\right)$$

이때,

$$S^2=\frac{1}{N-1}\left(\sum_{all\ ranks}R(X_{ij})^2-N\frac{(N+1)^2}{4}\right)$$

만일 동률이 없다면, $S^2=N(N+1)/12$이므로 다음과 같이 간략히 나타낼 수 있다.

$$T=\frac{12}{N(N+1)}\sum_{i=1}^{k}\frac{R_i^2}{n_i}-3(N+1)$$

■ p-값

- 정확한 p-값: 귀무가설하에서 모든 순위들의 확률은 1/N이므로 모든 경우의 수를 고려하여 통계량 T의 정확한 분포를 구할 수 있다.
- 근사적 p-값: T는 대략 자유도가 $k-1$인 카이제곱분포를 따르므로 이를 이용하여 대략적인 p-값을 구할 수 있다.

예제 7

갑돌이는 통계학을 전공하면 학점을 얻기가 어렵다는 얘기를 듣고, 17명의 친구를 대상으로 전공과 학점을 조사하였다. 이때 세 전공 간 학점의 차이가 있는지를 Kruskal-Wallis 검정을 하시오.

전공	학점
경제학	3.20, 3.76, 2.43, 3.54, 3.88, 4.01
통계학	2.78, 3.37, 4.04, 3.27, 3.57, 3.98, 4.02
경영학	3.77, 4.12, 3.56, 3.89

풀이 위의 자료에 대해 순위를 준 후, 분산분석을 수행한 결과는 다음과 같다.

Source	df	Sum of Square
Treatment	2	41.67
Error	14	366.33
Total	16	408.00

따라서 Kruskal-Wallis 검정통계량은 41.67/(408/16)=1.634로 구해진다. 이를 자유도 2의 카이제곱분포와 비교하면, p-값은 0.4418로 구해진다.
이를 R을 이용해서 구해보면 자료입력형태에 따라 두 가지 방법으로 구할 수 있다.

```
> x1=c(3.20,3.76,2.43,3.54,3.88,4.01)
> x2=c(2.78,3.37,4.04,3.27,3.57,3.98,4.02)
> x3=c(3.77,4.12,3.56,3.89)
> kruskal.test(list(x1,x2,x3))

        Kruskal-Wallis rank sum test

data:  list(x1, x2, x3)
Kruskal-Wallis chi-squared = 1.634, df = 2, p-value = 0.4418

> #or
> y=c(3.20,3.76,2.43,3.54,3.88,4.01,2.78,3.37,4.04,3.27,3.57,3.98,4.02,3.77,4.12,3.56,3.89)
> x=c(rep(1,6),rep(2,7),rep(3,4))
> kruskal.test(y~x)

        Kruskal-Wallis rank sum test

data:  y by x
Kruskal-Wallis chi-squared = 1.634, df = 2, p-value = 0.4418
```

그림 4.3

Python에서 scipy.stats 모듈의 kruskal 함수를 통하여 분석한 결과는 다음과 같다.

```
econ = [3.20, 3.76, 2.43, 3.54, 3.88, 4.01]
stat = [2.78, 3.37, 4.04, 3.27, 3.57, 3.98, 4.02]
busi = [3.77, 4.12, 3.56, 3.89]
stats.kruskal(econ,stat,busi)

KruskalResult(statistic=1.6339869281045765, pvalue=0.4417578206919741)
```

그림 4.4

요약

변수 종류	집단을 나누는 기준: 범주형 변수	비교 종류	집단 간 관계	검정 방법	검정 종류
다항(이항) 변수	두 집단 비교	모수적	독립	-	-
		비모수적		Pearson's Chi square test	동질성 검정
	여러 집단 비교	모수적		-	-
		비모수적		Pearson's Chi square test	동질성 검정
수치형 변수	두 집단 비교	모수적		T-test	모평균 동일
		비모수적		Mann-Whitney Wilcoxon rank sum	중간값 동일 $\Pr(X > Y) = \frac{1}{2}$
	여러 집단 비교	모수적		ANOVA	모평균 동일
		비모수적		Kruskal-Wallis	중간값 동일

연습문제

1. 5개의 표본을 각각 3개, 2개로 두 개의 집단으로 나눈 후, 표본값 대신에 순위를 사용하고자 한다. 표본이 2개인 집단의 순위합이 3일 확률은 얼마인가? (단, 동률은 없다.)

2. (Fisher's exact test) 다음의 2×2 분할표에서 x의 값만 random일 때(즉, c, $N-c$, r, $N-r$은 고정), $P(X=x)$는 다음과 같다.

	Column 1	Column 2	합
Row 1	x	$r-x$	r
Row 2	$c-x$	$x-r-c+N$	$N-r$
합	c	$N-c$	N

$$\Pr(X=x)=\frac{C_{r,x}\times C_{N-r,c-x}}{C_{N,c}}$$

어떤 귀부인이 우유를 먼저 넣고 티를 넣었는지, 아니면 티를 먼저 넣고 우유를 넣었는지를 구분할 수 있다고 주장한다. 그리고 이를 입증하기 위하여 우유를 먼저 넣고 티를 넣은 4개와 티를 먼저 넣고 우유를 넣은 4개에서, 우유를 먼저 넣고 티를 넣었다고 생각되는 4개를 선택하라고 하였다. 그 귀부인이 선택한 4개 중 맞춘 개수를 x라고 한다면 위의 분할표에 따라 다음과 같다. 즉, 행과 열의 합은 모두 4가 되고 맞춘 개수만 random이 된다.

	Column 1	Column 2	합
Row 1	x	$4-x$	4
Row 2	$4-x$	x	4
합	4	4	8

① (정확한 p-값) $x=3$일 때, $\Pr(T\geq 3)$을 구하고 귀부인의 구분할 수 있는 능력에 대하여 논하시오.

② (정확한 p-값) 만일 행과 열의 합이 매우 큰 경우 근사적으로 구하는 p-값을 선호할 수 도 있다. 초기하분포(hypergeometric distribution)를 이용하여 X의 평균과 분산이 다음과 같음을 보이시오.

$$E(X) = \frac{rc}{N}$$

$$V(X) = \frac{rc(N-r)(N-c)}{N^2(N-1)}$$

따라서 다음과 같이 표준화하여 정규분포를 이용해서 근사적으로 p-값을 구할 수 있다.

$$T_2 = \frac{x - \frac{rc}{N}}{\sqrt{\frac{rc(N-r)(N-c)}{N^2(N-1)}}}$$

③ r, $N-r$의 값만 고정이라고 해서 구한 (4-1)은 위의 표에 대하여 다음과 같이 쓸 수 있음을 보이고,

$$T_1 = \frac{x - \frac{rc}{N}}{\sqrt{\frac{rc(N-r)(N-c)}{N^3}}}$$

구해지는 p-값의 차이에 대하여 논하시오.

3. $H_0 : p = p_0$를 검정하는 통계량으로는 주로 $\frac{T - np_0}{\sqrt{np_0(1-p_0)}}$를 사용하고 있다. 갑돌이는 이 대신에 $\frac{T - np^*}{\sqrt{n\bar{p}(1-\bar{p}_0)}}$ 통계량을 쓰고 싶어 한다. 이에 대해 어떻게 생각하는지 적으시오.

4. 갑돌이, 갑순이, 철수, 영희는 각자 수강한 과목들의 학점을 다음과 같이 정리하고 셋 사이의 성적을 비교하는 분석방법에 대한 의견을 나누었다. 누구의 방법대로 하는 게 좋다고 생각하는지 적으시오.

	A	B	C	D	F	계
갑돌	18	16	4	4	0	42과목
갑순	25	10	7	2	0	44과목
영희	16	24	2	2	0	44과목

- 갑돌: 카이제곱검정을 해서 비교하도록 하자.
- 갑순: A=4, B=3, C=2, D=1로 한 후, 분산분석에 따른 F-검정을 하도록 하자.
- 철수: A=5, B=4, C=3, D=1로 한 후, 분산분석에 따른 F-검정을 하도록 하자.
- 영희: Kruskal-Wallis 검정을 하도록 하자.

5. 다음의 세 가지 와인에 대한 감정사 21명의 평가이다.

와인	평가
A	6.4, 6.8, 7.2, 8.3, 8.4, 9.1, 9.4, 9.7
B	2.5, 3.7, 4.9, 5.4, 5.9, 8.1, 8.2
C	1.3, 4.1, 4.8, 5.2, 5.5, 9.1

① 세 와인 간에 평가 차이가 있는지를 다음을 참조하여 Kruskal-Wallis 검정을 하시오.

	A	B	C	합계
표본수	8	7	6	21
rank 합	130.50	57.50	43.00	231
rank 평균	16.31	8.21	7.17	11.00
rank 제곱의 합	2232.25	628.25	449.50	3310.00

② 갑돌이는 와인 A의 첫 번째 표본값이 원래는 6.7인데 6.4로 잘못 기록된 것을 발견하였다. 이를 수정한 후 다시 Kruskal-Wallis 검정통계량의 값을 구하시오.

5장

독립이 아닌 집단들의 비교

5.1 이항변수

5.2 수치형 자료

어떤 두 집단이 독립이라는 것은 하나의 집단에 속해 있는 표본이 다른 집단에 속해 있는 표본에 대하여 어떠한 정보도 제공하지 않는 경우를 의미한다. 예를 들어, 모집단에서 n명의 표본을 무작위 추출한 후 각 표본마다 흡연 여부(X)와 폐암 여부(Y)를 조사한 자료가 있다고 할 때, 흡연 여부에 따라서 표본을 두 집단으로 나눌 수 있다. 이때 흡연을 하는 집단에 속한 표본과 흡연을 하지 않는 집단에 속한 표본은 서로 겹치지 않으며, 모든 표본은 무작위 추출에서 뽑혔기 때문에 독립이다. 따라서 이렇게 흡연 여부에 따라 나누어진 두 집단은 독립이라고 할 수 있다.

반대로 어떤 두 집단이 종속이라는 것은 하나의 집단에 속해 있는 표본이 다른 집단에 속해 있는 표본에 대하여 정보를 제공하는 경우를 의미한다. 예를 들어, 모집단에서 n명의 표본을 무작위 추출한 후 각 표본마다 두 시점(T)에 나누어서 혈압(Y)을 조사한 자료가 있다고 할 때, 혈압을 잰 시점에 따라 표본을 두 집단으로 나눌 수 있다. 이때 모든 표본은 두 시점 모두에 혈압을 측정하였기 때문에, 첫 번째 시점에 속한 표본과 두 번째 시점에 속한 표본은 중복될 수밖에 없다. 따라서 이 경우, 하나의 집단에 속해 있는 표본이 다른 집단에 속해 있는 표본에 대하여 어느 정도의 정보를 제공하기 때문에 두 집단은 종속이라고 할 수 있다.

5.1 이항변수

5.1.1 두 집단의 비교

- 자료: $(X_1, Y_1), \cdots, (X_n, Y_n)$은 (0, 1)로 측정된 짝을 이룬 반응변수이고 각 반응변수의 짝은 서로 독립이다. X_i, Y_i는 성공확률이 각각 p_{i1}와 p_{i2}인 이항변수이다.

Subject	X	Y	합	평균
1	X_1	Y_1	R_1	$R_1/2$
2	X_2	Y_2	R_2	$R_2/2$
⋮	⋮	⋮	⋮	⋮
n	X_n	Y_n	R_n	$R_n/2$
합	C_1	C_2	C_1+C_2	

■ 자료 요약: 위의 n개의 쌍을 (X, Y)값에 따라 다음과 같이 요약할 수 있다(단, $a+b+c+d=n$).

X/Y	0	1
0	a	b
1	c	d

■ 귀무가설: $P(X=0)=P(Y=0)$

독립인 두 집단에서의 동질성 검정과 동일한 내용의 검정이다. 데이터의 구조가 독립인 두 집단의 경우와 달라졌기 때문에 같은 내용의 검정이지만 귀무가설의 형태가 다르다.

1) McNemar 검정통계량

$P(X=0)=P(Y=0)$은 $P(X=0, Y=1)=P(X=1, Y=0)$와 동일하므로 위의 분할표에서 b의 개수가 c의 개수와 비슷한지를 검정하면 된다. 즉, 검정통계량은 b(또는 c)이고, 귀무가설하에서 $B(b+c, 1/2)$인 이항분포를 하므로 이를 이용하여 확률을 구할 수 있다.

만일 근사적인 확률을 구한다면, 이항분포의 정규분포근사에 따라 다음과 같이 확률을 구할 수 있다.

$$b(\text{or } c) \sim N(\frac{1}{2}(b+c), \frac{b+c}{4})$$

또한, 위의 검정통계량을 표준화하여 제곱하면 다음과 같고, 이 경우 자유도가 1인 카이제곱분포를 이용하여 확률을 계산할 수도 있다.

$$T_1 = \frac{(b-c)^2}{b+c} \sim \chi_1^2$$

예제 1

100명에 대하여 1년 전과 1년 후의 지지도에 관한 조사이다.

1년 전/1년 후	찬성	반대
찬성	61	12
반대	6	21

풀이 n=18, p=0.5인 이항분포에서 $P(X \geq 12)$는 0.0480이므로 양측검정에 대한 p-값은 0.0960이 된다. 또한, 근사적인 확률은 $T_1 = \dfrac{(12-6)^2}{12+6}$이므로 근사적 p-값은 0.1573이다.

예제 2

<예제 1>을 다음의 표로 요약하였다.

1년 전/1년 후	찬성	반대
1년 전	73	27
1년 후	67	33

갑돌이는 다음의 독립인 두 집단의 모비율 검정통계량을 이용하여 1년 전과 후의 찬성률의 차이에 대해 다음과 같은 검정통계량값을 얻었다. 무엇이 잘못되었는지 설명하시오.

$$Z = \frac{0.67 - 0.73}{\sqrt{0.7 \times (1-0.7)\left(\dfrac{1}{100} + \dfrac{1}{100}\right)}} = -0.9258$$

풀이 X_1, X_2를 각각 1년 전과 후의 찬성 또는 반대에 대한 응답, $\overline{X_1}$, $\overline{X_2}$를 각각 1년 전과 후의 찬성률이라고 하자. 이때 X_1, X_2는 같은 사람에 대하여 측정한 응답이기에 독립이 아니므로 $\overline{X_1}$, $\overline{X_2}$ 또한 독립이 아니다. 따라서 $Cov(\overline{X_1}, \overline{X_2})$는 0이 아니므로 검정통계량의 분산이 잘못 추정되었다.

2) 공분산 추정에 따른 통계량

짝을 이룬 두 개의 이항변수에 결합확률을 다음과 같이 정의하자.

X/Y	0	1	
0	p_{00}	p_{01}	p_{0+}
1	p_{10}	p_{11}	p_{1+}
합	p_{+0}	p_{+1}	

$V(\overline{X}-\overline{Y})$를 구하기 위해 먼저 $Cov(X, Y)$를 구하면 다음과 같다.

$$\begin{aligned} Cov(X, Y) &= E(XY) - E(X)E(Y) \\ &= p_{11} - p_{1+}p_{+1} \\ &= p_{11} - (p_{10} + p_{11})(p_{01} + p_{11}) \\ &= p_{11} - p_{10}p_{01} - p_{10}p_{11} - p_{11}p_{01} - p_{11}^2 \\ &= p_{11}(1 - p_{10} - p_{01} - p_{11}) - p_{10}p_{01} \\ &= p_{00}p_{11} - p_{10}p_{01} \end{aligned}$$

따라서 $V(\overline{X}-\overline{Y})$는 다음과 같이 구할 수 있다.

$$\begin{aligned} V(\overline{X}-\overline{Y}) &= V(\overline{X}) + V(\overline{Y}) - 2Cov(\overline{X}, \overline{Y}) \\ &= \frac{1}{n}(p_{1+}(1-p_{1+}) + p_{+1}(1-p_{+1}) - 2(p_{00}p_{11} - p_{10}p_{01})) \end{aligned}$$

예제 3

$p_{1+}(1-p_{1+}) + p_{+1}(1-p_{+1}) - 2(p_{00}p_{11} - p_{10}p_{01})$는 $p_{01} + p_{10} - (p_{10} - p_{01})^2$임을 보이시오.

(풀이) 다음을 보이므로 쉽게 구할 수 있다.

$$\begin{aligned} p_{1+}(1-p_{1+}) + p_{+1}(1-p_{+1}) &= (p_{10}+p_{11})(p_{00}+p_{01}) + (p_{01}+p_{11})(p_{00}+p_{10}) \\ &= p_{10}p_{00} + p_{10}p_{01} + p_{11}p_{00} + p_{11}p_{01} + p_{01}p_{00} \\ &\quad + p_{01}p_{10} + p_{11}p_{00} + p_{11}p_{10} \end{aligned}$$

$$= p_{10}(p_{00} + p_{01} + p_{11}) + p_{01}(p_{00} + p_{10} + p_{11}) + 2p_{00}p_{11}$$
$$= p_{01}(1 - p_{01}) + p_{10}(1 - p_{10}) + 2p_{00}p_{11}$$

그러므로 주어진 자료의 경우 $V(\overline{X} - \overline{Y})$는 다음과 같이 추정된다.

$$\hat{V}(\overline{X} - \overline{Y}) = \frac{1}{n}\left(\frac{b+c}{n} - \left(\frac{b-c}{n}\right)^2\right)$$

따라서 정규분포근사를 이용한 $P(X=0) - P(Y=0)$에 대한 95% 신뢰구간은 다음과 같다.

$$\frac{b-c}{n} \pm 1.96\sqrt{\hat{V}(\overline{X} - \overline{Y})}$$

또한, 귀무가설인 $p_{0+} = p_{+0}(p_{01} = p_{10})$하에서 $V(\overline{X} - \overline{Y})$는 다음과 같이 단순화된다.

$$V(\overline{X} - \overline{Y}) = \frac{1}{n}(p_{10} + p_{01})$$

그러므로 주어진 자료의 경우 $V(\overline{X} - \overline{Y})$는 다음과 같이 추정된다.

$$\hat{V}(\overline{X} - \overline{Y}) = \frac{1}{n}\left(\frac{b+c}{n}\right)$$

따라서 귀무가설인 $p_{0+} = p_{+0}(p_{01} = p_{10})$에 대한 검정통계량은 다음과 같고 이는 McNemar 검정통계량과 같다.

$$T_2 = \frac{\frac{b-c}{n}}{\sqrt{\frac{b+c}{n^2}}}$$

3) 두 확률변수의 차를 이용한 통계량

$V(X - Y)$는 $X - Y = D$라는 새로운 확률변수를 정의함으로써 다음과 같이 구할 수도 있다. 즉, $D = X - Y$라고 할 때 D는 -1, 0, 1 중 하나의 값을 가지며 확률은 다음과 같다.

$D=X-Y$	확률
-1	p_{01}
0	$p_{00}+p_{11}$
1	p_{10}

따라서 $E(D)=p_{10}-p_{01}$이고, $V(D)=p_{01}+p_{10}-(p_{10}-p_{01})^2$이 된다. 이를 이용하여 앞에서와 같은 통계량을 만들 수 있다.

4) Cochran's Q 검정통계량

다음의 검정통계량을 구하여 χ_1^2 분포를 이용해서 대략적으로 p-값을 계산할 수 있다. 구체적인 검정통계량의 유도는 다음 절에서 다룬다.

$$T=\frac{\sum_{i=1}^{2} 2\left(C_i-\frac{C_1+C_2}{2}\right)^2}{\sum_{i=1}^{r} R_i(2-R_i)}$$

▌ 예제 4 ▌

위의 검정통계량이 McNemar 검정통계량과 같음을 보이시오.

(풀이) 자료가 다음과 같다고 하면,

X/Y	0	1
0	a	b
1	c	d

$C_1=c+d$, $C_2=b+d$이고, $\sum_{i=1}^{r} R_i(2-R_i)=0\times 2\times a+1\times 1\times (b+c)+2\times 0\times d$이므로

$$\frac{\sum_{i=1}^{2} 2(C_i - \frac{C_1+C_2}{2})^2}{\sum_{i=1}^{r} R_i(2-R_i)} = \frac{(C_1-C_2)^2}{\sum_{i=1}^{r} R_i(2-R_i)} = \frac{(b-c)^2}{b+c}$$

이 된다.

5.1.2 여러 집단의 경우: Cochran's Q 검정통계량

앞의 McNemar 검정은 비교 집단의 수가 2인 경우로 제한되지만, Cochran's Q 검정은 비교 집단의 수가 2 이상인 경우로 확장할 수 있다.

- 자료: X_{ij}는 성공확률이 p_{ij}인 이항변수이다.

객체/집단	1	2	…	c	합
1	X_{11}	X_{12}	…	X_{1c}	R_1
2	X_{21}	X_{22}	…	X_{2c}	R_2
⋮	⋮	⋮	⋮	⋮	⋮
r	X_{r1}	X_{r2}	…	X_{rc}	R_r
합	C_1	C_2	…	C_c	N

- 귀무가설: $(p_{i1} = p_{i2} = \cdots = p_{ic}),\ where\ p_{ij} = P(X_{ij} = 1)$

- 가정: $Cov(C_i, C_j)$는 일정하다.

  만일 집단이 1달 후, 2달 후와 같은 시간이라면 이러한 가정은 만족하기가 힘들다.

- 검정통계량: 다음의 T 검정통계량을 구하여 χ^2_{c-1} 분포를 이용해서 대략적으로 p-값을 구한다.

$$T = \frac{c(c-1)\sum_{j=1}^{c}(C_j - \frac{N}{c})^2}{\sum_{i=1}^{r} R_i(c-R_i)}$$

■ 검정통계량의 분포: T 검정통계량은 대략적으로 χ^2_{c-1} 분포를 따른다.

- 증명: 귀무가설하에서 $C_j \simeq N(\frac{N}{c}, \sum_{i=1}^{r} V(X_{ij}))$이고, $\sum_{i=1}^{r} V(X_{ij})$는 $\sum_{i=1}^{r} \frac{R_i}{c}(1-\frac{R_i}{c})$로 추정될 수 있다. 또한,

$$Cov(C_i, C_j) = Cov(C_i, R - C_1 - C_2 - \cdots - C_{j-1} - C_{j+1} - \cdots - C_c)$$
$$= -(c-2)Cov(C_i, C_j) - V(C_i)$$

이므로 $Corr(C_i, C_j) = -1/(C-1)$이다. 따라서 다음의 보조정리에 따라 다음의 T 검정통계량은 대략적으로 χ^2_{c-1} 분포를 따른다.

$$T = \frac{c(c-1)\sum_{j=1}^{c}(C_j - \frac{N}{c})^2}{\sum_{i=1}^{r} R_i(c-R_i)}$$

- 보조정리: $(W_1, \cdots, W_c)$이 평균, 분산이 같은 정규분포를 하고 모든 쌍의 상관계수가 ρ로 같다면, $\sum_{i=1}^{c}(W_i - \overline{W})^2/\sigma^2(1-\rho)$는 자유도가 $c-1$인 카이제곱분포를 한다.

예제 5

다음은 세 심장병 신약의 환자 10명에 대한 임상시험 결과이다(1은 효과가 있음, 0은 효과가 없음을 나타냄). Cochran's Q 검정통계량을 구하시오.

환자	1	2	3	4	5	6	7	8	9	10	합
신약 A	1	0	0	1	1	1	1	1	1	1	8
신약 B	0	1	0	0	0	1	0	1	0	0	3
신약 C	1	1	0	1	0	1	0	1	1	1	7

풀이 Cochran's Q 검정통계량은 다음과 같이 계산된다.

$$T=\frac{3(3-1)(8-6)^2+(3-6)^2+(7-6)^2}{(2\times 3\times(3-3)+5\times 2\times(3-2)+2\times 1\times(3-1)+1\times 0\times(3-0))}=6$$

따라서 자유도 2인 카이제곱분포로부터 p-값은 0.04979로 계산된다.

R을 이용한 계산 결과는 다음과 같다.

```
> library(RVAideMemoire)
> y = c(1,0,0,1,1,1,1,1,1,1,0,1,0,0,0,1,0,1,0,0,1,1,0,1,0,1,0,1,1,1)
> trt = gl(3,10,30,labels=LETTERS[1:3])
> block = gl(10,1,30,labels=letters[1:12])
> cochran.qtest(y~trt|block)

        Cochran's Q test

data:  y by trt, block = block
Q = 6, df = 2, p-value = 0.04979
alternative hypothesis: true difference in probabilities is not equal to 0
sample estimates:
proba in group A proba in group B proba in group C
             0.8              0.3              0.7

        Pairwise comparisons using Wilcoxon sign test

  A      B
B 0.1875 -
C 1.0000 0.1875

P value adjustment method: fdr
```

그림 5.1

Python을 이용한 계산 결과는 다음과 같다.

```
from statsmodels.stats.contingency_tables import cochrans_q
import numpy as np
A = np.array([1,0,0,1,1,1,1,1,1,1])
B = np.array([0,1,0,0,0,1,0,1,0,0])
C = np.array([1,1,0,1,0,1,0,1,1,1])
data = np.array([A,B,C])
data = data.transpose()
print(cochrans_q(data))
```

```
df          2
pvalue      0.04978706836786395
statistic   6.0
```

그림 5.2

5.2 수치형 자료

5.2.1 두 집단의 비교

■ 자료: $(X_1, Y_1), \cdots, (X_n, Y_n)$은 짝을 이룬 반응변수이고 각 반응변수의 짝은 서로 독립이다. X_i, Y_i는 수치형 변수이다.

1) 부호검정(sign test)

■ 귀무가설: $\Pr(X>Y)=\Pr(X<Y)=\frac{1}{2}$ 또는 $m_X=m_Y$

■ 검정통계량: $T=I(X>Y)$, 즉 T는 $X>Y$인 개수를 의미한다.

- 귀무가설하에서 검정통계량 T의 분포는 이항분포인 $B(n, 1/2)$이므로 이를 이용하여 정확한 확률을 구한다. 이때 n은 짝을 이룬 표본수에서 동률인 경우를 제외한 값이다.
- 이항분포의 대략적 분포는 $T\sim N(n/2, n/4)$이므로 n이 큰 경우에는 $\frac{T-n/2}{\sqrt{n/4}}$를 구한 후, 표준정규분포를 이용하여 근사적 확률을 구할 수 있다.

예제 6

10명의 고객을 상대로 두 제품의 선호도를 조사하였다. 10명 중 8명은 제품 A, 1명은 제품 B를 선호하고 나머지 1명은 특별한 선호가 없다고 답하였다.

(풀이) 선호도를 답하지 않은 1명을 제외하면 T는 귀무가설하에서 이항분포 $B(9, 1/2)$를 따르므로 $P(T\geq 8|n=9, p=0.5)=1-P(T\leq 7|n=9, p=0.5)=0.0195$이므로 p-값은 0.039이다.

예제 7

다음은 학생 12명에 대해 시행한 두 차례의 시험결과이다.

Set	1	2	3	4	5	6	7	8	9	10	11	12
First	86	71	77	68	91	72	77	91	70	71	88	87
Second	88	77	76	64	96	89	65	90	65	80	81	72

풀이 12명 중 첫 번째 성적이 좋은 경우가 7명이다. T는 귀무가설하에서 이항분포 $B(12, 1/2)$를 따르므로 $P(T \geq 7 | n=12, p=0.5) = 0.3872$가 된다.

예제 8

만일 부호검정으로 $H_0 : E(X) = E(Y)$를 검정한다면, 어떠한 문제점이 있는지 설명하시오.

풀이 $\Pr(X > Y) = 1/2$이라고 해서 $E(X) = E(Y)$가 되지는 않으므로 이 경우에는 부호검정이 더는 비편향추정이 되지 못한다. 반례로 $\log X \sim N(0, 1)$, $\log Y \sim N(0, 2^2)$일 때, $\Pr(X \leq Y) = 0.5$이지만 $E(X) \neq E(Y)$이다.

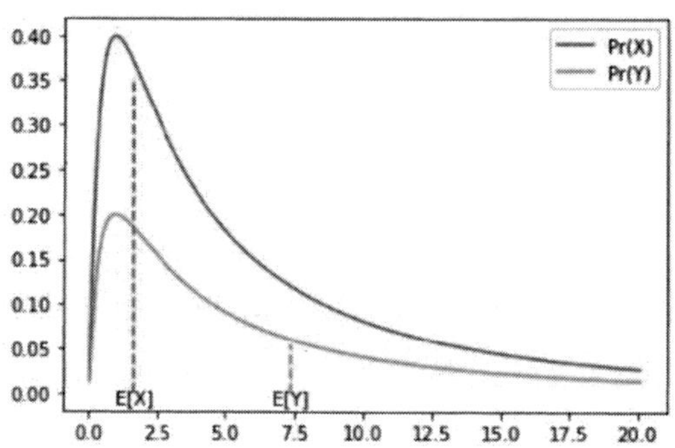

그림 5.3

예제 9

만일 부호검정에서 동률인 경우를 제외하지 않고 0.5로 하여 계산하면 어떠한 문제점이 있는지 설명하시오.

풀이 동률을 0.5라고 하게 되면 $\Pr(X>Y)$는 더는 0.5가 되지 않으므로 검정통계량에 대한 분포를 계산할 수가 없게 된다.

2) Wilcoxon 부호순위검정(Wilcoxon signed rank test)

- 부호순위: 부호가 존재하는 순위를 의미하며 R_i로 표기한다. 따라서 한 짝에서의 차이의 절댓값을 $|D_i| = |Y_i - X_i|$로 정의하면 $R_i = Sign(D_i) \times Rank(|D_i|)$이다.

- 귀무가설: $E(D) = 0$ 또는 $E(X) = E(Y)$

- 검정통계량
  - 정확한 p-값: $T^+ = \sum_{i=1}^{n} I(Sign(D_i) = +)R_i$를 계산한 후, 분포표를 이용하여 p-값을 구한다.
  - 근사적 p-값: $Z = \dfrac{\sum_{i=1}^{n} R_i}{\sqrt{\sum_{i=1}^{n} R_i^2}}$를 계산한 후, 표준정규분포표를 이용하여 근사적 p-값을 구한다.

예제 10

<예제 7>에 대하여 Wilcoxon 부호순위검정을 하시오.

풀이 $D_i = X_i - Y_i$라 하고, D_i와 R_i를 구하면 다음과 같다.

Set	1	2	3	4	5	6	7	8	9	10	11	12
D_i	-2	-6	1	4	-5	-17	12	1	5	-9	7	15
Rank	3	7	1.5	4	5.5	12	10	1.5	5.5	9	8	11
R_i	-3	-7	1.5	4	-5.5	-12	10	1.5	5.5	-9	8	11

따라서 $T^+ = 41.5$로 계산된다. 근사적인 p-값을 구하기 위해서는 검정통계량을 다음과 같이 계산한다.

$$T = \frac{\sum_{i=1}^{n} R_i}{\sqrt{\sum_{i=1}^{n} R_i^2}} = \frac{5}{\sqrt{649}} = 0.1963$$

R과 Python을 이용한 분석결과는 다음과 같다.

```
> y1=c(86,71,77,68,91,72,77,91,70,71,88,87)
> y2=c(88,77,76,64,96,89,65,90,65,80,81,72)
> wilcox.test(y1,y2,paired=T)

        Wilcoxon signed rank test with continuity correction

data:  y1 and y2
V = 41.5, p-value = 0.8752
alternative hypothesis: true location shift is not equal to 0
```

그림 5.4

```
import numpy as np
from scipy.stats import wilcoxon
y1=np.array([86,71,77,68,91,72,77,91,70,71,88,87])
y2=np.array([88,77,76,64,96,89,65,90,65,80,81,72])
wilcoxon(y1,y2,correction=True,mode='approx')

WilcoxonResult(statistic=36.5, pvalue=0.8752340238797087)
```

그림 5.5

5.2.2 여러 집단의 비교

■ 자료

block/집단	1	2	⋯	k
1	X_{11}	X_{12}	⋯	X_{1k}
2	X_{21}	X_{22}	⋯	X_{2k}
⋮	⋮	⋮	⋮	⋮
b	X_{b1}	X_{b2}	⋯	X_{bk}

■ 순위: 객체라는 블록 내에서 순위를 줌에 따라 블록 내 순위 평균은 모두 $(k+1)/2$

가 되므로 블록 효과는 사라지게 된다.

- $R(X_{ij})$: i번째 블록 내에서의 j번째 값의 순위
- $R_j = \sum_{i=1}^{b} R(X_{ij})$, $\overline{R_j} = \frac{1}{b}\sum_{i=1}^{b} R(X_{ij})(R_j = b\overline{R_j})$

■ 귀무가설: 집단 간의 순위 자료의 분포가 같다.

1) Friedman 검정통계량

순위에 대한 제곱합은 다음과 같이 표현된다.

Source	Sum of Squares	df
Block	$SSB = 0$	$b-1$
Treatment	$SST = b\sum_{j=1}^{k}(\overline{R_j} - \frac{k+1}{2})^2 = \frac{1}{b}\sum_{j=1}^{k} R_j^2 - bk(\frac{k+1}{2})^2$	$k-1$
Error	$SSE = \sum_{i=1}^{b}\sum_{j=1}^{k}(R(X_{ij}) - \overline{R_j})^2 = \sum_{i=1}^{b}\sum_{j=1}^{k} R(X_{ij})^2 - \frac{1}{b}\sum_{j=1}^{k} R_j^2$	$(k-1)(b-1)$
Total	$TSS = \sum_{i=1}^{b}\sum_{j=1}^{k}(R(X_{ij}) - \frac{k+1}{2})^2 = \sum_{i=1}^{b}\sum_{j=1}^{k} R(X_{ij})^2 - bk(\frac{k+1}{2})^2$	$b(k-1)$

■ Friedman 검정통계량: Friedman 검정통계량은 TSS를 분산으로 이용한 것으로 다음과 같이 정의된다.

$$T = \frac{SST}{TSS/b(k-1)}$$

대략적인 p-값은 자유도가 $k-1$인 카이제곱분포를 이용하면 된다. 블록이 2인 경우 Friedman 검정통계량은 부호검정통계량과 같아진다.

■ F 검정통계량: SSE를 분산으로 이용하면 다음과 같은 검정통계량을 구할 수 있고 귀무가설하에서 대략적으로 $F_{k-1,(b-1)(k-1)}$를 따른다.

$$F = \frac{SST/(k-1)}{SSE/(k-1)(b-1)}$$

예제 11

판매 중인 혈압을 감소시키는 3가지 약의 효과에 대하여 실험을 하였다. 다음 자료는 실험대상자 24명을 실험 전 혈압의 정도에 따라 6개 그룹으로 나눈 후, 약을 먹은 뒤 얻어진 혈압감소 측정치이다.

약/그룹	I	II	III	IV	V	VI
A	6.6	7.1	7.5	9.9	13.8	13.9
B	12.6	3.5	4.4	7.5	6.4	13.5
C	2.7	2.4	6.5	16.2	8.3	5.4

(풀이) 다음은 위의 자료에 대하여 블록 내에서 순위를 준 후, 순위에 대하여 분산분석을 한 결과이다.

Source	Sum of Squares	df
Block	0	5
Treatment	4	2
Error	8	10
Total	12	12

Friedman 검정통계량은 $SST/(TSS/12) = 4$로 대략적인 p-값은 χ_2^2를 이용하여 0.1353으로 구할 수 있다. R과 Python을 이용하여 얻은 결과는 다음과 같다.

```
> y=c(6.6,12.6,2.7,7.1,3.5,2.4,7.5,4.4,6.5,9.9,7.5,16.2,13.8,6.4,8.3,13.9,13.5,5.4)
> trt=gl(3,1,18)
> blk=gl(6,3,18)
> friedman.test(y~trt|blk)

        Friedman rank sum test

data:  y and trt and blk
Friedman chi-squared = 4, df = 2, p-value = 0.1353
```

그림 5.6

```
import numpy as np
from scipy.stats import friedmanchisquare
A=np.array([6.6,7.1,7.5,9.9,13.8,13.9])
B=np.array([12.6,3.5,4.4,7.5,6.4,13.5])
C=np.array([2.7,2.4,6.5,16.2,8.3,5.4])
friedmanchisquare(A,B,C)

FriedmanchisquareResult(statistic=4.0, pvalue=0.1353352832366127)
```

그림 5.7

2) Quade 검정통계량

Friedman 검정에서는 블록 내에서 순위를 줌으로써 모든 블록 내의 순위의 합이 동일하다. 하지만 블록 내의 크기 차이가 크다면 이를 고려하여 순위를 조정할 수 있다. 즉, 블록 내의 차이를 블록 내 최댓값과 최솟값의 차이로 측정하여 블록 범위로 나타내고, 이를 고려하여 다음과 같이 순위를 조정할 수 있다.

$$\text{블록 범위: } Q_i = \max(X_{i1}, \cdots, X_{ik}) - \min(X_{i1}, \cdots, X_{ik})$$

$$\text{조정된 순위: } S_{ij} = Q[R(X_{ij}) - \frac{k+1}{2}]$$

이렇게 하면 조정된 순위의 블록 내 합과 전체 합은 다음과 같이 0이 된다.

$$\overline{S_i} = \frac{1}{k}\sum_{j=1}^{k} Q[R(X_{ij}) - \frac{k+1}{2}] = 0$$

$$\overline{S} = \frac{1}{bk}\sum_{i=1}^{b}\sum_{j=1}^{k} Q_i[R(X_{ij}) - \frac{k+1}{2}] = 0$$

따라서 이러한 조정된 순위로 분산분석을 하면 다음과 같다.

Source	Sum of Squares	df
Block	$SSB=0$	$b-1$
Treatment	$SST=\sum_{i=1}^{b}\sum_{j=1}^{k}(\overline{S_{.j}}-\overline{S})^2=\sum_{i=1}^{b}\sum_{j=1}^{k}\overline{S_{.j}^2}=\frac{1}{b}\sum_{j=1}^{k}S_{.j}^2$	$k-1$
Error	$SSE=\sum_{i=1}^{b}\sum_{j=1}^{k}(S_{ij}-\overline{S_{.j}})^2=\sum_{i=1}^{b}\sum_{j=1}^{k}S_{ij}^2-\frac{1}{b}\sum_{j=1}^{k}S_{.j}^2$	$(k-1)(b-1)$

Source	Sum of Squares	df
Total	$TSS=\sum_{i=1}^{b}\sum_{j=1}^{k}(S_{ij}-\overline{S})^2=\sum_{i=1}^{b}\sum_{j=1}^{k}S_{ij}^2$	$b(k-1)$

- Quade 검정통계량: $F_{k-1,(b-1)(k-1)}$를 이용하여 대략적인 p-값을 구한다.

$$Q=\frac{SST/(k-1)}{SSE/((k-1)(b-1))}$$

다음과 같은 또 다른 검정통계량을 사용할 수 있다.

$$T_2=\frac{SST}{TSS/b(k-1)}$$

블록이 2인 경우 T_2 검정통계량은 Wilcoxon 부호검정통계량과 동등하다. 즉, 근사적 검정통계량인 T를 제곱하면 T_2와 같아진다.

예제 12

<예제 11>의 자료에 대하여 Quade 검정을 하시오.

풀이 다음은 〈예제 11〉의 자료에 대하여 그룹 내에서 순위를 준 뒤 분산분석을 한 결과이다.

Source	Sum of Squares	df
Block	0	5
Treatment	26.333	2
Error	155.667	10
Total	182	12

Quade 검정통계량은 $(SST/2)/(SSE/10)=0.8458$로 계산이 되고, $F_{4,28}$ 분포를 이용하여 대략적인 p-값을 구할 수 있다. 또한, $SST/(TSS/12)=1.7362$를 계산하여 χ_4^2 분포를 이용하여 대략적인 p-값을 구할 수 있다.
R을 이용한 분석결과는 다음과 같다.

```
> y=c(6.6,12.6,2.7,7.1,3.5,2.4,7.5,4.4,6.5,9.9,7.5,16.2,13.8,6.4,8.3,13.9,13.5,5.4)
> trt=gl(3,1,18)
> blk=gl(6,3,18)
> quade.test(y~trt|blk)

        Quade test

data:  y and trt and blk
Quade F = 0.84582, num df = 2, denom df = 10, p-value = 0.4577
```

그림 5.8

요약

변수 종류	집단을 나누는 기준: 범주형 변수	비교 종류	집단 간 관계	검정 방법	검정 종류
다항(이항) 변수	두 집단 비교	모수적	종속(반복측정)	-	-
		비모수적		McNemar	동질성 검정
	여러 집단 비교	모수적		-	-
		비모수적		Cochran's Q test	동질성 검정
수치형 변수	두 집단 비교	모수적		-	-
		비모수적		Sign test, Wilcoxon signed rank test	중간값 동일 평균값 동일
	여러 집단 비교	모수적		-	-
		비모수적		Friedman, Quade	중간값 동일

연습문제

1. $(x_i,\ y_i)$, $i=1,\ \cdots,10$은 10쌍의 paired sample이다.

$$R(y_i) = 3 - R(x_i)\text{이고,}$$
$$R(x_i) = 1 \text{ if } x_i < y_i$$
$$R(x_i) = 2 \text{ if } x_i > y_i$$
$$R(x_i) = 1.5 \text{ if } x_i = y_i\text{이다.}$$

$\overline{R}$이 $R(x_i)$와 $R(y_i)$의 전체 평균인 1.5라고 할 때, $\sum_{i=1}^{10}(R(x_i)-\overline{R})^2+\sum_{i=1}^{10}(R(y_i)-\overline{R})^2$는 얼마인지 구하시오.

2. 다음 자료에 대한 카이제곱 검정통계량값이 5이다.

Model A/Model B	Sound	Default
Sound	8	(b)
Default	(a)	4

① Sound를 1, Default를 0으로 할 때 Pearson 상관계수는 얼마인지 구하시오.

② 위의 카이제곱 검정통계량값을 해석하시오($\chi^2_{0.095,\,1}=3.841$).

③ 만일 (a)+(b)=3일 때, (a)의 값을 구하시오.

3. 다음은 환자 100명에 대한 두 심장병 신약의 임상시험 결과이다(1은 효과가 있음, 0은 효과가 없음).

	$Y=1$	$Y=0$
$X=1$	28	20
$X=0$	10	42

① McNemar 검정을 이용하여 신약 효과 간의 차이에 대해 분석하시오.

② 철수는 위의 자료가 쌍을 이루므로 $X-Y$에 대해 분석하여도 된다고 생각해서 다음의 $D=X-Y$ 자료를 이용하여 분석하려고 한다.

$D=X-Y$	−1	0	1
Count	10	70	20

두 신약 효과가 같다는 가정하에서 $\dfrac{\overline{D}}{\sqrt{V(\overline{D})}}$ 를 구하여 ①의 결과와 비교하시오.

4. 다음은 두 심장병 신약의 환자 10명에 대한 임상시험 결과이다(1은 효과가 있음, 0은 효과가 없음을 나타냄).

환자	1	2	3	4	5	6	7	8	9	10
신약 A	1	0	0	1	1	1	1	1	1	1
신약 B	0	1	0	0	0	1	0	1	0	0

① 갑돌이는 두 신약 간 효과의 차이가 있는지를 보기 위하여 다음의 분할표에 대해 카이제곱검정을 하였다. 갑돌이는 무슨 잘못을 하였는지 설명하시오.

	1	0
신약 A	8	2
신약 B	3	7

② 갑돌이는 다음의 분할표에 대해 카이제곱검정을 하였다. 이 카이제곱검정은 무엇을 하기 위한 검정인지 설명하시오.

신약 A/신약 B	1	0
1	2	6
0	1	1

③ 갑순이는 위의 자료가 쌍을 이루므로 블록설계로 분석하려고 한다. 다음의 분산분석표를 작성하시오.

Source	Sum of Squares	df
Treatment	(i)	1
Error	(ii)	(iii)
Total	3.5	

5. 다음은 두 심장병 신약의 환자 $n(=a+b+c+d)$명에 대한 임상시험 결과이다(1은 효과가 있음, 0는 효과가 없음).

	$Y=1$	$Y=0$
$X=1$	a	b
$X=0$	c	d

① 효과의 차이에 대한 검정통계량으로는 McNemar 검정을 이용할 수 있다. 하지만 갑돌이는 위의 자료에 대해 부호검정을 하려고 한다. 이때 부호검정통계량(표준화한)을 제곱하면 McNemar 통계량과 같아짐을 보이시오.

② 반면, 갑순이는 위의 자료가 쌍을 이루므로 블록설계로 분석하려고 한다. 다음의 분산분석표를 작성하시오(단, (i)과 (ii)는 a, b, n에 대한 함수로 구하시오).

Source	Sum of Squares	df
Total	$(a+b)/2$	(iii)
Treatment	(i)	1
Error	(ii)	(iv)

6. 다음은 세 야구 전문가들의 9경기에 대한 예측결과이다.

전문가	1	2	3	4	5	6	7	8	9	합
A										4
B										3
C										2

여기서 어떠한 예측결과일 때 Cochran'Q 검정통계량값이 가장 크게 되는지 구하시오(1은

맞춤, 0은 틀림). 또 본인의 답을 수식적으로(또는 직관적으로) 증명할 수 있으면 하시오.

7. 다음은 세 심장병 신약의 환자 10명에 대한 임상시험 결과이다(1은 효과 있음, 0은 효과 없음).

환자	1	2	3	4	5	6	7	8	9	10	합
신약 A	1	0	0	1	1	1	1	1	1	1	8
신약 B	0	1	0	0	0	1	0	1	0	0	3
신약 C	1	1	0	1	0	1	0	1	1	1	7

① 갑돌이는 세 신약 간 효과의 차이가 있는지를 보기 위하여 위의 자료에 대해 다음의 분할표를 작성하고, 카이제곱통계량을 5.83으로 구하여 자유도가 2인 카이제곱분포에서 p-값을 구하였다. 갑돌이가 무슨 잘못을 하고 있는지 설명하시오.

	1	0
신약 A	8	2
신약 B	3	7
신약 C	7	3

② Cochran'Q 검정통계량을 구하시오.

③ 영희는 위의 자료에 대하여 분산분석방법을 통해서도 Cochran'Q 검정통계량을 구할 수 있다는 사실을 알았다. 하지만 모두 tie가 있는 3개의 자료(환자 3, 6, 8)의 경우 빼야 하는지 고민하다가 두 경우 다 해보기로 하였다. 다음 각각의 분산분석표를 작성하시오.

분산분석표 1 tie를 뺀 경우

Source	Sum of Squares	df
Treatment	(a)	2
Error		12
Total	4.67	14

분산분석표 2 tie를 빼지 않은 경우

Source	Sum of Squares	df
Treatment	(b)	2
Error		18
Total	(c)	20

8. 두 신용평가기관에서 100개의 기업 중 각각 60개씩의 우수기업을 선별하였다.

A 신평사(X)/B 신평사(Y)	GOOD(1)	BAD(0)	TOTAL
GOOD(1)	A	60-A	60
BAD(0)	60-A	A-20	40
TOTAL	60	40	

① $P(A \geq 50)$을 구하시오(구체적으로 계산하지 않아도 됨).

② $Cov(X, Y)$를 구하시오.

③ 갑돌이는 위의 표에 대해 다음과 같이 카이제곱검정을 하고자 한다.

$$T = \frac{100(A(A-20)-(60-A)^2)^2}{60 \cdot 40 \cdot 60 \cdot 40}$$

이 검정의 귀무가설은 무엇인가?

9. 다음 자료는 두 가지 약에 대하여 12명의 환자들의 통증이 완화된 시간을 나타낸다.

Drug	1	2	3	4	5	6	7	8	9	10	11	12
A	2.0	3.6	2.9	2.6	7.3	3.4	14.9	6.6	2.3	2.0	6.8	8.5
B	3.5	5.7	2.9	2.4	9.9	3.3	16.7	6.0	3.8	4.0	9.1	20.9

다음 자료는 위의 자료에 대하여 각 환자에 순위를 준 것이다.

Drug	1	2	3	4	5	6	7	8	9	10	11	12	평균	분산
A	1	1	1.5	2	1	2	1	2	1	1	1	1	1.29	0.2
B	2	2	1.5	1	2	1	2	1	2	2	2	2	1.71	0.2
Rank ($\lvert A-B \rvert$)	5.5	9	1	3	11	2	7	4	5.5	8	10	12		

① 앞의 자료에서 분산이 왜 0.20으로 같은지 설명하시오.

② 부호검정을 하시오.

③ z-검정을 하고 ②에서의 결과와 비교하여 어느 쪽을 사용할 것인지 구하시오.

④ 앞의 순위 자료에 대한 분산분석표를 작성하시오.

Source	Sum of Squares	df
Treatment		
Error		
Total		

⑤ 만일 tie가 생긴 세 번째 자료를 제거하고, 다시 분산분석표를 작성하여 $SST(TSS/df)$를 구한 값이 얼마인지 구하시오.

⑥ Quade 검정통계량을 구하기 위한 분산분석표를 작성하시오

Source	Sum of Squares	df
Treatment		
Error		
Total		

10. 다음은 10명의 고객에 대한 2개 신용평가회사의 신용등급(1~10등급)이다.

평가회사/고객	1	2	3	4	5	6	7	8	9	10
회사 A	1	1	2	3	4	4	6	7	7	8
회사 B	2	2	4	4	4	5	6	6	7	9

① Friedman 검정값을 구하기 위해 블록(고객) 내에 순위를 준 뒤, 다음의 분산분석표를 작성하고자 한다. 빈칸을 채우고 Friedman 검정값을 구하시오.

Source	Sum of Squares	df
Total		
Treatment	1.25	1
Error		

② 갑돌이는 위의 Friedman 검정값에 카이제곱분포를 이용하여 p-값을 0.06으로 구하였다. 이를 본 갑순이는 갑돌이에게 정확한 p-값을 구할 수 있는데 왜 근사적 p-값을 구했냐며 핀잔을 주었다. 정확한 p-값을 구할 수 있는가? 있다면 얼마인지 구하시오.

③ 갑돌이는 두 회사의 평가결과에 대하여 피어슨 상관계수를 구한 후 상관계수가 0인지를 검정하려 한다. 갑돌이가 하려는 검정이 Friedman 검정과 어떠한 차이가 있는지 설명하시오.

④ 앞의 자료에 대하여 표준화한 Wilcoxon signed rank 검정통계량의 값은 1.9147이고 이를 제곱한 값은 3.6662이다. 이를 이용하여 Quade 검정통계량의 값을 구하기 위한 다음의 분산분석표를 작성하고, Quade 검정통계량의 값을 구하시오.

Source	Sum of Squares	df
Total	(i)	(ii)
Treatment	64.80	1
Error		

11. 다음 자료는 10명의 환자에 대해 수술 전과 수술 후 통증(10점 척도이고 점수가 낮을수록 통증이 심함)에 대하여 조사한 결과이다.

환자	1	2	3	4	5	6	7	8	9	10
수술 전	3	5	6	2	5	6	3	5	6	7
수술 후	4	7	6	5	6	7	6	5	7	5

① 다음은 Friedman 검정을 한 것이다. 빈칸을 채우시오.

Source	Sum of Squares	df	Friedman 검정
Total			4.5
Treatment		1	
Error			

② 갑돌이는 위의 자료에 대하여 전체 10개 중 7개가 +이고, 두 개는 tie이므로 tie는 0.5로 처리하여 다음과 같이 부호검정을 하였다.

$$T^2 = (\frac{8-5}{\sqrt{10 \times 0.5(1-0.5)}})^2 \approx 3.6$$

그런데 이 값이 Friedman 검정과 일치하지 않는다. 부호검정을 어떻게 수행하여야 Friedman 검정과 일치하게 되는지 구하시오.

③ D_i를 (수술 후 점수 - 수술 전 점수)라고 하고, $R(D_i)$를 D_i에 대한 순위라 할 때, $\frac{\sum_{i=1}^{10} Sign(D_i) \times R(D_i)}{\sqrt{\sum_{i=1}^{10} R(D_i)^2}} = \frac{37}{\sqrt{374}}$으로 구한 Wilcoxon signed rank 검정통계량값이 1.91320이다. Quade 검정값은 얼마인지 구하시오.

12. 다음 자료는 10개 회사에 대한 5년 전과 현재의 신용평가점수이다.

고객	1	2	3	4	5	6	7	8	9	10
5년 전	450	200	670	400	350	820	800	900	950	420
현재	380	950	590	430	500	700	810	880	960	480

① 통계학전공이 아닌 소부장은 위의 자료에 대하여 paired t 검정을 하려고 한다. 이때 통계학전공인 무대리는 소부장에게 어떻게 이야기할 수 있는지 설명하시오.

② 통계학을 조금 아는 소부장은 위의 자료에 대해 Kolmogorov-Smirnov 검정을 하려고 한다. 이때 통계학을 많이 아는 무대리는 소부장에게 어떻게 이야기할 수 있는지 설명하시오.

③ 다음은 Friedman 검정을 한 결과이다. 빈칸을 채우시오.

Source	Sum of Squares	df	Friedman Test
Total	5.0	(b)	(d)
Treatment	0.2	1	
Error	(a)	(c)	

④ 부호검정(표준화한 값)을 하시오.

⑤ 다음은 Quade 검정을 하기 위한 계산과정이다.

Source	Sum of Squares
Total	192.25
Treatment	2.45
Error	189.80

Quade 통계량값과 Wilcoxon signed rank 통계량값을 각각 구하시오.

6장

누적분포함수의 비교

6.1 누적분포함수 비교: 검정통계량을 이용한 방법

6.2 누적분포함수 비교: 그래프를 이용한 방법

6.3 누적분포함수 비교: 역함수를 이용한 방법

두 집단을 비교할 때는 4장이나 5장에서 접근하였던 표본값의 순위를 비교하는 방법을 사용할 수 있다. 또한, 표본값으로 추정된 분포함수의 형태 비교를 통하여 두 집단이 같은 분포를 따르는지 검정할 수 있는데, 그 분포함수 형태로는 누적분포함수(cumulative distribution function), 확률밀도함수(probability density function), 위험함수(hazard function) 등을 생각할 수 있다. 이번 장에서는 누적분포함수의 비교를 주로 다루도록 하겠다.

6.1 누적분포함수 비교: 검정통계량을 이용한 방법

6.1.1 하나의 집단에 대한 분포검정

먼저 모집단 분포 $F(x)$에서 임의로 추출된 독립인 n개의 표본으로 다음과 같은 가설을 검증하고자 한다.

$$H_0 : F(x) = F_0(x) \ \forall x$$

여기서 $F_0(x)$는 특정한 가정된 분포를 의미한다. 이 가설은 $F(x)$와 $F_0(x)$를 비교하는 것이므로 먼저 $F(x)$를 경험적 분포함수인 $F_n(x)$로 추정하고 x에서의 차이를 $F_n(x) - F_0(x)$로 정의한 뒤, 모든 x에 대하여 $F_n(x) - F_0(x)$가 0인지를 나타내는 측도를 정의하면 된다.

1) Kolmogorov-Smirnov 검정통계량

$F_n(x)$와 $F_0(x)$의 차이를 $F_n(x) - F_0(x)$로 정의할 수 있다. 이는 x에 따라 다른 값들을 가지므로 이를 하나의 값으로 요약하여야 하는데, 대립가설의 방향에 따라 다음과 같이 정의할 수 있다.

$$H_1 : F(x) \neq F_0(x), \ \ T = sup_x | F_n(x) - F_0(x) |$$

$$H_1 : F(x) < F_0(x), \ \ T^+ = sup_x (F_0(x) - F_n(x))$$

$$H_1 : F(x) > F_0(x),\ \ T^- = sup_x(F_n(x) - F_0(x))$$

T^+의 분포는 다음과 같이 근사적으로 구해진다.

$$\Pr(\sqrt{n}\, T^+ \leq t) \approx 1 - \exp(-2t^2)$$

따라서 위의 근사적 분포를 이용하여 T^+의 p번째 분위수를 구하면 대략적으로 $\sqrt{-\log(1-p)/2}/\sqrt{n}$이 된다.

예제 1

다음은 S 회사 주식의 최근 13일간의 일일 수익률이다. 모집단의 분포가 표준정규분포인지 검정하시오.

-0.94, -2.08, 2.71, -0.56, 2.46, -3.70, 1.54,
0.71, 0.53, -2.47, -1.63, -0.92, -1.11

(풀이) 경험적 분포함수와 표준정규분포는 다음과 같다. 정규분포확률은 같은 수익률 구간에서 정규분포 확률의 최솟값과 최댓값을 나타낸다.

수익률 구간	수익률 EDF	정규분포확률	확률 차이
[-3.70, -2.47)	1/13	[0.0001, 0.0068)	0.07682
[-2.47, -2.08)	2/13	[0.0068, 0.0188)	0.1471
[-2.08, -1.63)	3/13	[0.0188, 0.0516)	0.2120
[-1.63, -1.11)	4/13	[0.0516, 0.1335)	0.2561
[-1.11, -0.92)	5/13	[0.1335, 0.1736)	0.2511
[-0.92, -0.94)	6/13	[0.1736, 0.1788)	0.2879
[-0.94, -0.56)	7/13	[0.1788, 0.2877)	0.3597
[-0.56, 0.53)	8/13	[0.2877, 0.7019)	0.3276
[0.53, 0.71)	9/13	[0.7019, 0.7611)	0.0688
[0.71, 1.54)	10/13	[0.7611, 0.9382)	0.1690
[1.54, 2.46)	11/13	[0.9382, 0.9931)	0.1469
[2.46, 2.71)	12/13	[0.9931, 0.9966)	0.0736
[2.71, ∞)	13/13	[0.9966, 1)	0

따라서 [−0.94,−0.56)에서의 0.94일 때 확률 차이가 0.3597로 가장 크게 나타난다. R과 Python을 이용한

계산 결과는 다음과 같다.

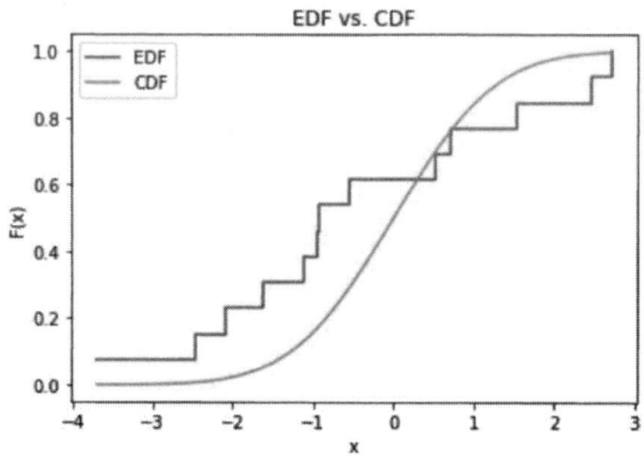

그림 6.1

```
> return=c(-0.94,-2.08,2.71,-0.56,2.46,-3.70,1.54,0.71,0.53,-2.47,-1.63,-0.92,-1.11)
> ks.test(return, "pnorm", 0, 1)

        One-sample Kolmogorov-Smirnov test

data:  return
D = 0.35968, p-value = 0.05182
alternative hypothesis: two-sided
```

그림 6.2

```
import numpy as np
from scipy import stats

data = np.array([-0.94,-2.08,2.71,-0.56,2.46,-3.70,
                 1.54,0.71,0.53,-2.47,-1.63,-0.92,-1.11])

stats.kstest(data,'norm',alternative='two-sided')
```

```
KstestResult(statistic=0.3596751588471667, pvalue=0.05181763190785327)
```

그림 6.3

2) Cramer-von Mises 검정통계량

모든 x에 대하여 $F_n(x) - F_0(x)$가 0인지를 나타내는 측도를 평균의 형태로도 나타낼 수 있는데, Cramer-von Mises 검정통계량은 다음과 같이 정의되며,

$$C_n^2 = \int_{-\infty}^{\infty} (F_n(x) - F_0(x))^2 dF_0(x)$$

이는 다음과 같이 정리된다.

$$nC_n^2 = \frac{1}{12n} + \sum_{i=1}^{n} (F_0(x_{i:n}) - \frac{2i-1}{2n})^2$$

예제 2

<예제 1>의 자료가 표준정규분포를 따르는지를 Cramer-von Mises 검정통계량을 이용하여 검정하시오.

(풀이) R과 Python을 이용한 결과는 다음과 같다.

```
> library(goftest)
> return=c(-0.94,-2.08,2.71,-0.56,2.46,-3.70,1.54,0.71,0.53,-2.47,-1.63,-0.92,-1.11)
> cvm.test(return, "pnorm", 0, 1)

        Cramer-von Mises test of goodness-of-fit
        Null hypothesis: Normal distribution

data:  return
omega2 = 0.42471, p-value = 0.0607
```

그림 6.4

```
import numpy as np
from scipy import stats

data = np.array([-0.94,-2.08,2.71,-0.56,2.46,-3.70,
                 1.54,0.71,0.53,-2.47,-1.63,-0.92,-1.11])

stats.cramervonmises(data,'norm')
```

```
CramerVonMisesResult(statistic=0.4247096527010565, pvalue=0.0607028455503
2657)
```

그림 6.5

3) Anderson-Darling 검정통계량

Cramer-von Mises 검정통계량은 $F_n(x)$와 $F_0(x)$의 차이의 제곱을 평균낸 것이다. 그런데 $F_n(x)$와 $F_0(x)$의 차이는 가운데 부분에서 가장 크기 때문에 Cramer-von Mises 방법에서는 분포의 양 끝부분에서의 차이가 상대적으로 적게 반영된다. 따라서 분포의 양 끝부분에서의 차이를 가운데 부분과 동등하게 반영하기 위해서 $F_0(x)$의 분산을 구해 표준화하여 평균을 내는 방법을 이용한다. 즉, $F_n(x)$의 분산이 귀무가설하에서 $F_0(x)(1-F_0(x))/n$이므로 Anderson-Darling 검정통계량은 다음과 같이 정의되고,

$$A_n^2 = n\int_{-\infty}^{\infty} \frac{(F_n(x)-F_0(x))^2}{F_0(x)(1-F_0(x))}\,dF_0(x)$$

이는 다음과 같이 정리된다.

$$A_n^2 = \sum_{i=1}^{n} \frac{2i-1}{n}\left[\log\ F_0(x_{i:n}) + \log(1-F_0(x_{n+1-i:n}))\right]$$

예제 3

<예제 1>의 자료가 표준정규분포를 따르는지를 Anderson-Darling 검정통계량을 이용하여 검정하시오.

풀이 R과 Python을 이용한 결과는 아래와 같다.

```
> library(goftest)
> return=c(-0.94,-2.08,2.71,-0.56,2.46,-3.70,1.54,0.71,0.53,-2.47,-1.63,-0.92,-1.11)
> ad.test(return, "pnorm", 0, 1)

        Anderson-Darling test of goodness-of-fit
        Null hypothesis: Normal distribution

data:  return
An = 4.2762, p-value = 0.006655
```

그림 6.6

```
import numpy as np
from scipy import stats

data = np.array([-0.94,-2.08,2.71,-0.56,2.46,-3.70,
                 1.54,0.71,0.53,-2.47,-1.63,-0.92,-1.11])

stats.anderson(data,'norm')
```

```
AndersonResult(statistic=0.21438017046599178, critical_values=array([0.49
7, 0.566, 0.679, 0.792, 0.942]), significance_level=array([15. , 10. ,
5. ,  2.5,  1. ]))
```

그림 6.7

일반적으로 F_0가 완전히 알려진 경우보다는 대략적인 형태만 정해져 있는 모수적 분포인 F_θ를 가정하는데, 이 경우 미지의 모수인 θ를 추정하고 위의 검정통계량들을 사용하면 된다. 하지만 검정통계량의 분포는 θ를 어떻게 추정하느냐에 따라 검정통계량값이 다소 달라진다.

6.1.2 독립인 두 집단의 분포 비교

- 자료: 모집단 분포 F에서의 n개의 임의표본, $X_1, \cdots, X_n$과 모집단 분포 G에서의 m개의 임의표본, $Y_1, \cdots, Y_m$.

- 가설: $H_0 : F(x) = G(x)\ \forall\ x$

1) Kolmogorov-Smirnov 두 집단 검정

가설에 따르면 $F(x) - G(x)$의 추정치가 모든 x에 대하여 0인지를 보면 되므로 $F_n(x)$, $G_m(x)$를 각각의 경험적 분포함수라고 한다면, $F_n(x) - G_m(x)$가 모든 x에서 0인지를 나타내는 측도를 정의하면 된다. 따라서 기본적으로 다음의 검정통계량을 정의할 수 있다.

$$T = sup_x | F_n(x) - G_m(x) |$$

또한, 대립가설의 방향에 따라 $T^+ = sup_x(F_n(x) - G_m(x))$, $T^- = sup_x(G_n(x) - F_m(x))$ 등과 같이 정의될 수도 있다.

여기서 T^+의 분포는 다음과 같이 근사적으로 구할 수 있고,

$$\Pr(\sqrt{mn/(n+m)}\,T^+ \le t) \approx 1 - \exp(-2t^2)$$

위의 근사적 분포를 이용하면, T^+의 p번째 분위수는

$$\sqrt{(n+m)/nm}\sqrt{-\log(1-p)/2}$$

로 구해진다.

예제 4

통계학을 전공하면 학점을 얻기가 어렵다는 얘기를 듣고 친구 13명을 대상으로 전공과 학점을 조사하였다. 경제학전공과 통계학전공에 학점의 차이가 있는지에 대해 Kolmogorov-Smirnov(K-S) 검정통계량을 이용하여 검정하시오.

	학점
경제학	3.20, 3.36, 3.43, 3.54, 3.88, 4.01
통계학	2.78, 3.37, 3.54, 3.87, 3.97, 3.98, 4.02

(풀이) 학점에 따른 두 집단의 경험분포는 다음과 같다.

학점	경제학	통계학	차이
2.78	0	1/7	1/7
3.20	1/6	1/7	1/42
3.36	2/6	1/7	4/21
3.37	2/6	2/7	1/21
3.43	3/6	2/7	3/14
3.54	4/6	3/7	5/21
3.87	4/6	4/7	2/21
3.88	5/6	4/7	11/42
3.97	5/6	5/7	5/42

학점	경제학	통계학	차이
3.98	5/6	6/7	5/42
4.01	1	6/7	1/7
4.02	1	1	0

따라서 3.88일 때 EDF의 차이는 11/42로 가장 크다. R과 Python을 이용한 결과는 다음과 같다.

```
> econ=c(3.20,3.36,3.43,3.54,3.88,4.01)
> stat=c(2.78,3.37,3.54,3.87,3.97,3.98,4.02)
> ks.test(econ,stat,alternative="two.sided")

        Two-sample Kolmogorov-Smirnov test

data:  econ and stat
D = 0.2619, p-value = 0.9796
alternative hypothesis: two-sided
```

그림 6.8

```
import numpy as np
from scipy import stats

econ = np.array([3.2,3.36,3.43,3.54,3.88,4.01])
stat = np.array([2.78,3.37,3.54,3.87,3.97,3.98,4.02])

stats.kstest(econ,stat,alternative='two-sided')
KstestResult(statistic=0.2619047619047619, pvalue=0.9254079254079254)
```

그림 6.9

2) Cramer-von Mises 두 집단 검정

F와 G가 같다는 귀무가설하에서 공통분포를 H라고 하면 이의 추정치는 F_n과 G_m의 가중평균치로 다음과 같이 구할 수 있다.

$$H_{mn}(x) = \frac{n}{n+m}F_n(x) + \frac{m}{n+m}G_m(x)$$

따라서 이를 6.1절에서의 F_0을 대신하면 다음과 같은 결과가 얻어진다.

$$C_n = n\int_{-\infty}^{\infty}(\frac{m}{n+m})^2(F_n(x)- G_m(x))^2 dH_{mn}(x)$$
$$+ m\int_{-\infty}^{\infty}(\frac{n}{n+m})^2(F_n(x)- G_m(x))^2 dH_{mn}(x)$$
$$= \frac{nm}{(n+m)}\int_{-\infty}^{\infty}(F_n(x)- G_m(x))^2 dH_{mn}(x)$$

그러므로 이를 정리하면 다음과 같다.

$$C_n = \frac{mn}{(m+n)^2}\sum_{i=1}^{n}[F_n(x_i)- G_m(x_i)]^2 + \sum_{j=1}^{m}[F_n(y_j)- G_m(y_j)]^2$$

6.2 누적분포함수 비교: 그래프를 이용한 방법

1) ROC 곡선과 AUC

두 집단의 관계를 누적분포함수를 이용하여 $(F_n(x),\ G_m(x))$ 또는 $(1-F_n(x),\ 1-G_m(x))$의 그래프를 나타낼 수 있는데, 이러한 곡선을 ROC 곡선이라 하며 의학 분야 등에서 새로 개발된 시약이나 치료 방법의 성과 등을 비교하는 데 주로 사용하고 있다. 그리고 $F_n(x)$, $G_m(x)$의 관계에 대한 하나의 지표로서 ROC 곡선 아래 면적을 계산한 값을 AUC라고 한다. 만일 $F_n(x)$와 $G_m(x)$가 차이가 없다면 ROC 곡선은 $y=x$ 직선이 되므로 AUC는 0.5가 되고, 0.5보다 크거나 작으면 $F_n(x)$와 $G_m(x)$의 차이가 존재한다고 할 수 있다. 또한, 두 집단의 확률분포함수가 전혀 겹치지 않는 이상적인 경우에는 $G_m(x)$이 0에서 1이 되는 범위에서 $F_n(x)$는 0의 값을 유지하므로 이 범위에서는 $(0,\ G_m(x))$ 그래프가 그려지며, 이 0에서 1이 되는 범위에서 $F_n(x)$는 1의 값을 유지하므로 이 범위에서는 $(F_n(x),\ 1)$의 그래프가 그려진다. 따라서 $F_n(x)$와 $G_m(x)$가 전혀 겹치지 않는 경우 AUC는 1이 되고 이는 AUC가 가질 수 있는 최댓값이다.

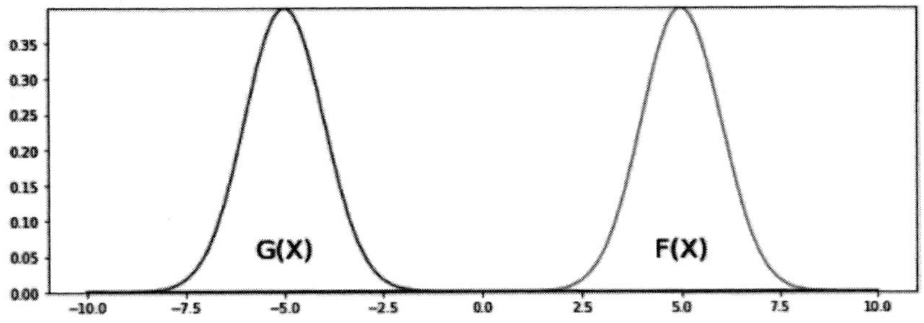

그림 6.10 두 집단의 확률분포함수가 전혀 겹치지 않는 경우

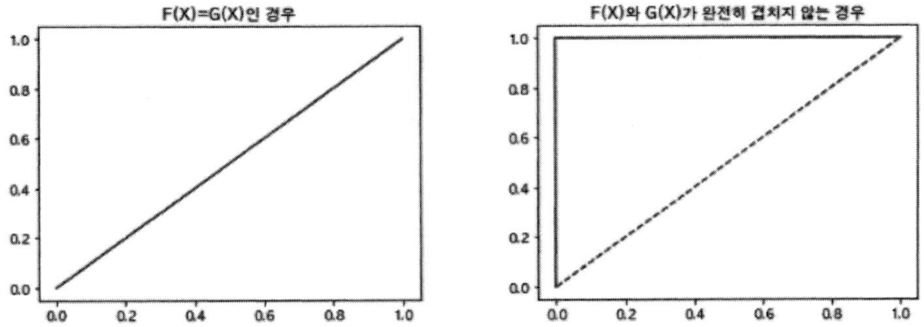

그림 6.11

<그림 6.12>는 $X=Y$, $X>_{st}Y$, $X<_{st}Y$일 때의 그림을 나타낸다. 일반적으로 평균이 큰 변수를 X축에 나타내는 형태의 그림을 선호하는데, <그림 6.12>의 경우 아래로 볼록한 두 번째 그림보다 위로 볼록한 세 번째 그림을 선호한다. 또한 $F=N(0,1)$, $G=N(\mu,1)$로 하여 두 집단의 평균 차이가 커질수록 ROC 곡선의 변화를 본 것인데, 부채꼴의 넓이를 기준으로 한다면 두 집단의 차이가 클수록 1에 가까운 값이 된다.

정리하면 ROC 곡선을 부채꼴의 넓이로 계산한 것을 AUC(area under curve)라고 하며 AUC는 두 집단의 분포가 같은 경우 0.5, 두 집단의 분포 차이가 클수록 1에 가까워지는 값을 갖는다. AUC는 ROC 곡선의 요약통계량으로 많이 사용한다.

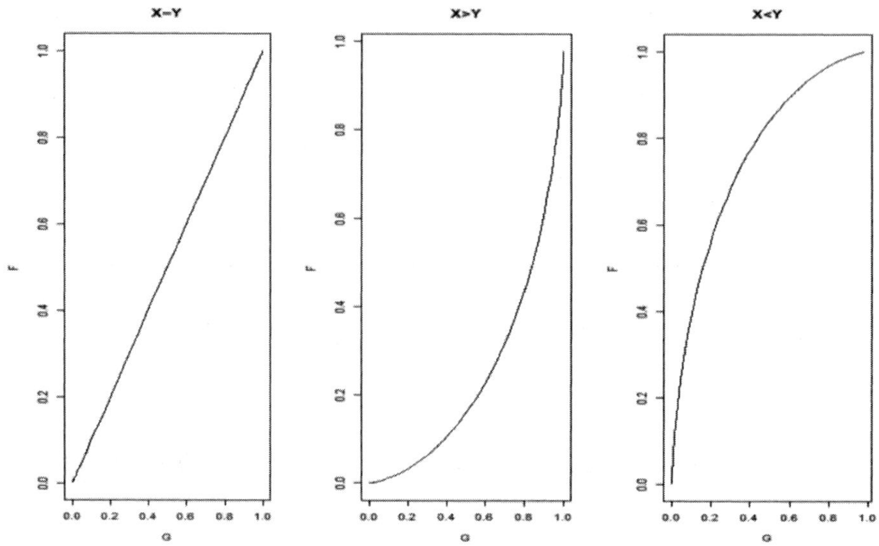

그림 6.12

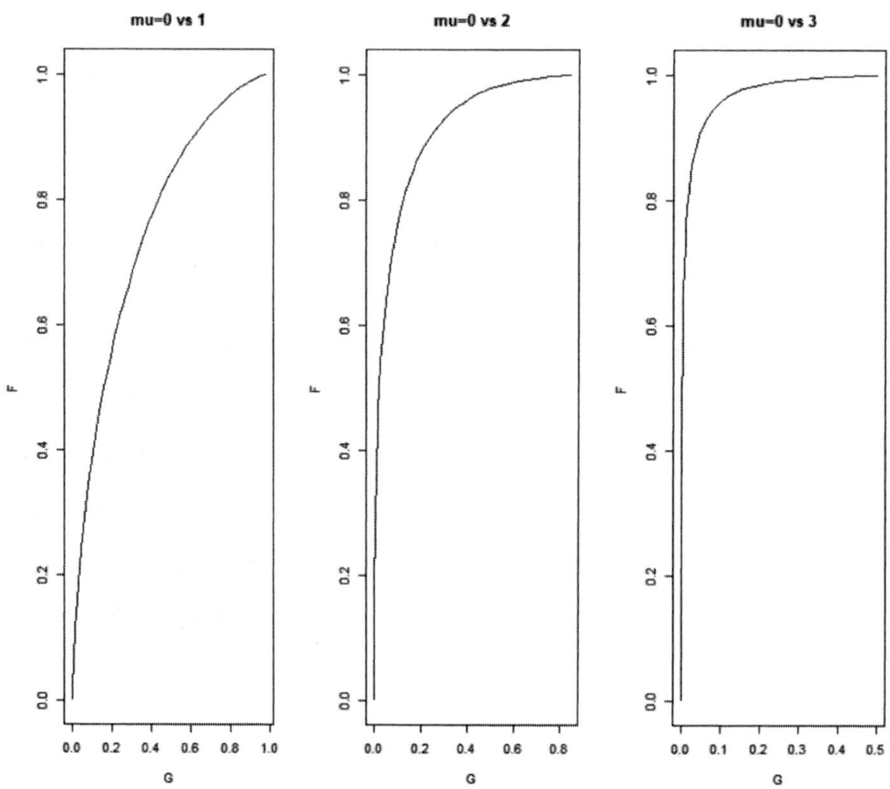

그림 6.13

▌ 예제 5 ▌

경영혁신을 한 기업들과 그렇지 않은 기업들의 과거 5년간의 주가수익률에 대한 자료이다. ROC 곡선을 그리고 AUC를 구하시오.

경영혁신	주가수익률(%)
많이 한 기업(X_1)	28, 87, 145, 110, 55, 84, 85, 67
작게 한 기업(X_2)	80, 50, 43, 121, 25, 54, 76

(풀이) R과 Python을 이용하여 분석한 결과는 다음과 같다.

```
> x1=c(28,87,145, 110, 55, 84, 85, 67)
> x2=c(80, 50,  43, 121, 25, 54, 76)
> ylab=factor(c(1,1,1,1,1,1,1,1,0,0,0,0,0,0,0))
> #install.packages("pROC")
> library(pROC)
> res=roc(ylab, c(x1,x2))
Setting levels: control = 0, case = 1
Setting direction: controls < cases
> plot(res)
> auc(res)
Area under the curve: 0.7143
```

그림 6.14

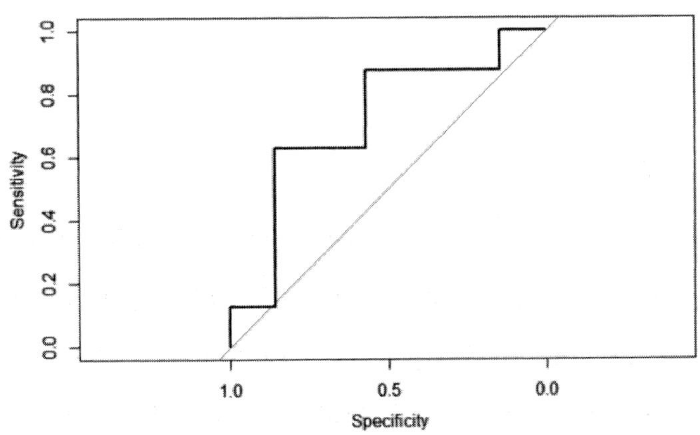

그림 6.15

```python
import matplotlib.pyplot as plt
import numpy as np

# Plot the EDF
x1 = np.array([28,55,67,84,85,87,110,145])
x2 = np.array([25,43,50,54,76,80,121])
y1 = np.linspace(1/len(x1),1,len(x1))
y2 = np.linspace(1/len(x2),1,len(x2))
fig, ax = plt.subplots(1,2,figsize=(12,4))
xx1, = ax[0].step(x1,y1,where='post')
xx2, = ax[0].step(x2,y2,where='post')
ax[0].legend((xx1,xx2),('$EDF(X_1)$','$EDF(X_2)$'))

# Plot the ROC curve
f = np.array([1,6/7,6/7,5/7,4/7,3/7,3/7,3/7,2/7,1/7,1/7,1/7,1/7,1/7,0,0])
g = np.array([1,1,7/8,7/8,7/8,7/8,6/8,5/8,5/8,5/8,4/8,3/8,2/8,1/8,1/8,0])

ax[1].plot(f,g)
ax[1].plot(np.linspace(0,1,100),np.linspace(0,1,100),'g--')
```

그림 6.16

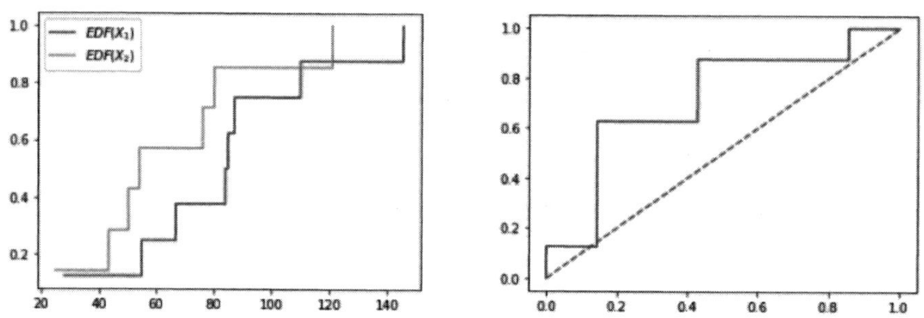

그림 6.17

2) CAP 곡선과 AR

반면에 $F_n(x)$와 앞에서 설명한 $F_n(x)$와 $G_m(x)$의 가중평균분포인 $H_{nm}(x)(= pF_n(x)+(1-p)G_m(x))$와 비교할 수도 있다. 두 집단의 관계를 $(H_{nm}(x),\ F_n(x))$의 그래프로 나타내는 경우 이러한 곡선을 CAP 곡선이라 하는데, 2002년 Moody's KMV에서 자체적으로 개발한 부도예측모형인 RiskCalC의 변별력을 측정하는 도구로 사용한 이래 널리 알려졌다. 이때 AUC와 비슷한 맥락으로 $F_n(x)$, $G_m(x)$의 관계에 대한 하나의 지표로서 CAP 곡선 아래와 $y=x$ 직선 사이의 면적 (a_R)을 이상적인 경우

(a_P)와 비교하여 계산한 값을 AR(= a_R/a_P)라고 한다. CAP 곡선의 경우 $F_n(x)$와 $G_m(x)$가 전혀 겹치지 않는 이상적인 경우에는 $F_n(x)$가 0에서 1이 되는 범위에서 $G_m(x)$는 0의 값을 유지하므로 이 범위에서는 ($pF_n(x)$, $F_n(x)$) 그래프가 그려지며, $H_{nm}(x)$이 $pF_n(x)$에서 1이 되는 범위에서는 $F_n(x)$가 1의 값을 유지하므로 이 범위에서는 ($p+G_m(x)$, 1)의 그래프가 그려진다. 따라서 $F_n(x)$와 $G_m(x)$가 전혀 겹치지 않는 경우 CAP 곡선 아래와 $y=x$ 직선 사이의 면적을 a_P라고 하며, $a_P = \frac{1}{2} - \frac{1}{2}p = \frac{(1-p)}{2}$가 된다.

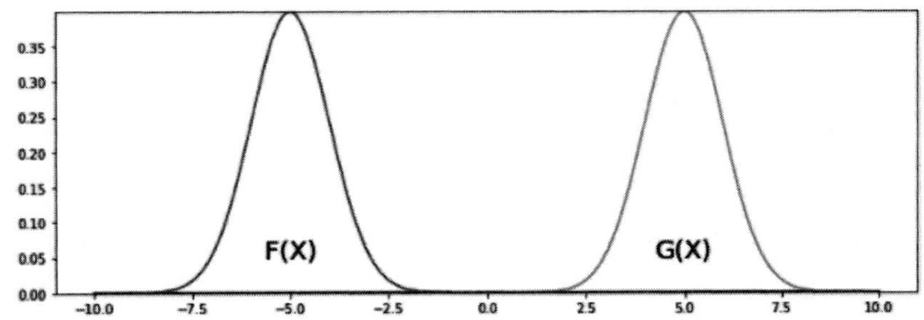

그림 6.18 집단의 확률분포함수가 전혀 겹치지 않는 경우

또한, AR과 AUC와의 관계는 다음과 같다.

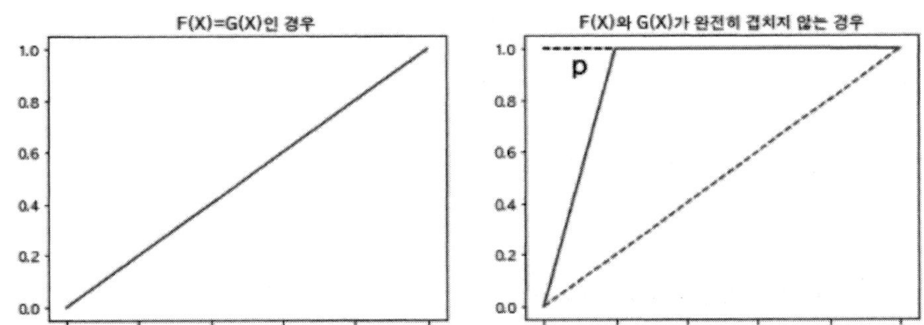

그림 6.19

$$a_R + 0.5 = \frac{1}{2}\sum_{i=1}^{n+m}(H_{nm}(x_i) - H_{nm}(x_{i-1}))(F_n(x_i) + F_n(x_{i-1}))$$

$$
\begin{aligned}
&= \frac{1}{2}\sum_{i=1}^{n} p(F_n(x_i) - F_n(x_{i-1})) \\
&\quad + (1-p)(G_m(x_i) - G_m(x_{i-1}))(F_n(x_i) + F_n(x_{i-1})) \\
&= (1-p) \times AUC + \frac{1}{2} p \sum_{i=1}^{n+m} \left(F_n^2(x_i) - F_n^2(x_{i-1})\right) \\
&= (1-p) \times AUC + \frac{1}{2} p
\end{aligned}
$$

따라서 a_R은 $(1-p) \times AUC - \dfrac{(1-p)}{2}$가 되고, $a_P = \dfrac{(1-p)}{2}$이므로 a_R/a_P는 $2AUC-1$이 되어 다음과 같은 정리를 얻게 된다.

> **정리** $AR = 2 \times AUC - 1$이다.

이에 더하여 AUC는 Mann-Whitney 통계량과도 관련성을 가지는데, 둘 간의 관계는 다음과 같다.

$$
\begin{aligned}
AUC &= \frac{1}{2}\sum_{i=1}^{n+m} (F_n(x_i) - F_n(x_{i-1}))(G_n(x_i) + G_n(x_{i-1})) \\
&= \sum_{i=1}^{n+m} P(X = x_i)\left(P(Y \le x_i) - \frac{1}{2} P(Y = x_i)\right) \\
&= P(Y \le X) - \frac{1}{2} P(Y = X) \\
&= P(Y < X) + \frac{1}{2} P(Y = X)
\end{aligned}
$$

따라서 다음과 같은 정리를 얻게 된다.

> **정리** AUC는 Mann-Whitney 통계량을 n과 m으로 나눈 것과 같다.

이 정리에 따르면 단조증가함수를 이용한 변환은 순위에 영향을 주지 않으므로 이러한 변환을 하더라도 AUC는 같음을 알 수 있다.

6.3 누적분포함수 비교: 역함수를 이용한 방법

앞에서는 모든 x에서 $F(x)$와 $G(x)$의 차이가 0인지를 하나의 숫자로 요약하여 $F(x) = G(x)$를 검정하였지만, 하나의 숫자로 요약하지 않고 그래프를 이용하는 방법들을 생각할 수도 있다. 가장 대표적인 방법으로 누적분포함수의 역함수를 비교하는 방법이 있다. 이 방법은 그림으로만 나타내는 것이기 때문에 의사결정은 주관적인 판단에 의존하게 된다.

모든 x에 대하여 $F(x) = G(x)$인 것은 모든 $p(0 \le p \le 1)$에 대하여 $F^{-1}(p) = G^{-1}(p)$인 것과 같다. 따라서 $(F^{-1}(p),\ G^{-1}(p))$의 그래프를 $(x,\ y)$축에 나타내어 $y = x$인 일직선상에 있는지를 보면 된다. 이를 Q-Q plot이라고 한다.

6.3.1 하나의 집단의 비교

귀무가설 $F(x) = F_0(x)$를 검정하는 경우 표본의 분포인 $F_n(x)$와 특정 분포인 $F_0(x)$를 비교하게 되는데, 즉 $(F_n^{-1}(p),\ F_0^{-1}(p))$의 그래프를 그려 대략적으로 $y = x$인 일직선상에 있으면, 귀무가설을 기각하지 않게 된다. 이때 $F_n^{-1}(p) \approx x_{i:n}$이 되도록 p를 $\frac{i}{n+1}$, $i = 1, \cdots, n$으로 정하면, $(x_{i:n},\ F_0^{-1}(\frac{i}{n+1}))$의 그래프를 그릴 수 있다.

예제 6

다음의 S 회사 주식의 최근 13일간의 일 수익률이다. 모집단의 분포가 표준정규분포를 따르는지 Q-Q plot을 이용하여 판단하시오.

-0.94, -2.08, 2.71, -0.56, 2.46, -3.70, 1.54,
0.71, 0.53, -2.47, -1.63, -0.92, -1.11

풀이 R과 Python을 이용한 결과는 다음과 같다.

```
> return=c(-0.94,-2.08,2.71,-0.56,2.46,-3.70,1.54,0.71,0.53,-2.47,-1.63,-0.92,-1.11)
> qqnorm(return)
```

그림 6.20

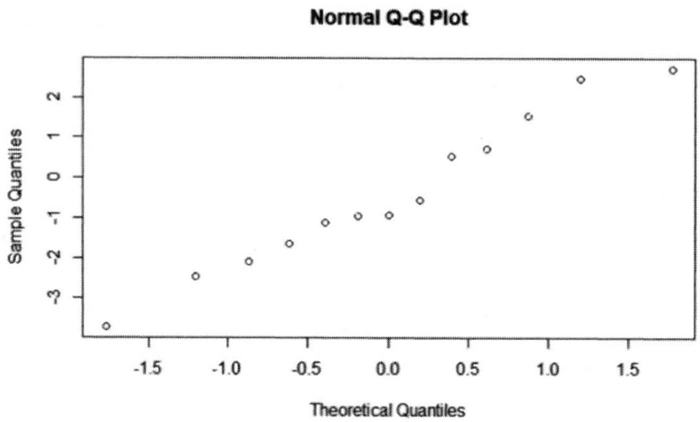

그림 6.21

```
import statsmodels.api as sm
import matplotlib.pyplot as plt
import numpy as np
from scipy.stats import norm
data = np.array([-0.94,-2.08,2.71,-0.56,2.46,-3.70,
                 1.54,0.71,0.53,-2.47,-1.63,-0.92,-1.11])
fig, ax = plt.subplots(1, figsize=(6,4))
sm.qqplot(data, norm, line='45', ax = ax)
```

그림 6.22

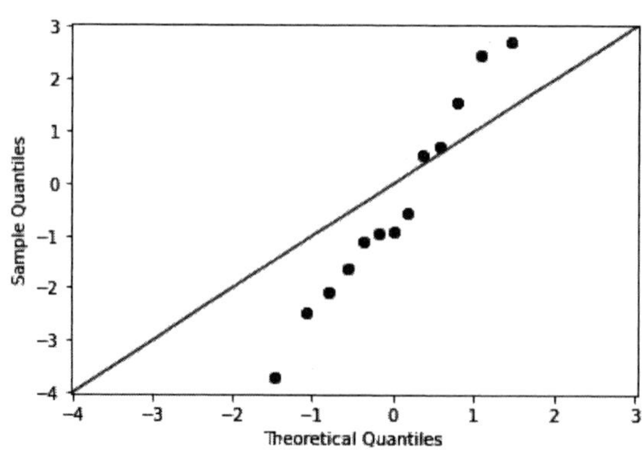

그림 6.23

6.3.2 두 집단의 비교

귀무가설 $F(x)=G(x)$를 검정하는 경우 표본의 분포인 $F_n(x)$와 $G_m(x)$를 비교하게 되는데, 즉 $(F_n^{-1}(p),\ G_m^{-1}(p))$의 그래프를 그려 대략적으로 $y=x$인 일직선상에 있으면 귀무가설을 기각하지 않게 된다. 여기서 주의해야 할 점은 위치와 스케일을 나타내는 모수를 μ, σ라 할 때, $G^{-1}(p)=\mu+\sigma F^{-1}(p)$인 경우에도 $(F_n^{-1}(p),\ G_m^{-1}(p))$는 기울기가 σ이고 y절편이 μ인 일직선상에 있으므로, $y=x$가 아닌 다른 일직선상에 있는 경우 분포가 같다고 판단하면 안 된다.

예제 7

통계학과와 경제학과 학생들의 학점 비교이다. Q-Q plot을 이용하여 두 학과의 학생들의 학점이 같은 분포를 따르는지 판단하시오.

전공	학점
경제학	3.20, 3.36, 3.43, 3.54, 3.88, 4.01
통계학	2.78, 3.37, 3.54, 3.87, 3.97, 3.98, 4.02

풀이 R과 Python을 이용한 결과는 아래와 같다.

```
> econ=c(3.20,3.36,3.43,3.54,3.88,4.01)
> stat=c(2.78,3.37,3.54,3.87,3.97,3.98,4.02)
> qqplot(econ,stat)
```

그림 6.24

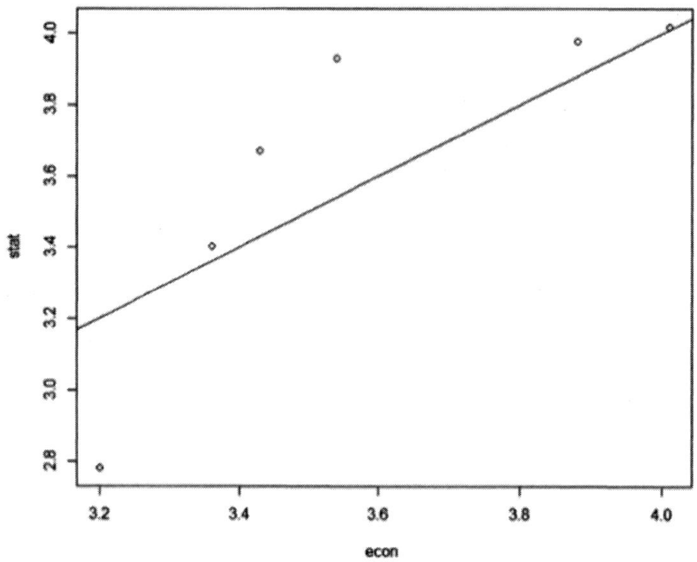

그림 6.25

```
import statsmodels.api as sm
import matplotlib.pyplot as plt
import numpy as np
econ = np.array([3.20,3.36,3.43,3.54,3.88,4.01])
stat = np.array([2.78,3.37,3.54,3.87,3.97,3.98,4.02])
fig1, ax1 = plt.subplots(1, figsize=(4,6))
sm.qqplot_2samples(stat, econ, xlabel = 'econ', ylabel = 'stat',
                   line = '45', ax = ax1)
```

그림 6.26

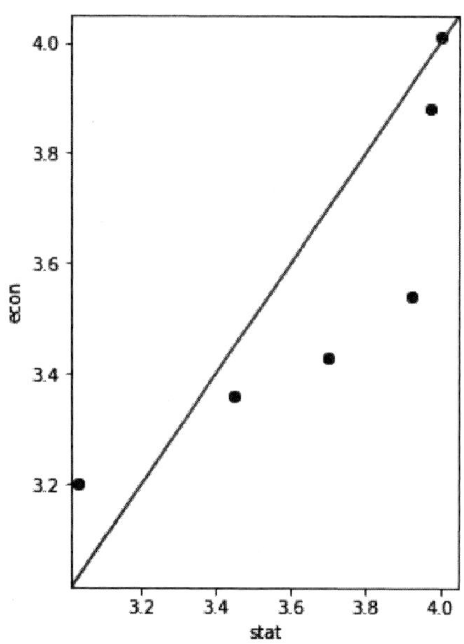

그림 6.27

6장

연습문제

1. 어떤 펀드의 5년 동안의 연간수익률(%)은 다음과 같다.

연차	1	2	3	4	5
연간수익률	-4.2	15.3	12.3	7.8	-14.5

철수는 다음과 같은 절차에 따라 Kolmogorov-Smirnov 검정통계량의 값을 0.1348로 구하였다. 잘못된 곳이 있다면 모두 고치시오(만약 그렇지 않다면 고치지 마시오).

연간수익률	-14.5	-4.2	7.8	12.3	15.3
Empirical Probability	0.2	0.4	0.6	0.8	1
정규분포하의 누적확률	0.1218	0.3678	0.7348	0.8387	0.8908
확률 차의 절댓값	0.0782	0.0322	**0.1348**	0.0387	0.1092

2. 다음은 100명의 고객에 대한 두 금융기관의 고객등급에 대한 분포자료이다. 이 자료에 대한 분석방법으로 갑돌이, 갑순이, 영희는 각기 다음과 같은 의견을 내었다.

	1등급	2등급	3등급	4등급	5등급	6등급	7등급	8등급	9등급	10등급	계
A	5	7	8	12	15	14	16	5	8	10	100
B	10	7	8	9	13	15	13	17	4	4	100

- 갑돌: 등급을 블록으로 하여 블록 내 순위를 주고 Friedman 검정을 하면 된다.
- 갑순: Kolmogov-Smirnov 검정을 하면 된다.
- 영희: 카이제곱검정을 하면 된다.

세 분석방법에 대하여 각각 어떻게 생각하는가? 위의 방법들 외에 제안하고 싶은 분석방법이 있다면 분석목적과 함께 적으시오.

3. 다음은 A, B 두 부서의 인사고과 결과이다. 부서 A의 부장은 부서 B의 부장이 너무 점수를 후하게 주었다고 생각하여 분포에 차이가 있는지를 통계적으로 검증한 결과를 사장에게 제출하려고 한다.

고과점수	0–20	20–40	40–60	60–80	80–100	합계
부서 A	7	13	14	4	2	40
부서 B	5	8	19	15	8	55

① Mann-Whitney 검정을 이용하여 두 집단 간에 차이가 있는지를 검정하시오.

② 카이제곱검정을 통해 두 집단의 동질성에 대하여 검정하시오(5% 기각값은 $\chi_4^2=9.488$로 근사한다).

③ Kolmogorov-Smirnov 검정을 이용하여 두 집단 간에 차이가 있는지를 검정하시오(5% 기각값은 $1.36\sqrt{\frac{n+m}{nm}}$으로 근사한다).

④ ①~③의 세 통계량 중 사장에게 제출할 검정통계량 하나를 선택하고 나머지 둘을 탈락시킨 이유를 설명하시오.

4. 경영혁신을 한 기업들과 그렇지 않은 기업들의 과거 5년간의 주가수익률에 대한 자료이다.

경영혁신	주가수익률(%)
혁신한 기업	28, 87, 145, 110, 55, 84, 85, 67
혁신하지 않은 기업	80, 50, 43, 121, 25, 54, 76

① 위의 자료에 대하여 순위를 구한 후 분산분석을 실시하였다. 다음의 빈칸을 채우시오.

Source	Sum of Squares	df
Treatment	(i)	1
Error	241.43	(iii)
Total	(ii)	

② Wilcoxon-Mann-Whitney 검정통계량의 값을 구하시오.

③ Kolmogorov-Smirnov(K-S) 검정통계량의 값을 구하시오(5% 기각값은 $1.36\sqrt{\frac{n+m}{nm}}$ 으로 근사한다).

5. 다음은 모집단의 분포가 F인 집단에서의 6개의 표본과 모집단의 분포가 G인 집단에서의 7개의 표본에 대한 ROC 곡선이다.

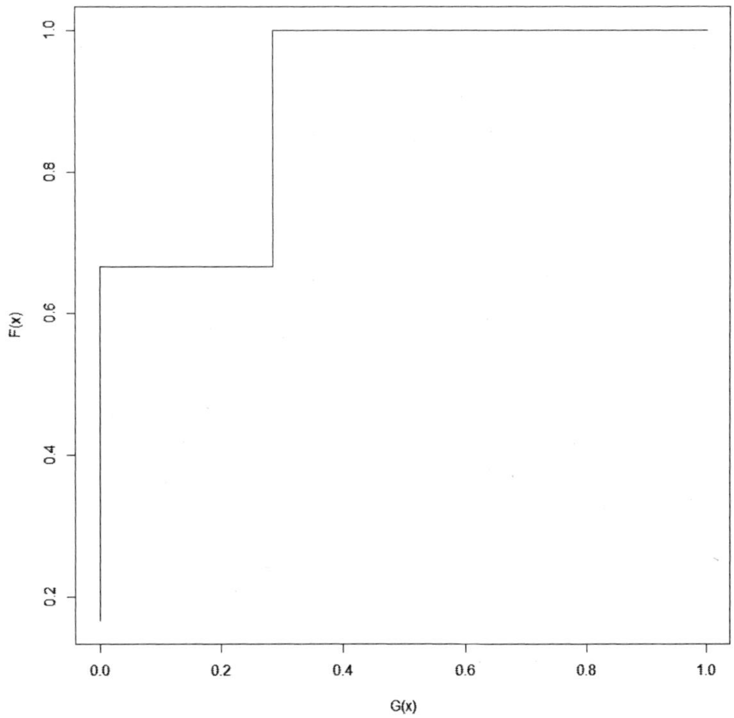

① AUC를 구하시오.

② Mann-Whitney 검정통계량($\sum_{i=1}^{6}\sum_{j=1}^{7} I(X_i \le Y_j)$)을 구하시오.

③ Kolmogorov-Smirnov 검정통계량을 구하시오.

7장

비모수적 확률밀도함수 추정과 회귀

7.1 비모수적 확률밀도함수 추정
7.2 비모수 회귀식

7.1 비모수적 확률밀도함수 추정

7장에서는 i.i.d. 성질을 갖는 연속확률변수의 표본들로부터 확률밀도함수를 추정하는 방법들을 살펴보기로 한다. 2장에서 제안된 누적분포함수 $F(x)$의 추정량인 경험적 분포함수 $F_n(x)$는 전체 표본의 수를 n이라고 할 때, 각 표본값이 나올 확률을 $1/n$으로 추정하고, 이를 누적한 $F_n(x) = \frac{1}{n}\sum_{j=1}^{n}(X_j \le x)$의 식을 통해 $F(x)$를 추정한다. 여기서 각 표본이 나올 확률을 $p_i = \Pr(X = x_i)$라고 한다면, 이를 $1/n$으로 추정하는 근거들은 다음과 같다.

- 최대 비모수 가능도: $\sum_{i=1}^{n} p_i = 1$의 조건에서 $argmax_{p_i}(\prod_{i=1}^{n} p_i)$
- 최대 엔트로피: $\sum_{i=1}^{n} p_i = 1$의 조건에서 $argmax_{p_i}(-\sum_{i=1}^{n} p_i \log p_i)$

위의 비모수 가능도와 엔트로피 함수를 최대로 만드는 p_i는 $1/n$이므로 각 표본이 나올 확률을 $1/n$으로 추정하는 것은 타당하다. 따라서 F_n은 F의 좋은 추정량이지만, dF_n/dx는 0이거나 정의되지 않기 때문에 확률밀도함수인 $f = dF/dx$의 좋은 추정량이라고 하기는 힘들다. 따라서 확률밀도함수 $f(x)$는 일반적으로 다음과 같은 방법을 통해 추정한다.

1) 히스토그램

표본값이 분포되어 있는 전체 구간을 겹치지 않는 k개의 구간으로 분할한 후 i번째 구간에 속해 있는 표본의 개수를 m_i라고 한다면, 각 구간의 확률은 m_i/n으로 추정할 수 있다. 따라서 히스토그램에서는 구간의 개수 k와 각 구간의 길이를 잘 결정한다면, 확률밀도함수의 좋은 추정량이 될 수 있다.

만일 각 구간의 길이를 사전에 정한 h로 같게 분할한다면, 구간의 개수 k는 다음과 같이 결정할 수 있다.

$$k = \frac{\max x_i - \min x_i}{h}$$

일반적으로는 구간의 개수인 k를 먼저 결정하게 되는데, k를 정하는 방법으로는 여러 가지가 있고 대표적인 방법들은 다음과 같다.

- 제곱근(square root): $k = \sqrt{n}$
- Sturge's 공식: n개의 표본을 k개의 각 구간에 $C_{k-1,i}$만큼 할당하면, 표본의 합은 $\sum_{i=0}^{k-1} C_{k-1,i} = 2^{k-1}$이므로 k는 $\log_2 n + 1$로 정하면 된다.

다음으로 각 구간을 $(a_i, b_i]$라고 한다면, 이 구간의 확률은 m_i/n으로 추정되므로 확률 밀도함수 $f(x)$는 다음과 같이 추정된다.

$$\hat{f}(x) = \frac{m_i}{n(b_i - a_i)}$$

예제 1

R 프로그램에 있는 'faithful'라는 자료는 옐로우 국립공원의 'old faithful'이라는 간헐 온천에서의 다음 분출까지 대기시간과 분출 지속시간에 대한 272개의 자료이다. 여기서는 대기시간에 대한 히스토그램을 다루기로 한다.

```
library(ggplot2)
library(ggpubr)
data(faithful)
g1=ggplot(faithful, aes(x=eruptions))+
  geom_histogram(color='white', binwidth = 0.5)+
  labs(title='Histogram of wait')+xlab("wait")

g2=ggplot(faithful, aes(x=eruptions))+
  geom_histogram(color='white', binwidth = 0.3)+
  labs(title='Histogram of wait')+xlab("wait")

g3=ggplot(faithful, aes(x=eruptions))+
  geom_histogram(color='white', binwidth = 0.1)+
  labs(title='Histogram of wait')+xlab("wait")

pl=list(g1,g2,g3)

ggarrange(plotlist=pl,nrow=1,ncol=3)
```

그림 7.1

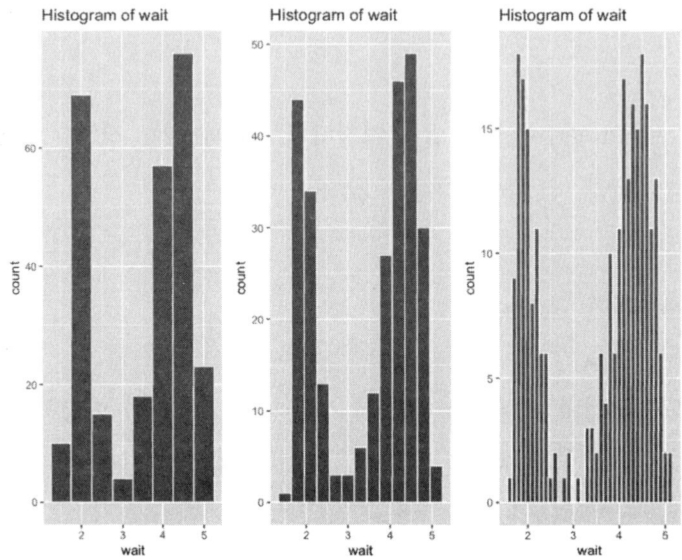

그림 7.2

2) kNN 밀도함수 추정량(k nearest neighborhood density estimator)

앞에서의 히스토그램은 구간이 먼저 정해지고 그 구간에 속하는 표본개수가 변동적이게 된다. 그러면 먼저 표본개수를 정한 다음 정해진 표본개수를 포함하는 구간을 구하여 분포함수를 추정할 수도 있다. 즉, 주어진 x에서 k개의 가장 가까운 (Euclidean distance 기준) 표본들을 포함하는 구간을 정하고 이러한 구간에서의 확률이 k/n이 되도록 하는 분포함수를 추정할 수 있다.

즉, 주어진 표본 $x_1,\cdots,x_n$에 대해 먼저 x에서의 거리를 $d_i(x)=|x-x_i|$라고 하고 $d_i(x)$를 크기순으로 나열하였을 때 k번째에 해당하는 값을 $d_{(k)}(x)$라 하자. 그러면 k개를 포함하는 최소한의 구간은 $I_x=(x-d_{(k)}(x), x+d_{(k)}(x))$가 된다. 따라서 $\int_{I_x} f(x)dx \approx \frac{k}{n}$이므로 $f(x)$의 추정치는 다음과 같이 구해진다.

$$\hat{f}_k(x)=\frac{k}{2nd_{(k)}(x)}$$

예제 2

확률밀도함수가 $f(x)$인 모집단에 다음과 같은 표본을 얻었다. $x=5$일 때 kNN 추정량($k=2$일 때와 $k=5$일 때)을 구하시오.

$$1,\ 2,\ 6,\ 11,\ 13,\ 14,\ 20,\ 33$$

풀이 $x=5$에 대한 거리는 (4 3 1 6 8 9 15 28)이므로 $d_{(2)}(5)=3$이 된다. 따라서 분포함수 추정량은 다음과 같다.

$$\hat{f}_2(5)=\frac{2}{2\cdot 8\cdot 3}=\frac{1}{24}$$

마찬가지로 $d_{(5)}(5)=8$이므로 분포함수 추정량은 다음과 같다.

$$\hat{f}_5(5)=\frac{5}{2\cdot 8\cdot 8}=\frac{5}{128}$$

3) Naïve 밀도함수 추정량(Naïve density estimator)

누적분포함수 F의 미분값으로 정의되는 확률밀도함수 f는 다음과 같다.

$$f(x)=\lim_{h\to 0}\frac{F(x+h)-F(x-h)}{2h}$$

따라서 h를 0으로 보내는 것 대신에 적당히 작은 값인 임의의 h를 정한 후, 경험적 분포함수 $F_n(x)=\frac{1}{n}\sum_{i=1}^{n}I(X_i\le x)$를 이용하여 다음과 같이 f를 추정할 수 있다.

$$\hat{f}(x)\equiv\frac{1}{2h}(F_n(x+h)-F_n(x-h))=\frac{1}{2nh}\sum_{j=1}^{n}I(x-h<X_j\le x+h)$$

즉, x에서의 확률밀도값은 $(x-h,\ x+h]$ 구간에 들어있는 표본들의 개수를 $2nh$로 나눈 값이라고 할 수 있다. Naïve 밀도함수 추정량에서는 히스토그램과 달리 구간의 개수를 정할 필요는 없지만, 여전히 적당한 h를 정해야 하는데 h를 너무 크게 하면 모든

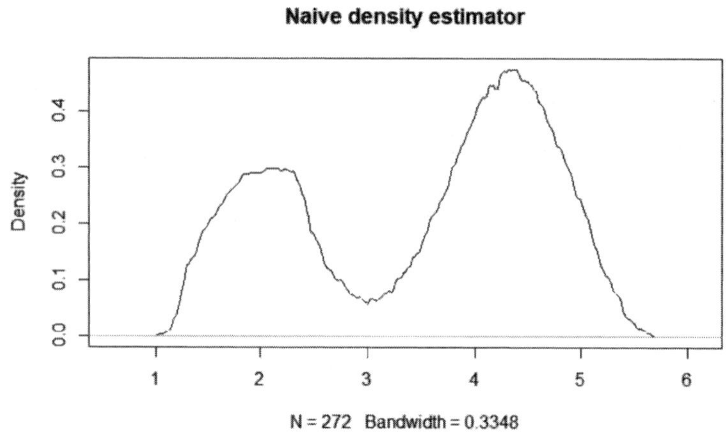

그림 7.3

x에서 $\hat{f}$가 비슷하게 되고, h를 너무 0에 가깝게 하면 $\hat{f}$은 dF_n/dx와 비슷하게 되어 0 또는 값이 정의되지 않는 문제가 발생하게 된다. Naïve 밀도함수 추정량을 통하여 추정한 확률밀도함수는 불연속이며 삐뚤삐뚤한 형태를 보이게 된다. 다음은 'faithful' 자료 예제에 대하여 Naïve 밀도함수 추정량을 통해 확률밀도함수를 추정한 결과이다.

4) Kernel 밀도함수 추정량(Kernel density estimator)

각 표본인 X_i에 주어진 $1/n$의 확률밀도는 Naïve 분포 추정방법과 같이 주변의 가까운 x에 대해서만 일정하게 분배될 수 있지만, 각 표본 X_i와 떨어진 거리에 따라 가중치를 주면서 표본공간의 모든 x에 대해서 확률밀도 $1/n$을 분배하는 방법도 생각해 볼 수 있다. 이러한 방법을 Kernel 밀도함수 추정방법이라고 하며 다음과 같이 정의된다.

$$\hat{f}(x)=\frac{1}{n}\sum_{i=1}^{n}\frac{1}{h}K(\frac{x-X_i}{h})$$

여기서 X_i와 h는 각각 K의 위치, 척도변수라고 생각할 수 있다. 즉, 경험적 분포함수에서는 X_i에만 $1/n$의 확률밀도를 주어 X_i가 아닌 x에서는 확률밀도가 0이 되지만, 이러한 $1/n$의 확률밀도를 X_i 주변의 x에게도 $\frac{1}{nh}K(\frac{x-X_i}{h})$의 확률밀도를 나누어 주게 된다. 따라서 임의의 x에서의 확률밀도는 모든 X_i에게서 받은 확률밀도들의 합이 된다고 할 수 있다. 그리고 $\int_{-\infty}^{\infty} K(x)dx = 1$이므로 $\int_{-\infty}^{\infty} \hat{f}(x)dx = 1$이 된다.

여기서 h는 그래프의 고른 정도를 조정하며 이를 bandwidth라고 부른다. 큰 h값을 선택하는 경우 모든 x는 각 표본들로부터 동일한 확률밀도를 받게 되며, 작은 h값을 선택하는 경우 각 표본들로부터 가까운 x가 대부분의 확률밀도를 받게 된다. 따라서 작은 h값을 선택하는 경우에는 그래프가 고르지 못하고 삐뚤삐뚤한 모습을 보인다.

앞에서의 Naïve 밀도함수 추정량은 $K(x) = \frac{1}{2} \times I(-1 \le x < 1)$를 이용한 Kernel 밀도함수 추정량의 한 예시라고 생각할 수 있으며, K의 정의역이 모든 표본공간이 아닌 표본공간 일부만을 이용하기 때문에 Naïve 밀도함수 추정량을 이용하여 추정한 확률밀도함수의 그래프가 삐뚤삐뚤한 경향을 보이게 된다.

Kernel 밀도함수 추정량의 예시로 K를 표준정규 확률밀도함수인 $\varphi(x) = \frac{1}{\sqrt{2\pi}} \exp(-x^2/2)$라고 한다면 f의 추정량은 다음과 같다.

$$\hat{f}(x) = \frac{1}{n} \sum_{i=1}^{n} \frac{1}{h} \phi\left(\frac{x - X_i}{h}\right)$$

위 추정량의 φ에서 X_i와 h는 각각 평균과 표준편차를 나타내며, h값의 크기에 따라 추정량의 모습이 많이 달라지게 된다. 다음은 'faithful' 자료 예제에 대하여 h(bandwidth)를 달리하였을 때 Kernel 밀도함수 추정량은 다음과 같다.

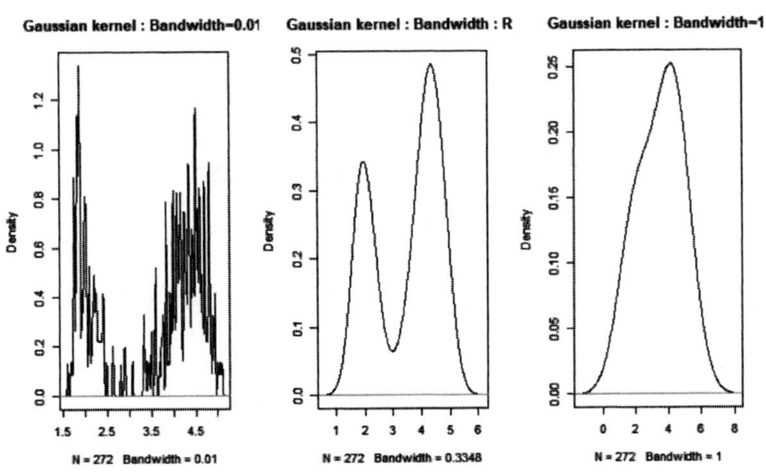

그림 7.4

7.2 비모수 회귀식

먼저 일반적인 회귀함수식은 다음과 같이 쓸 수 있다.

$$Y = m(X) + \epsilon,\ \text{즉}\ E(Y|X=x) = m(x)$$

이때 비모수 회귀방법이란 $m(x)$가 고르다는 가정 외에 모형 $m(x)$의 형태나 오류 ϵ의 분포에 대한 가정을 하지 않는 방법을 뜻한다. $m(x)$의 형태가 알려져 있는 모수적 방법은 해석이 용이하고, 가정된 함수 형태가 참인 경우 상당히 효율적이라고 할 수 있는 반면, $m(x)$의 형태를 가정하지 않는 비모수적인 방법은 잘못된 모형의 설정으로 인한 오류 가능성이 작고, 다양한 형태의 함수식을 만들 수 있다는 장점들이 있다.

1) 국소가중평균 추정량(Local weighted average estimator)

$E(Y|X=x)$를 비모수적으로 추정하기 위해서는 x와 가까운 자료일수록 가중치를 더 많이 주어 가중평균을 구하는 방법을 생각할 수 있다. 즉, 다음과 같이 나타낼 수 있다.

$$\hat{m}(x) = \sum_{i=1}^{n} w_i(x) Y_i$$

이때 $\sum_{i=1}^{n} w_i(x) = 1$이 되도록 해야 한다.

2) Nadaraya-Watson 추정량(Nadaraya-Watson estimator)

주어진 x에 대한 Nadaraya-Watson 추정량은 각 X_i가 x에 미치는 영향력을 Kernel 함수값인 $K(\frac{x-X_i}{h})$로 정한 후, 이를 가중치로 이용하여 Y_i에 대해 다음과 같이 가중평균하여 추정량을 구한 것이다.

$$E(Y|X=x)=\hat{m}_{NW}(x)=\frac{\sum_{i=1}^{n}K(\frac{x-X_i}{h})Y_i}{\sum_{i=1}^{n}K(\frac{x-X_i}{h})}$$

즉, X_i가 x에 가까울수록 Y_i는 $E(Y|X=x)$를 추정하는 데 있어서 많은 가중치를 가지게 된다. Nadaraya-Watson 추정량의 유도방법은 다음과 같다.

- 유도방법 1: $m(x)$는 다음과 같이 표현된다.

$$m(x)=E(Y|X=x)=\int yf(y|x)dy=\frac{\int yf(x,y)dy}{f_X(x)}$$

따라서 $f(x,y)$와 $f_X(x)$를 kernel 밀도함수 추정방법을 이용하면 Nadaraya-Watson 추정량을 얻게 된다.

- 유도방법 2: $m(x)$를 β_0라고 한다면 $K(\frac{x-X_i}{h})$를 가중치로 이용한 다음과 같은 가중 최소 제곱법을 고려할 수 있다. 즉, 각 X_i가 x에 가까울수록 좀 더 많은 가중치를 주는 것이다.

$$\min\sum_{i=1}^{n}(Y_i-\beta_0)^2K(\frac{X_i-x}{h})$$

따라서 위의 기준을 만족하는 β_0를 구하면 Nadaraya-Watson 추정량을 얻게 되며, $h\to 0$이면 $m_{NW}(x)\to Y_i$이고, $h\to\infty$이면 $m_{NW}(x)\to\overline{Y}$가 된다. 또한, Nadaraya-Watson 추정량은 국소 상수 추정량(local constant estimator)이라고 할 수 있으며, 만일 다음의 기준을 고려한 추정량은 국소 선형 추정량(local linear estimator)이라고 할 수 있다.

$$\min\sum_{i=1}^{n}(Y_i-\beta_0-\beta_1(X_i-x))^2K(\frac{X_i-x}{h})$$

마찬가지로 국소 다항 추정량(local polynomial estimator)은 위와 비슷한 방법으로 얻어질 수 있다.

▮ 예제 3 ▮

다음은 kernel 함수를 Gaussian과 Box로 하였을 때의 경우이다.

```
gaussian=as.data.frame(ksmooth(faithful[,2], faithful[,1], kernel = 'normal'))
box=as.data.frame(ksmooth(faithful[,2], faithful[,1], kernel = 'box', bandwidth=2))

g1=ggplot(faithful)+geom_point(aes(x=waiting, y=eruptions),size=0.5)+
  geom_line(aes(x=gaussian$x, y=gaussian$y))+labs(title='Gaussian kernel')+
  xlab('Waiting time')+ylab('Eruption duration')

g2=ggplot(faithful)+geom_point(aes(x=waiting, y=eruptions),size=0.5)+
  geom_line(aes(x=box$x, y=box$y))+labs(title='Box kernel')+
  xlab('Waiting time')+ylab('Eruption duration')

pl=list(g1,g2)

ggarrange(plotlist=pl,nrow=1,ncol=2)
```

그림 7.5

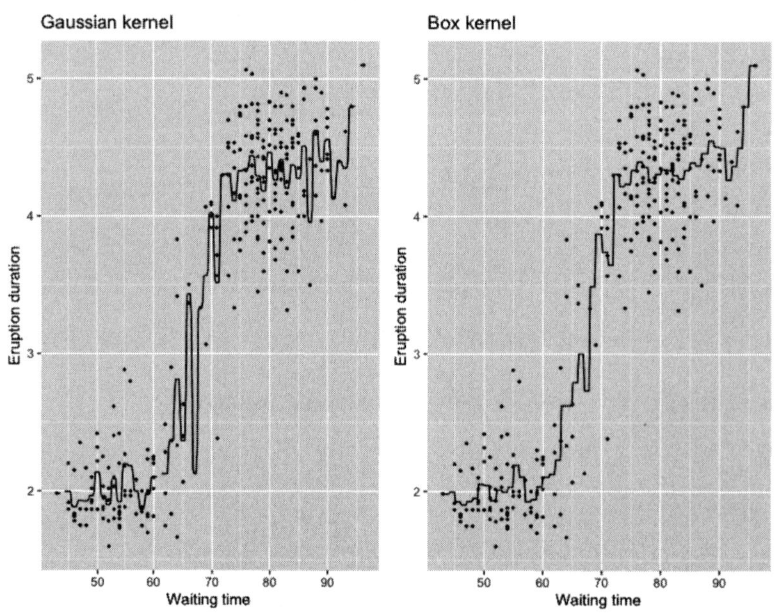

그림 7.6

3) 다른 추정량

앞의 국소 상수, 선형 추정량들은 기본적으로 최소제곱법에 근거하므로 최소제곱법의 단점이라고 할 수 있는 이상치(outlier)에 민감하다는 단점을 가지고 있다. 따라서 잔차가 큰 경우의 표본에 대하여 가중치를 줄이는 방법을 고려할 수 있는데, 이를 locally weighted regression scatter plot smoothing(LOESS)이라고 한다.

또한, 함수의 유연성을 위하여 몇 개의 구간으로 나눈 다음 구간에서 추정해서 이를 연결하는 방법을 고려할 수 있다. 하지만 구간 내 함수 형태가 너무 복잡할 수 있으니 이에 대하여 penalty를 부여하는 다음의 penalized least square 기준을 고려할 수 있다.

$$\sum_{i=1}^{n}(Y_i - m(X_i))^2 + \lambda\int_a^b (m''(u))^2 du$$

위 기준을 이용하며 구간마다 3차 다항함수를 적합하는 추정량을 Cubic spline 추정량이라고 한다.

연습문제

1. 확률밀도함수가 $f(x)$인 모집단으로부터 다음과 같이 3개의 임의표본을 얻었다.

12, 15, 21

① 정규분포를 kernel function으로 하는 nonparametric kernel density function 추정량의 수식을 쓰고 x가 15일 때 추정값을 구하시오.

② ①에서 Bandwidth를 3으로 하였을 때 $P(x < 15)$를 추정하시오.

③ 위 세 개의 x값에 대응되는 y값이 22, 24, 25로 얻어졌다. 모든 통계학 지식을 동원하여 x가 15일 때 $E(Y)$값을 추정하시오.

2. 확률밀도함수가 $f(x)$인 모집단에 다음과 같은 표본을 얻었다.

1, 2, 6, 11, 13, 14, 20, 33

① $x=5$에 대한 Naïve 밀도함수 추정치 ($h=3.5$)를 구하시오.

② $x=5$일 때 kNN 밀도함수 추정량 ($k=2$)과 같게 되는 Naïve 밀도함수 추정량에서의 h를 구하시오.

③ $x=5$일 때 kNN 밀도함수 추정량 ($k=5$)과 같게 되는 Naïve 밀도함수 추정량에서의 h를 구하시오.

④ kNN 밀도함수 추정량과 Naïve 밀도함수 추정량의 관련성에 대하여 쓰시오.

8장

분류모형의 평가

8.1 모형성능지표

8.2 예측확률과 오분류율의 Calibration

8.1 모형성능지표

통계적 분류모형이 완성된 후에는 예측확률을 기준값(cutoff)에 따라 두 개의 범주(예를 들어, Positive, Negative)로 분류하여 의사결정에 활용하게 된다. 예측확률을 기준값에 따라 분류한 후, 그 분류결과의 정확성은 다음의 오차행렬(confusion matrix)로 요약된다.

실제/예측	Positive Prediction	Negative Prediction
Positive Class	a(True Positive)	b(False Negative)
Negative Class	c(False Positive)	d(True Negative)

따라서 위의 오차행렬을 실제 범주를 기준으로 숫자로 요약한다면, 다음의 두 가지 확률로 요약할 수 있다.

- Sensitivity, Recall(TPR: True Positive rate)

$$P(\text{예측} = Positve|\text{실제} = Positive) = \frac{a}{a+b}$$

- Specificity(TNR: True Negative rate)

$$P(\text{예측} = Negative|\text{실제} = Negative) = \frac{d}{c+d}$$

만일 이러한 분류모형을 통한 예측결과가 현업에 적용된다면, 현업에서 중요하게 판단하는 모형의 정확성은 예측 범주가 기준이 된다. 따라서 이 경우 다음의 두 가지 확률로 요약할 수 있다.

- Precision(PPV: Positive predictive value)

$$P(\text{실제} = Positve|\text{예측} = Positive) = \frac{a}{a+c}$$

■ NPV(Negative predictive value)

$$P(실제 = Positive | 예측 = Negative) = \frac{d}{b+d}$$

또한, 이러한 확률들을 다시 하나의 지표로 나타내기 위해서는 표본집단과 모집단의 비례성, 오분류에 따른 비용적인 측면 등이 고려되어야 한다.

1) Accuracy

일반적으로 TPR, TNR 두 개의 확률은 단순히 산술평균한 (TPR+TNR)/2로 요약될 수 있다. 또한, 표본에서의 실제 Positive, Negative 비율을 감안하면 가중평균을 구할 수 있는데 이를 Accuracy라고 한다.

$$\begin{aligned} Accuracy &= (표본중 Positive 비율) \times TPR + (표본중 Negative 비율) \times TNR \\ &= \frac{a+d}{a+b+c+d} \end{aligned}$$

따라서 Accuracy는 표본에서 제대로 예측된 개수의 비율을 나타내는 것이지만, 만일 표본의 Positive, Negative 비율이 모집단의 Positive, Negative 비율과 다르다면 일반적으로 사용하기는 곤란하다고 할 수 있다. 또한, 예를 들어 (990, 10)과 같이 심하게 불균형인 경우, 모두 Positive로 분류하는 모형도 99%의 정확도를 보이므로 이 같은 경우 정확도만으로 모형을 평가하기는 힘들다.

2) F1 score

$$F1 = \frac{2}{\frac{1}{Recall} + \frac{1}{Precision}}$$

Recall은 실제기준으로 Positive가 잘 맞았는지를 나타내고, Precision은 예측기준으로 Positive가 잘 맞았는지를 나타내므로 이 둘을 조화평균으로 요약한 것이다.

위의 요약지표들은 각각의 확률에 단순히 일반적인 산술, 조화평균을 적용한 것으로 특정 하나를 모형의 평가지표로 일반화하기는 어렵다. 즉, 표본집단의 (Positive, Negative) 비율이 모집단의 그것과 다르다면 이를 반영한 요약을 해야 하고, 또한 만일 잘못 분류한 경우인 두 가지 경우(실제는 Positive인데 Negative로 판정, 또는 실제는 Negative인데 Positive로 판정)의 비용이 각각 다르다면 비용이 큰 경우에 가중치를 준 지표를 만들어서 사용해야 한다. 하지만 비용 파악이 힘든 경우가 많아 실제로는 많이 고려되지 않고 있다.

3) AUC

분류모형을 통하여 예측확률이 산출된 후에는 기준값에 따른 분류결과인 (1-TPR, TNR)을 이용해서 ROC를 그릴 수 있는데, 이 경우 AUC는 다음과 같이 계산된다.

$$AUC = \frac{TNR + TPR}{2}$$

따라서 예측확률로 만든 ROC 곡선에서 기준값을 결정할 때, $\frac{TNR + TPR}{2}$을 최대화하는 기준을 고려할 수 있는데, ROC 곡선의 기울기가 1이 되는 점을 선택하면 된다.

8.2 예측확률과 오분류율의 Calibration

일반적으로 오분류 중에서 FN이 FP보다 비용이 훨씬 많이 들지만, 많은 분류모형에서는 이러한 점을 감안하지 않고 학습표본에서의 전체오차를 줄이는 기준으로 학습함으로써, 새로운 개체를 다수의 학습표본이 속한 범주로 판별할 확률을 높게 한다. 예를 들어, (990, 10)과 같이 심하게 불균형인 경우 설명변수들과 관계없이 모두 Positive로 분류하는 모형이 전체오차를 최소화하여 선택되는 경우가 생기게 되고, 새로운 개체를 모두 Positive로 분류하더라도 Accuracy가 99%가 되는 등 모형성능지표도 잘 나오게 된다. 따라서 이러한 불균형자료일 때는 Random undersampling, Random oversampling, SMOTE, GAN 등의 방법을 이용하여 자료를 보완하거나 혹은 Bagging, Adaboost 등과 같이 학습모형을 보완하는 방법을 사용하게 된다.

완성된 분류모형을 이용하여 각 개체가 Positive일 확률을 추정하게 되는데, 학습에 사용한 표본의 (Positive, Negative) 구성비에 따라 추정되는 확률은 다르게 된다. 즉,

구성비가 다르더라도 $P(x|Positive)$, $P(x|Negative)$는 차이가 없지만, 각 개체가 Positive일 확률인 $P(Positive|x)$는 구성비율에 따라 차이가 나게 된다. 개체들이 Positive일 예측확률의 평균은 학습표본의 Positive인 비율과 대략적으로 비슷하게끔 모형이 추정된다.

여기서는 모집단의 구성비를 대략적으로 아는 경우, 예측확률을 조정하는 방법에 대하여 다루기로 한다.

8.2.1 예측확률의 Calibration

1) 학습표본의 구성비와 모집단의 구성비

먼저 학습표본의 (Positive, Negative) 비율은 다음의 두 경우를 생각할 수 있다.

- Random 추출인 경우: 모집단에서 임의로 추출한 경우로 표본집단의 (Positive, Negative) 비율이 모집단의 (Positive, Negative) 비율과 비슷하게 된다.

- Controlled 추출인 경우(Positive, Negative 비율을 따로 설정): 모집단에서 Negative의 비율이 상당히 낮아서 (Positive, Negative)의 비율이 상당히 불균형일 때 임의로 추출하는 경우에는 Negative인 개수가 현저히 떨어질 수도 있다. 그래서 일반적으로 Positive, Negative의 비율을 1:1로 하여 학습에 들어가는 경우가 많다. 이는 Positive의 표본수를 줄여 시간과 경비를 줄이는 목적도 있고, 전체 표본수가 정해져 있다면 (Positive, Negative) 비율을 동일하게 하는 것이 표준오차를 최소화할 수도 있다는 측면에서 실제로 많이 사용되고 있는 경우이다.

다음은 학습표본의 비율에 따라 예측확률이 어떻게 달라지는지 예를 들어 보여준다. 먼저 <그림 8.1>은 모집단을 8,000개의 Positive와 2,000개의 Negative로 구성하여 로지스틱 회귀모형을 학습한 후, Positive일 예측확률을 구한 것이다.

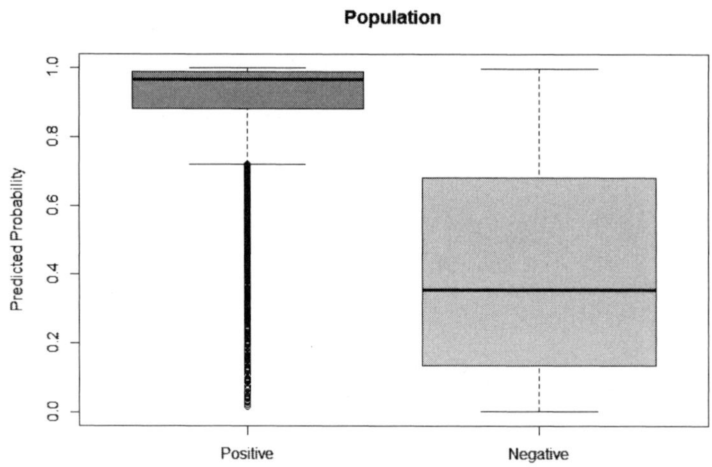

그림 8.1 모집단의 추정확률

다음은 모집단에서 1,000개의 표본을 추출할 때, (Positive, Negative) 비율을 각각 (2:8), (5:5), (8:2) 비율로 추출하고 로지스틱 회귀모형을 학습한 후, 500개의 out of sample에 대한 Positive일 예측확률이다. 학습에 사용된 표본의 Positive 비율이 높을수록 Positive일 예측확률이 높아진다는 것을 알 수 있고, 모집단의 (Positive, Negative) 비율과 같은 (8:2)일 때가 모집단의 예측확률과 비슷하다고 할 수 있다.

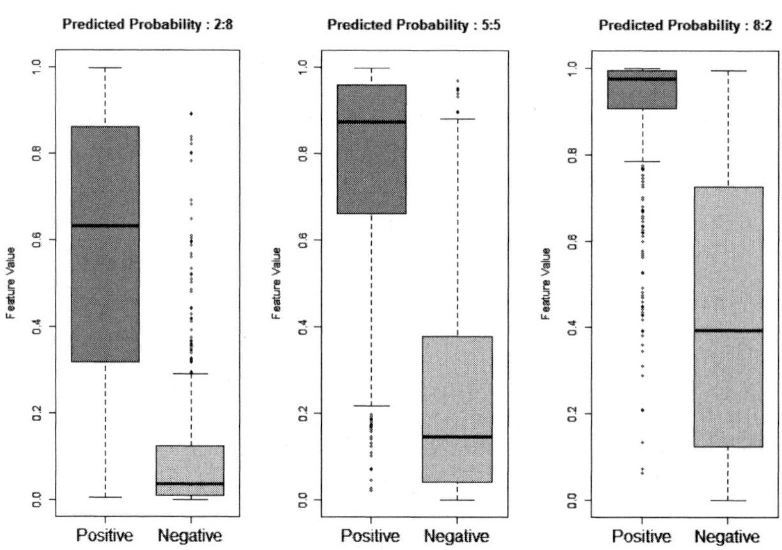

그림 8.2 표본집단의 추정확률

2) 기준값과 오차행렬

<그림 8.2>에서 알 수 있듯이 표본의 (Positive, Negative) 비율에 따라 예측확률이 달라지는데, 표본의 (Positive, Negative) 비율에 관계없이 기준값(cutoff)을 0.5로 한다면 각 경우의 오차행렬(confusion matrix)이 달라지고 이에 따라 성능지표들도 달라짐을 알 수 있다.

모형1 (2:8)		
실제/예측	Positive	Negative
Positive	238	12
Negative	96	154

모형2 (5:5)		
실제/예측	Positive	Negative
Positive	213	37
Negative	29	221

모형3 (8:2)		
실제/예측	Positive	Negative
Positive	157	93
Negative	7	243

최종분류 결과는 모형의 예측확률에 대하여 기준값을 설정해서 (Positive, Negative)로 분류하게 된다. 이항분류의 경우 Positive 확률이 Negative 확률보다 큰 경우에 Positive로 분류(즉, 기준값을 0.5로 설정)하는 것이 일반적인데, 이때 학습표본의 (Positive, Negative) 비율에 따라 기준값을 조정해주어야 한다.

3) 예측확률의 조정

모집단의 (Positive, Negative) 비율이 8:2인 경우, (Positive, Negative) 비율이 5:5인 학습표본을 학습에 사용하였을 때, 모형에 의한 Negative의 예측확률이 실제보다 높아서 실제 적용 시 혼돈을 줄 수 있다. 또한, 학습에 사용한 (Positive, Negative) 비율에 따라 0.5라는 기준값 설정이 안 좋은 선택일 수도 있다. <그림 8.2>에서 알 수 있듯이 기준값은 표본에서의 Negative 비율과 비슷하게 설정하는 것이 바람직할 수도 있다. 따라서 모형에 의한 예측확률을 모집단의 비율을 고려하여 변환해서 주는 게 이러한 혼돈을 줄일 수 있고 0.5라는 기준값 설정에 의미를 부여할 수 있다.

정리 각 확률들을 다음과 같이 정의한다.

- $p(Positive)$: 모집단에서의 Positive의 비율
- $p(Positive|x)$: 모집단에서의 주어진 x값일 때 Positive일 확률
- $f(Positive)$: 표본에서의 Positive의 비율
- $f(Positive|x)$: 표본에서의 주어진 x값일 때 Positive일 확률

$p(Positive|x)$의 추정식은 다음과 같다.

$$\hat{p}(Positive|x)=\frac{\alpha\times f(Positive|x)}{\alpha\times f(Positive|x)+\beta\times f(Negative|x)}$$

$$\alpha=\frac{p(Positive)}{f(Positive)}=\text{모집단에서 }Positive\text{ 비율/표본에서 }Positive\text{ 비율}$$

$$\beta=\frac{p(Negative)}{f(Negative)}=\text{모집단에서 }Negative\text{ 비율/표본에서 }Negative\text{ 비율}$$

학습에 사용한 (Positive:Negative)가 5:5인 경우는 다음과 같다.

$$\hat{p}(Positive|x)=\frac{\alpha'\times f(Positive|x)}{\alpha'\times f(Positive|x)+\beta'\times f(Negative|x)}$$

$$\alpha'=p(Positive)=\text{모집단에서 }Positive\text{ 비율}$$

$$\beta'=p(Negative)=\text{모집단에서 }Negative\text{ 비율}$$

따라서 우리가 예측해야 할 확률은 $p(Positive|x)$이고, 기본적인 확률정리에 따라 다음과 같이 쓸 수 있다.

$$p(Positive|x)=\frac{p(Positive)p(x|Positive)}{p(Positive)p(x|Positive)+p(Negative)p(x|Negative)}$$

$p(x|Positive)$와 $p(x|Negative)$는 표본으로부터 추정할 수 있으므로 이를 $f(x|Positive)$, $f(x|Negative)$라고 한다면, $p(Positive|x)$는 다음과 같이 예측된다.

$$\hat{p}(Positive|x) = \frac{p(Positive)f(x|Positive)}{p(Positive)f(x|Positive) + p(Negative)f(x|Negative)}$$

다시 기본적인 확률정리에 따라 위 식은 다음과 같이 정리된다.

$$\hat{p}(Positive|x) = \frac{\alpha f(Positive|x)}{\alpha f(Positive|x) + \beta f(Negative|x)}$$

<그림 8.3>은 위 <정리>의 결과를 이용하여 <그림 8.2>의 예측확률을 조정한 결과이다. 조정하기 전에는 표본집단의 (Positive, Negative) 비율에 따라 예측확률이 달랐지만, 조정 후에는 (Positive, Negative) 비율과 관계없이 모집단의 예측비율과 비슷하게 된 것을 알 수 있다.

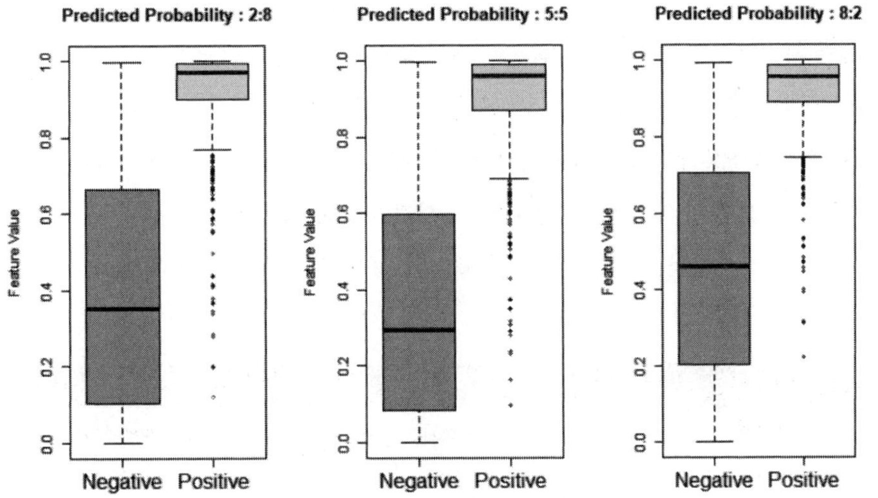

그림 8.3 조정 후 예측확률

8.2.2 오분류율의 Calibration

1) 검증표본 비율에 따른 오분류율

먼저 검증표본의 (Positive, Negative) 비율은 학습표본과 마찬가지로 다음의 두 경우를 생각할 수 있다.

- Random 추출인 경우: 모집단에서 임의로 추출한 경우로 표본집단의 (Positive, Negative) 비율이 모집단의 (Positive, Negative) 비율과 비슷하게 된다.

- Controlled 추출인 경우 (Positive, Negative 비율을 따로 설정): 모집단에서 Negative의 비율이 상당히 낮아서 (Positive, Negative)의 비율이 상당히 불균형일 때, 임의로 추출하는 경우 Negative인 개수가 현저히 떨어질 수도 있으므로, 일반적으로 Positive, Negative의 비율을 1:1로 하여 학습에 들어가는 경우가 많다.

두 경우 모두 예측확률의 분포에는 차이가 없다. 따라서 TPR, TNR 등은 차이가 없으나 두 집단의 비율이 감안된 Accuracy, Precision 등은 달라진다.

다음은 검증표본의 비율에 따라 오분류율이 어떻게 달라지는지 예를 들어 보여준다. 먼저 학습표본을 500개의 Negative과 500개의 Positive로 구성하여 예측확률을 구하고, 500개의 검증표본을 (8:2), (5:5), (2:8)로 구성하여 Calibration을 적용한 후 0.5를 기준값(cutoff)으로 하여 구한 오차행렬(confusion matrix)과 성능지표들이다.

검증1 (8:2)		
실제/예측	Positive	Negative
Positive	387	13
Negative	32	68

검증2 (5:5)		
실제/예측	Positive	Negative
Positive	243	7
Negative	85	165

검증3 (2:8)		
실제/예측	Positive	Negative
Positive	96	4
Negative	136	264

	TPR	TNR	Precision	NPV	Accuracy	F1
검증1	0.9675	0.6800	0.9236	0.8395	0.9100	0.9451
검증2	0.9720	0.6600	0.7409	0.9593	0.8160	0.8408
검증3	0.9600	0.6600	0.4138	0.9851	0.7200	0.5783

TNR, TPR은 같게 나오지만 Precision, NPV, Accuracy, F1은 다르게 나온다는 것을 알 수 있다. 검증1이 모집단의 비율과 같다는 것을 감안하면 검증2, 3의 Precision 등은 실제보다 낮게 추정됨을 알 수 있다.

2) 오분류율의 Calibration

모집단의 비율대로 검증을 하지 않는 경우 TNR, TPR로 구성된 성능지표를 사용하는 것이 바람직하다. 만일 이외의 지표를 사용하고자 하는 경우, 모집단에서 Positive 비율을 γ로 아는 경우에 한해서 다음과 같이 calibration을 할 수 있다.

a) TPR, TNR: 조정 필요 없음

b) $Precision = \dfrac{\gamma TPR}{\gamma TPR + (1-\gamma)(1-TNR)}$

c) $NPV = \dfrac{(1-\gamma)TNR}{\gamma(1-TPR)+(1-\gamma)TNR}$

그리고 평가지표인 Accuracy와 F1은 다음과 같이 조정하면 된다.

$$Accuracy = \gamma\, TPR + (1-\gamma)\, TNR$$

$$F1 = \frac{2}{\dfrac{1}{TPR} + \dfrac{\gamma TPR + (1-\gamma)(1-TNR)}{\gamma TPR}}$$

다음은 위의 결과에 γ를 0.8로 하여 calibration을 한 확률과 지표들을 나타낸다. 검증2,

검증3이 모두 검증1의 결과와 비슷해진다는 것을 알 수 있다.

	TPR	TNR	Precision	NPV	Accuracy	F1
검증1	0.9675	0.6800	0.9236	0.8395	0.9100	0.9451
검증2	0.9720	0.6600	0.9196	0.8549	0.9096	0.9451
검증3	0.9600	0.6600	0.9187	0.8049	0.9000	0.9389

연습문제

1. (Good, Bad)의 구성비가 8:2인 모집단에서 2,000개(Good, Bad 각각 1,000개)의 표본을 뽑은 후, 이 중에서 1,000개의 training sample(Good, Bad 각각 500개)로 $P(Good)$에 대한 모형을 구축하였다. 이후 모집단의 구성비를 감안한 확률조정을 하지 않고 1,000개의 validation sample에 대해 검증하였다. 다음은 기준값(cutoff)을 0.5로 한 경우의 오차행렬이다.

실제/예측	Bad	Good
Bad	425	75
Good	87	413

① 다음은 기준값을 0.2로 한 경우의 오차행렬이다. (a), (b)를 구하시오.

실제/예측	Bad	Good
Bad	292	(a)
Good	26	(b)

② 위의 표들에 대하여 accuracy를 추정하면 기준값을 0.5로 한 경우 accuracy는 (425+413)/1000으로 기준값이 0.2일 때의 accuracy인 (292+(b))/1000보다 높게 나온다. 8:2인 모집단의 구성비를 감안하여 기준값이 0.5인 경우 조정된 accuracy를 추정하고 비교하시오.

종합 연습문제

1. 다음의 7개의 자료에 대해 답하시오.

2.5, 5.0, 8.0, 8.5, 10.5, 11.5, 20

① 생존함수 $1-F_n(x)$를 그리시오.

② 1차, 2차 표본적률을 계산하고 $\int_0^{\infty}(1-F_n(x))dx$와 $\int_0^{\infty}2x(1-F_n(x))dx$를 계산하시오.

③ $F(10)$을 추정하고 추정치의 표준오차를 구하시오.

④ $E(\exp(X))$를 추정하고 추정치의 표준오차를 구하시오.

⑤ $E(\exp(\overline{X}))$를 추정하고 추정치의 표준치를 구하시오.

2. 다음의 5개의 자료에 대해 답하시오.

3, 3, 5+, 6, 10

① Kaplan–Meier 추정량을 구하시오.

② $\int_0^{\infty}(1-F_n(x))dx$를 구하시오.

③ 갑돌이는 5+의 기댓값을 8이라고 생각한다. 이에 대하여 설명하시오.

④ 갑돌이는 표본 5개에 대한 최초 확률은 1/5이고 5+는 확률을 못 가지므로 1/5 확률은 6과 10에 똑같이 1/10씩 나누어 주면 된다고 생각한다. 이렇게 하여 얻어진 누적경험분포와 ①에서 구한 Kaplan–Meier 추정량과의 차이에 대해 논하시오.

⑤ $\int_0^{\infty}S_n(x)dx$는 $\sum_{i=1}^{5}p_ix_i$와 같을 때 p_i를 구하시오.

3. 다음은 건강한 사람이 갑작스러운 심장병으로 사망한 날짜를 조사한 결과이다. 이때 사망

비율이 요일별로 같은지 검정하시오.

요일	월	화	수	목	금	토	일
사망 건수	22	7	8	13	5	4	6

4. paired 표본에 대하여 다음이 사실이면 증명하고 그렇지 않다면 반례를 드시오.

① $D = X - Y$일 때 $\overline{X} - \overline{Y} = \overline{D}$이다.

② $D = X - Y$일 때 $\min(X) - \min(Y) = \min(D)$이다.

5. 흡연의 해로움에 대한 인식이 흡연자나 비흡연자 모두 같은지를 조사한 결과이다.

	매우 위험	위험	다소 위험	무위험
흡연자	11	15	14	9
비흡연자	26	16	6	3

① 카이제곱검정을 하여 대략적인 p-값을 구하시오.

② 매우 위험을 4점, 무위험을 1점으로 해서 z 검정을 하여 대략적인 p-값을 구하시오.

③ ①, ②에서의 검정의 차이점을 적으시오.

6. 영화평론가인 Siskel과 Ebert는 영화에 대하여 'Thums Up' 또는 'Thumbs Down'으로 평가한다. 다음은 모두 43편의 영화에 대한 평가결과이다.

Siskel/Ebert	Thumbs Up	Thumbs Down
Thumbs Up	18	6
Thumbs Down	9	10

① Siskel과 Ebert의 영화에 대한 'Thumbs Up' 비율이 같은지를 검정하시오.

② 'up'은 1, 'down'은 0으로 하여 상관계수를 구하고 이를 해석하시오.

③ 위의 표는 다음과 같이 재배열할 수 있다.

	Thumbs Up	Thumbs Down
Siskel	24	19
Ebert	27	16

이 표에 대한 카이제곱 검정통계량은 어떠한 의미를 가지고 있는지 설명하시오.

7. 다음의 Johnson and Johnson(NEJM 287: 1122-1125, 1972)은 85명의 Hodgkin 환자와 그의 같은 성별인 형제자매를 조사한 결과이다.

Hodgkin's/Sib	Tonsillectomy	None
Tonsillectomy	26	15
None	7	37

① 파이계수를 계산하시오.

② McNemar 검정통계량을 이용하여 환자와 형제자매의 수술비율이 같은지 검정하시오.

③ $P(Tonsillectomy \mid Hodgkin) - P(Tonsillectomy \mid Sib)$에 대한 95% 신뢰구간을 구하시오.

④ 위의 표는 다음과 같이 재배열할 수 있다.

	Tonsillectomy	None
Hodgkin	41	44
Sib	33	52

이 표에 대한 카이제곱 검정통계량의 값은 1.53이다. 어떻게 해석할 수 있는지 설명하시오.

8. 갑돌이와 갑순이는 야구경기를 예측하는 전문가이고, 다음은 야구경기 80회에 대한 예측결과이다.

갑돌(X)/갑순(Y)	Correct(1)	Incorrect(0)	합
Correct(1)	Z	40-Z	40
Incorrect(0)	45-Z	Z-5	40
합	45	35	80

$\overline{X}$, $\overline{Y}$를 $P(Correct|Gabdol)$과 $P(Correct|Gabsoon)$의 추정치라고 하면, $P(Correct|Gabdol) - P(Correct|Gabsoon)$의 추정치인 $\overline{X} - \overline{Y}$는 (40/80)–(45/80)이다.

① $V(\overline{X} - \overline{Y})$의 추정치를 구하고 이 추정치의 범위를 구하시오.

② $P(Z \geq 30)$을 구하시오.

③ McNemar 검정을 하시오.

④ 다음의 카이제곱 검정통계량은 무엇을 하기 위한 것인지 설명하시오.

$$T = \frac{80(Z(Z-5) - (40-Z)^2)}{45 \times 35 \times 40 \times 40}$$

9. 다음의 자료에 대하여 답하시오.

	Good	Poor	Total
Old light	x	$n_1 - x$	n_1
New light	y	$n_2 - y$	n_2

갑돌이는 다음의 통계량을 이용하여 $P(Good|Old\,light) = P(Good|New\,light)$를 검정하고자 한다.

$$T = \frac{\overline{x} - \overline{y}}{\sqrt{(\frac{1}{n_1} + \frac{1}{n_2})\overline{p}(1-\overline{p})}}$$

여기서 $\overline{x} = x/n_1$, $\overline{y} = y/n_2$이고, $\overline{p} = (x+y)/(n_1+n_2)$이다.

① $P(Good|Old\,light) = P(Good|New\,light) = p$일 때 T의 정확한(exact) 분포를 구하는 방법을 서술하시오.

② n_1, n_2가 충분히 큰 경우 T의 대략적인 분포를 구하시오.

10. 100명에 대해 세 가지 제품 A, B, C의 선호도를 조사하였다. X는 A를 선호하면 1, 아니면 0, Y는 B를 선호하면 1, 아니면 0을 나타낸다. $P(X=1) = p_1$, $P(Y=1) = p_2$라고 하자.

① $Cov(X, Y)$를 구하시오.

② 100명에 대한 조사결과가 $\sum_{i=1}^{100} X_i = 50$, $\sum_{i=1}^{100} Y_i = 35$인 경우 $V(\overline{X} - \overline{Y})$를 추정하시오.

11. 다음에 대해 답하시오.

Case I			Case II		
2011/2016	A	B	2011/2016	A	B
A	50	0	A	0	50
B	0	50	B	50	0

① 두 경우에 대하여 McNemar 검정을 실시하고 p-값을 구하시오.

② 두 경우 모두 $\Pr(A|2011) = \Pr(A|2016)$이지만 차이가 있다. 이 차이를 적당한 통계량으로 설명하시오.

③ 두 경우 모두 다음과 같은 표로 다시 요약될 수 있다. 갑돌이는 $P(A|2011년) = P(A|2016년)$인지를 검정하기 위하여 카이제곱검정을 하려고 한다. 갑돌이의 방법은 어떤 문제가 있는지 설명하시오.

	A	B
2011년	50	50
2016년	50	50

12. A 학과에서는 50명 중 찬성이 40명, B 학과에서는 50명 중 찬성이 39명, C 학과에서는 50명 중 찬성이 41명이었다. 세 학과 간의 찬성률이 같은지에 대해 두 가지(독립성, 동질성) 방법으로 검정할 수 있다. 물론 두 방법에 따른 결과(통계량)는 같다. 여기서는 동질성 검정(독립성 검정이 아님)에 대한 구체적인 과정과 답을 적으시오.

13. 다음은 두 심장병 신약의 환자 20명에 대한 임상시험 결과이다(1은 효과가 있음, 0는 효과가 없음).

임상 전/임상 후	1	0
1	10	2
0	6	2

① 효과의 차이가 있는지에 대한 검정통계량으로 McNemar 검정통계량은 1.414이고 이를 제곱한 값은 2이다. 양측검정에 대한 정확한 p-값을 구하시오.

② 갑돌이는 효과의 차이가 있는지에 대한 또 다른 검정통계량으로 부호검정을 사용할 수도 있다고 생각한다. 어떻게 해야 하고 검정값은 얼마인지 구하시오.

③ 갑돌이는 위의 자료에 대하여 각 환자를 블록으로 해서 Friedman 검정통계량을 사용할 수 있다고 생각한다. 이를 위한 다음의 분산분석표를 작성하고 Friedman 검정통계량을 구하시오.

Source	Sum of Squares	df
Total	(i)	20
Treatment	(ii)	1
Error		

④ 갑순이는 위의 자료에 대하여 (1, 1)과 (0, 0)과 같은 tie인 환자를 제외한 나머지 8명의 환자에 대해 Friedman 검정통계량을 사용해야 한다고 생각한다. 이를 위한 다음의 분산분석표를 작성하고 Friedman 검정통계량을 구하시오.

Source	Sum of Squares	df
Total	(i)	8
Treatment	(ii)	1
Error		

⑤ ③과 ④의 결과가 다르다면 왜 다른지 또는 같다면 왜 같은지를 보이시오(반드시 수식으로 증명할 필요는 없음).

⑥ 위의 자료에 대해 카이제곱 검정통계량값은 0.21이다. 이 카이제곱 검정통계량은 무엇을 위한 검정인지 설명하시오.

⑦ 갑돌이는 위의 자료를 다음과 같이 정리한 후 카이제곱검정을 통해 신약의 효과가 있음을 검정하고자 한다. 이 방법이 옳은지를 설명하시오.

임상/효과	1	0
임상 전	12	8
임상 후	16	4

14. 갑돌이는 기말고사에서 100점을 받았다. 기말고사가 중간고사보다 쉬웠는지에 대하여 알아보려고 한다. 다음은 갑돌이네 반 10명 학생에 대한 중간고사와 기말고사 성적에 대한 결과이다.

학생	1	2	3	4	5	6	7	8	9	10
중간고사	50	71	75	72	93	80	82	90	95	42
기말고사	86	68	90	30	100	70	87	88	96	67

① 부호검정통계량의 값(표준화한 값)을 구하시오.

② 다음은 Friedman 검정을 한 것이다. 빈칸을 채우시오.

Source	Sum of Squares	df	Friedman Test
Total	5	(iii)	(v)
Treatment	(i)	1	
Error	(ii)	(iv)	

③ Wilcoxon signed rank 통계량의 값(표준화한 값)을 구하시오.

④ 다음은 Quade 검정을 하기 위한 계산과정이다. 빈칸을 채우시오.

Source	Sum of Squares	df	Quade Test
Total	192.5	(iii)	(iv)
Treatment	(i)	1	
Error	(ii)		

15. 갑돌이가 투자하고 있는 상장회사 10개의 2010년, 2011년 순이익에 대한 자료이다. 갑돌이는 종목선택이 옳았는지를 순이익 증가 여부로 판단하고 싶다.

상장회사	1	2	3	4	5	6	7	8	9	10
2010년	132	1759	309	169	77	112	96	559	100	-19
2011년	105	2706	156	265	95	136	263	679	118	33

① 갑돌이는 순이익 증가 여부를 판단하기 위하여 위의 자료에 대해 유일하게 아는 통계량인 Pearson 카이제곱 검정통계량값을 구하였고 그 결과는 331.83으로 나왔다. 따라서 df가 9인 카이제곱분포에 따라 p-값이 0.00으로 나와서, 2010년과 2011년의 순이익에 차이가 있다고 결론을 내렸다. 갑돌이의 잘못을 설명하시오.

② 위의 자료에 대하여 부호검정통계량의 값(표준화한 값)은 1.8974이다. 다음은 Friedman 검정을 한 것이다. 빈칸을 채우시오.

Source	Sum of Squares	df	Friedman Test
Treatment	(i)	1	(iii)
Error	(ii)		
Total			

③ Wilcoxon signed rank 통계량의 값(표준화한 값)은 −1.5809이다. 다음은 Quade 검정을 하기 위한 계산과정이다. 빈칸을 채우시오.

Source	Sum of Squares	df	Quade Test
Treatment	(i)	1	(iii)
Error	(ii)		
Total	192.25		

④ 위의 표에서 $SST/(TSS/df)$는 같았다. 이것은 우연의 일치인가? 그렇지 않다면 직관적으로 설명하거나 수식으로 증명하시오.

⑤ 갑돌이는 순이익 증가 여부를 판단하기 위하여 위의 자료에 대해 유일하게 아는 통계량인 카이제곱 검정통계량값을 구하였다. 갑돌이의 잘못을 설명하시오.

16. 다음에 대해 답하시오.

① Friedman 검정통계량이 귀무가설하에서 대략적으로 카이제곱분포를 한다고 한다. 그 이유를 설명하시오.

② 부호검정과 부호순위검정 중 어느 것이 좋은지를 비교하고자 한다. 어떻게 하면 되는지 설명하시오.

③ ROC를 Type Ⅰ, Type Ⅱ error와 관련하여 설명하고 AUC와의 차이점에 대하여 설명하시오.

17. 다음은 한 부동산 중개사가 지난 2년 동안 계약을 성사한 거래 건수이다.

월	1	2	3	4	5	6	7	8	9	10	11	12
작년	12	16	14	18	18	14	10	21	12	18	17	17
올해	19	22	20	17	18	20	20	16	16	21	24	25

① 거래 건수가 증가하는 추세에 있는지를 검정하시오.

② 거래 건수가 작년과 올해의 차이가 있는지를 검정하시오.

18. 4명의 평가자가 10개의 점검 사항에 대해 이상이 있을시 '1', 정상인 경우 '0'으로 평가하였다. 각 평가자의 이상이라고 판단할 비율이 같은지를 검정하시오.

평가자/문제	1	2	3	4	5	6	7	8	9	10	11	12	합
A	1	1	1	1	1	1	1	1	0	1	0	1	8
B	1	0	1	0	0	0	1	1	0	0	1	0	3
C	1	1	1	1	1	1	1	1	1	1	0	0	7
D	1	0	0	1	1	1	1	1	0	0	0	1	7

19. 새로운 신용평점모형을 적용하여 구해진 신용등급(1～10등급)과 이전 신용등급(1～10등급)을 10×10 행렬로 나타낸 것을 신용등급의 전이행렬(Transition Matrix)이라고 한다. 이러

한 전이행렬의 대각선은 자기등급을 유지하는 확률로 표시되는데, 일반적으로 신용등급이 높을수록 자기등급을 유지하는 확률이 높으며, 신용등급이 낮을수록 그 확률이 낮아지는 추세를 보인다. 이러한 신용등급별 전이행렬을 통하여 신용등급의 안정성을 분석하는 방법을 적으시오.

20. 갑돌이는 연세고등학교 3학년 60명과 고려고등학교 3학년 60명을 임의로 선정하여 수능성적의 분포가 비슷한지를 알아보기 위해 다음의 분석들을 고려하고 한다. 분석상 어려움이나 문제점이 있다고 생각되면 구체적으로 적으시오.

① 평균차에 대하여 두 집단 t 통계량을 구한 후 t 분포에서 p-값을 구한다.

② Wilcoxon signed rank test를 실시하여 정확하거나 근사적인 p-값을 구한다.

③ 각각의 kernel 추정량인 $\hat{f}(x)$, $\hat{g}(x)$를 구하고 이들의 누적분포함수의 차이인 $sup_x |\hat{F}(x) - \hat{G}(x)|$를 구하여 p-값을 구한다.

④ 성적순으로 나열하여 각 등수끼리의 점수에 대하여 Q-Q plot을 그리고 일직선상에 있는지를 Pearson 상관계수를 구해서 1에 가까운지를 검정한다.

⑤ 각각의 EDF인 $F_n(x)$, $G_n(x)$를 구하고 $(F_n(x), G_n(x))$를 그리고 일직선상에 있는지를 Pearson 상관계수를 구하여 1에서 가까운지를 검정한다.

참고문헌

- Conover, W. J. (1999). Practical Nonparametric Statistics, 3rd Ed. Wiley.
- Cochran, W. G. (1950). The Comparison of Percentages in Matched Samples. Biometrika. 37 (3/4): 256–266.
- Friedman, M. (1937). The use of ranks to avoid the assumption of normality implicit in the analysis of variance. Journal of the American Statistical Association. 32 (200): 675–701.
- Hollander, M., Wolfe, D. A. and Chicken, E. (2014). Nonparametric Statistical Methods, 3rd Edition. Wiley.
- Mann, H. B. and Whitney, D. R. (1947). On a Test of Whether one of Two Random Variables is Stochastically Larger than the Other. Annals of Mathematical Statistics. 18 (1): 50–60.
- Silverman, B. W. (1986). Density Estimation for Statistics and Data Analysis. London: Chapman & Hall/CRC.
- Wilcoxon, F. (1945). Individual comparisons by ranking methods. Biometrics Bulletin. 1 (6): 80-83.

부록

분포표

1 정규분포표

2 t 분포표

3 카이제곱분포표

4 F 분포표

5 Mann-Whitney 통계량 분포표

6 Wilcoxon signed rank 통계량 분포표

7 Kruskal-Wallis 통계량 분포표

8 Friedman 통계량 분포표

9 Kolmogorov-Smirnov 통계량 분포표 ①

10 Kolmogorov-Smirnov 통계량 분포표 ②

11 Kolmogorov-Smirnov 통계량 분포표 ③

표 1 정규분포표

x	.00	.01	.02	.03	.04	.05	.06	.07	.08	.09
.0	.5000	.4960	.4920	.4880	.4840	.4801	.4761	.4721	.4681	.4641
.1	.4602	.4562	.4522	.4483	.4443	.4404	.4364	.4325	.4286	.4247
.2	.4207	.4168	.4129	.4090	.4052	.4013	.3974	.3936	.3897	.3859
.3	.3821	.3783	.3745	.3707	.3669	.3632	.3594	.3557	.3520	.3483
.4	.3446	.3409	.3372	.3336	.3300	.3264	.3228	.3192	.3156	.3121
.5	.3085	.3050	.3015	.2981	.2946	.2912	.2877	.2843	.2810	.2776
.6	.2743	.2709	.2676	.2643	.2611	.2578	.2546	.2514	.2483	.2451
.7	.2420	.2389	.2358	.2327	.2296	.2266	.2236	.2206	.2177	.2148
.8	.2119	.2090	.2061	.2033	.2005	.1977	.1949	.1922	.1894	.1867
.9	.1841	.1814	.1788	.1762	.1736	.1711	.1685	.1660	.1635	.1611
1.0	.1587	.1562	.1539	.1515	.1492	.1469	.1446	.1423	.1401	.1379
1.1	.1357	.1335	.1314	.1292	.1271	.1251	.1230	.1210	.1190	.1170
1.2	.1151	.1131	.1112	.1093	.1075	.1056	.1038	.1020	.1003	.0985
1.3	.0968	.0951	.0934	.0918	.0901	.0885	.0869	.0853	.0838	.0823
1.4	.0808	.0793	.0778	.0764	.0749	.0735	.0721	.0708	.0694	.0681
1.5	.0668	.0655	.0643	.0630	.0618	.0606	.0594	.0582	.0571	.0559
1.6	.0548	.0537	.0526	.0516	.0505	.0495	.0485	.0475	.0465	.0455
1.7	.0446	.0436	.0427	.0418	.0409	.0401	.0392	.0384	.0375	.0367
1.8	.0359	.0351	.0344	.0336	.0329	.0322	.0314	.0307	.0301	.0294
1.9	.0287	.0281	.0274	.0268	.0262	.0256	.0250	.0244	.0239	.0233
2.0	.0228	.0222	.0217	.0212	.0207	.0202	.0197	.0192	.0188	.0183
2.1	.0179	.0174	.0170	.0166	.0162	.0518	.0154	.0150	.0146	.0143
2.2	.0139	.0136	.0132	.0129	.0125	.0122	.0119	.0116	.0113	.0110
2.3	.0107	.0104	.0102	.0099	.0096	.0094	.0091	.0089	.0087	.0084
2.4	.0082	.0080	.0078	.0075	.0073	.0071	.0069	.0068	.0066	.0064
2.5	.0062	.0060	.0059	.0057	.0055	.0054	.0052	.0051	.0049	.0048
2.6	.0047	.0045	.0044	.0043	.0041	.0040	.0039	.0038	.0037	.0036
2.7	.0035	.0034	.0033	.0032	.0031	.0030	.0029	.0028	.0027	.0026
2.8	.0026	.0025	.0024	.0023	.0023	.0022	.0021	.0021	.0020	.0019
2.9	.0019	.0018	.0018	.0017	.0016	.0016	.0015	.0015	.0014	.0014
3.0	.0013	.0013	.0013	.0012	.0012	.0011	.0011	.0011	.0010	.0010
3.1	.0010	.0009	.0009	.0009	.0008	.0008	.0008	.0008	.0007	.0007
3.2	.0007	.0007	.0006	.0006	.0006	.0006	.0006	.0005	.0005	.0005
3.3	.0005	.0005	.0005	.0004	.0004	.0004	.0004	.0004	.0004	.0003
3.4	.0003	.0003	.0003	.0003	.0003	.0003	.0003	.0003	.0003	.0002

표 2 t 분포표

v \ α	.4	.25	.1	.05	.025	.01	.005	.0025	.001	.0005
1	.325	1.000	3.078	6.314	12.706	31.821	63.657	127.32	318.31	636.62
2	.289	.816	1.886	2.920	4.303	6.965	9.925	14.089	22.327	31.598
3	.277	.765	1.638	2.353	3.182	4.541	5.841	7.453	10.214	12.924
4	.271	.741	1.533	2.132	2.776	3.747	4.604	5.598	7.173	8.610
5	.267	.727	1.476	2.015	2.571	3.365	4.032	4.773	5.893	6.869
6	.265	.718	1.440	1.943	2.447	3.143	3.707	4.317	5.208	5.959
7	.263	.711	1.415	1.895	2.365	2.998	3.499	4.029	4.785	5.408
8	.262	.706	1.397	1.860	2.306	2.896	3.355	3.833	4.501	5.041
9	.261	.703	1.383	1.833	2.262	2.821	3.250	3.690	4.297	4.781
10	.260	.700	1.372	1.812	2.228	2.764	3.169	3.581	4.144	4.587
11	.260	.697	1.363	1.796	2.201	2.718	3.106	3.497	4.025	4.437
12	.259	.695	1.356	1.782	2.179	2.681	3.055	3.428	3.930	4.318
13	.259	.694	1.350	1.771	2.160	2.650	3.012	3.372	3.852	4.221
14	.258	.692	1.345	1.761	2.145	2.624	2.977	3.326	3.787	4.140
15	.258	.691	1.341	1.753	2.131	2.602	2.947	3.286	3.733	4.073
16	.258	.690	1.337	1.746	2.120	2.583	2.921	3.252	3.686	4.015
17	.257	.689	1.333	1.740	2.110	2.567	2.898	3.222	3.646	3.965
18	.257	.688	1.330	1.734	2.101	2.552	2.878	3.197	3.610	3.922
19	.257	.688	1.328	1.729	2.093	2.539	2.861	3.174	3.579	3.883
20	.257	.687	1.325	1.725	2.086	2.528	2.845	3.153	3.552	3.850
21	.257	.686	1.323	1.721	2.080	2.518	2.831	3.135	3.527	3.819
22	.256	.686	1.321	1.717	2.074	2.508	2.819	3.119	3.505	3.792
23	.256	.685	1.319	1.714	2.069	2.500	2.807	3.104	3.485	3.767
24	.256	.685	1.318	1.711	2.064	2.491	2.797	3.091	3.467	3.745
25	.256	.684	1.316	1.708	2.060	2.485	2.787	3.078	3.450	3.725
26	.256	.684	1.315	1.706	2.056	2.479	2.779	3.067	3.435	4.707
27	.256	.684	1.314	1.703	2.052	2.473	2.771	3.057	3.421	3.690
28	.256	.683	1.313	1.701	2.048	2.467	2.763	3.047	3.408	3.674
29	.256	.683	1.311	1.699	2.045	2.462	2.756	3.038	3.396	3.659
30	.256	.683	1.310	1.697	2.042	2.457	2.750	3.030	3.385	3.646
40	.255	.681	1.303	1.684	2.021	2.423	2.704	2.971	3.307	3.551
60	.254	.679	1.296	1.671	2.000	2.390	2.660	2.915	3.232	3.460
120	.254	.677	1.289	1.658	1.980	2.358	2.617	2.860	3.160	3.373
∞	.253	.674	1.282	1.645	1.960	2.326	2.576	2.807	3.090	3.291

표 3 카이제곱분포표

v \ α	0.995	0.990	0.975	0.950	0.900	0.750	0.500
1	392704.10^{-10}	157088.10^{-9}	982069.10^{-9}	393214.10^{-8}	0.0157	0.1015	0.4549
2	0.0100	0.0201	0.0506	0.1025	0.2107	0.5753	1.3862
3	0.0717	0.1148	0.2157	0.3518	0.5843	1.2125	2.3659
4	0.2069	0.2971	0.4844	0.7107	1.0636	1.9225	3.3566
5	0.4117	0.5542	0.8312	1.1454	1.6103	2.6746	4.3514
6	0.6757	0.8720	1.2373	1.6353	2.2041	3.4546	5.3481
7	0.9892	1.2390	1.6898	2.1673	2.8331	4.2548	6.3458
8	1.3444	1.6465	2.1797	2.7326	3.4895	5.0706	7.3441
9	1.7349	2.0879	2.7003	3.3251	4.1681	5.8988	8.3428
10	2.1558	2.5582	3.2469	3.9403	4.8651	6.7372	9.3418
11	2.6032	3.0534	3.8157	4.5748	5.5777	7.5841	10.3410
12	3.0738	3.5705	4.4037	5.2260	6.3038	8.4384	11.3403
13	3.5650	4.1069	5.0087	5.8918	7.0415	9.2990	12.3398
14	4.0746	4.6604	5.6287	6.5706	7.7895	10.1653	13.3393
15	4.6009	5.2293	6.2621	7.2609	8.5467	11.0365	14.3389
16	5.1422	5.8122	6.9076	7.9616	9.3122	11.9122	15.3385
17	5.6972	6.4077	7.5641	8.6717	10.0852	12.7919	16.3382
18	6.2648	7.0149	8.2307	9.3904	10.8649	13.6753	17.3379
19	6.8439	7.6327	8.9065	10.1170	11.6509	14.5620	18.3377
20	7.4338	8.2604	9.5907	10.8508	12.4426	15.4518	19.3374
21	8.0336	8.8972	10.2829	11.5913	13.2396	16.3444	20.3372
22	8.6427	9.5424	10.9823	12.3380	14.0415	17.2396	21.3370
23	9.2604	10.1956	11.6886	13.0905	14.8480	18.1373	22.3369
24	9.8862	10.8564	12.4012	13.8484	15.6587	19.0373	23.3367
25	10.5197	11.5240	13.1197	14.6114	16.4734	19.9393	24.3366
26	11.1602	12.1981	13.8439	15.3792	17.2919	20.8434	25.3365
27	11.8076	12.8785	14.5734	16.1514	18.1139	21.7494	26.3363
28	12.4613	13.5647	15.3079	16.9279	18.9392	22.6572	27.3362
29	13.1211	14.2565	16.0471	17.7084	19.7677	23.5666	28.3361
30	13.7867	14.9535	16.7908	18.4927	20.5992	24.4776	29.3360
40	20.7065	22.1643	24.4330	26.5093	29.0505	33.6603	39.3353
50	27.9907	29.7067	32.3574	34.7643	37.6886	42.9421	49.3349
60	35.5345	37.4849	40.4817	43.1880	46.4589	52.2938	59.3347
70	43.2752	45.4417	48.7576	51.7393	55.3289	61.6983	69.3345
80	51.1719	53.5401	57.1532	60.3915	64.2778	71.1445	79.3343
90	59.1963	61.7541	65.6466	69.1260	73.2911	80.6247	89.3342
100	67.3276	70.0649	74.2219	77.9295	82.3581	90.1332	99.3341
Z_α	-2.5758	-2.3263	-1.9600	-1.6449	-1.2816	-0.6745	0.0000

표 3 (계속)

v \ α	0.250	0.100	0.050	0.025	0.010	0.005	0.001
1	1.3233	2.7055	3.8414	5.0238	6.6349	7.8794	10.828
2	2.7725	4.6051	5.9914	7.3777	9.2103	10.5966	13.816
3	4.1083	6.2513	7.8147	9.3484	11.3449	12.8382	16.266
4	5.3852	7.7794	9.4877	11.1433	13.2767	14.8603	18.467
5	6.6256	9.2363	11.0705	12.8325	15.0863	16.7496	20.515
6	7.8408	10.6446	12.5916	14.4494	16.8119	18.5476	22.458
7	9.0371	12.0170	14.0671	16.0128	18.4753	20.2777	24.322
8	10.2189	13.3616	15.5073	17.5345	20.0902	21.9550	26.125
9	11.3888	14.6837	16.9190	19.0228	21.6660	23.5894	27.877
10	12.5489	15.9872	18.3070	20.4832	23.2093	25.1882	29.588
11	13.7007	17.2750	19.6751	21.9200	24.7250	26.7568	31.264
12	14.8454	18.5493	21.0261	23.3367	26.2170	28.2995	32.909
13	15.9839	19.8119	22.3620	24.7356	27.6882	29.8195	34.528
14	17.1169	21.0641	23.6848	26.1189	29.1412	31.3194	36.123
15	18.2451	22.3071	24.9958	27.4884	30.5779	32.8013	37.697
16	19.3689	23.5418	26.2962	28.8454	31.9999	34.2672	39.252
17	20.4887	24.7690	27.5871	30.1910	33.4087	35.7185	40.790
18	21.6049	25.9894	28.8693	31.5264	34.8053	37.1565	42.312
19	22.7178	27.2036	30.1435	32.8523	36.1909	38.5823	43.820
20	23.8277	28.4120	31.4104	34.1696	37.5662	39.9968	45.315
21	24.9348	29.6151	32.6706	35.4789	38.9322	41.4011	46.797
22	26.0393	30.8133	33.9244	36.7807	40.2894	42.7957	48.268
23	27.1413	32.0069	35.1725	38.0756	41.6384	44.1813	49.728
24	28.2412	33.1962	36.4150	39.3641	42.9798	45.5585	51.179
25	29.3389	34.3816	37.6525	40.6465	44.3141	46.9279	52.618
26	30.4346	35.5632	38.8851	41.9232	45.6417	48.2899	54.052
27	31.5284	36.7412	40.1133	43.1945	46.9629	49.6449	55.476
28	32.6205	37.9159	41.3371	44.4608	48.2782	50.9934	56.892
29	33.7109	39.0875	42.5570	45.7223	49.5879	52.3356	58.301
30	34.7997	40.2560	43.7730	46.9792	50.8922	53.6720	59.703
40	45.6160	51.8051	55.7585	59.3417	63.6907	66.7660	73.402
50	56.3336	63.1671	67.5048	71.4202	76.1539	79.4900	86.661
60	66.9815	74.3970	79.0819	83.2977	88.3794	91.9517	99.607
70	77.5767	85.5270	90.5312	95.0232	100.425	104.215	112.317
80	88.1303	96.5782	101.879	106.629	112.329	116.321	124.839
90	98.6499	107.565	103.145	118.136	124.116	128.299	137.208
100	109.141	118.498	124.342	129.561	135.807	140.169	149.449
Z_α	0.6745	1.2816	1.6449	1.9600	2.3263	2.5758	3.0902

표 4 F 분포표

$\alpha = 0.10$

v_2 \ v_1	1	2	3	4	5	6	7	8	9	10
1	39.86	49.50	53.59	55.83	57.24	58.20	58.91	59.44	59.86	60.19
2	8.53	9.00	9.16	9.24	9.29	9.33	9.35	9.37	9.38	9.39
3	5.54	5.46	5.39	5.34	5.31	5.28	5.27	5.25	5.24	5.23
4	4.54	4.32	4.19	4.11	4.05	4.01	3.98	3.95	3.94	3.92
5	4.06	3.78	3.62	3.52	3.45	3.40	3.37	3.34	3.32	3.30
6	3.78	3.46	3.29	3.18	3.11	3.05	3.01	2.98	2.96	2.94
7	3.59	3.26	3.07	2.96	2.88	2.83	2.78	2.75	2.72	2.70
8	3.46	3.11	2.92	2.81	2.73	2.67	2.62	2.59	2.56	2.54
9	3.36	3.01	2.81	2.69	2.61	2.55	2.51	2.47	2.44	2.42
10	3.29	2.92	2.73	2.61	2.52	2.46	2.41	2.38	2.35	2.32
11	3.23	2.86	2.66	2.54	2.45	2.39	2.34	2.30	2.27	2.25
12	3.18	2.81	2.61	2.48	2.39	2.33	2.28	2.24	2.21	2.19
13	3.14	2.76	2.56	2.43	2.35	2.28	2.23	2.20	2.16	2.14
14	3.10	2.73	2.52	2.39	2.31	2.24	2.19	2.15	2.12	2.10
15	3.07	2.70	2.49	2.36	2.27	2.21	2.16	2.12	2.09	2.06
16	3.05	2.67	2.46	2.33	2.24	2.18	2.13	2.09	2.06	2.03
17	3.03	2.64	2.44	2.31	2.22	2.15	2.10	2.06	2.03	2.00
18	3.01	2.62	2.42	2.29	2.20	2.13	2.08	2.04	2.00	1.98
19	2.99	2.61	2.40	2.27	2.18	2.11	2.06	2.02	1.98	1.96
20	2.97	2.59	2.38	2.25	2.16	2.09	2.04	2.00	1.96	1.94
21	2.96	2.57	2.36	2.23	2.14	2.08	2.02	1.98	1.95	1.92
22	2.95	2.56	2.35	2.22	2.13	2.06	2.01	1.97	1.93	1.90
23	2.94	2.55	2.34	2.21	2.11	2.05	1.99	1.95	1.92	1.89
24	2.93	2.54	2.33	2.19	2.10	2.04	1.98	1.94	1.91	1.88
25	2.92	2.53	2.32	2.18	2.09	2.02	1.97	1.93	1.89	1.87
26	2.91	2.52	2.31	2.17	2.08	2.01	1.96	1.92	1.88	1.86
27	2.90	2.51	2.30	2.17	2.07	2.00	1.95	1.91	1.87	1.85
28	2.89	2.50	2.29	2.16	2.06	2.00	1.94	1.90	1.87	1.84
29	2.89	2.50	2.28	2.15	2.06	1.99	1.93	1.89	1.86	1.83
30	2.88	2.49	2.28	2.14	2.05	1.98	1.93	1.88	1.85	1.82
40	2.84	2.44	2.23	2.09	2.00	1.93	1.87	1.83	1.79	1.76
60	2.79	2.39	2.18	2.04	1.95	1.87	1.82	1.77	1.74	1.71
120	2.75	2.35	2.13	1.99	1.90	1.82	1.77	1.72	1.68	1.65
∞	2.71	2.30	2.08	1.94	1.85	1.77	1.72	1.67	1.63	1.60

표 4 (계속)

$\alpha = 0.10$(계속)

v_2 \ v_1	12	15	20	24	30	40	60	120	∞
1	60.71	61.22	61.74	62.00	62.26	62.53	62.79	63.06	63.33
2	9.41	9.42	9.44	9.45	9.46	9.47	9.47	9.48	9.49
3	5.22	5.20	5.18	5.18	5.17	5.16	5.15	5.14	5.13
4	3.90	3.87	3.84	3.83	3.82	3.80	3.79	3.78	3.76
5	3.27	3.24	3.21	3.19	3.17	3.16	3.14	3.12	3.10
6	2.90	2.87	2.84	2.82	2.80	2.78	2.76	2.74	2.72
7	2.67	2.63	2.59	2.58	2.56	2.54	2.51	2.49	2.47
8	2.50	2.46	2.42	2.40	2.38	2.36	2.34	2.32	2.29
9	2.38	2.34	2.30	2.28	2.25	2.23	2.21	2.18	2.16
10	2.28	2.24	2.20	2.18	2.16	2.13	2.11	2.08	2.06
11	2.21	2.17	2.12	2.10	2.08	2.05	2.03	2.00	1.97
12	2.15	2.10	2.06	2.04	2.01	1.99	1.96	1.93	1.90
13	2.10	2.05	2.01	1.98	1.96	1.93	1.90	1.88	1.85
14	2.05	2.01	1.96	1.94	1.91	1.89	1.86	1.83	1.80
15	2.02	1.97	1.92	1.90	1.87	1.85	1.82	1.79	1.76
16	1.99	1.94	1.89	1.87	1.84	1.81	1.78	1.75	1.72
17	1.96	1.91	1.86	1.84	1.81	1.78	1.75	1.72	1.69
18	1.93	1.89	1.84	1.81	1.78	1.75	1.72	1.69	1.66
19	1.91	1.86	1.81	1.79	1.76	1.73	1.70	1.67	1.63
20	1.89	1.84	1.79	1.77	1.74	1.71	1.68	1.64	1.61
21	1.87	1.83	1.78	1.75	1.72	1.69	1.66	1.62	1.59
22	1.86	1.81	1.76	1.73	1.70	1.67	1.64	1.60	1.57
23	1.84	1.80	1.74	1.72	1.69	1.66	1.62	1.59	1.55
24	1.83	1.78	1.73	1.70	1.67	1.64	1.61	1.57	1.53
25	1.82	1.77	1.72	1.69	1.66	1.63	1.59	1.56	1.52
26	1.81	1.76	1.71	1.68	1.65	1.61	1.58	1.54	1.50
27	1.80	1.75	1.70	1.67	1.64	1.60	1.57	1.53	1.49
28	1.79	1.74	1.69	1.66	1.63	1.59	1.56	1.52	1.48
29	1.78	1.73	1.68	1.65	1.62	1.58	1.55	1.51	1.47
30	1.77	1.72	1.67	1.64	1.61	1.57	1.54	1.50	1.46
40	1.71	1.66	1.61	1.57	1.54	1.51	1.47	1.42	1.38
60	1.66	1.60	1.54	1.51	1.48	1.44	1.40	1.35	1.29
120	1.60	1.55	1.48	1.45	1.41	1.37	1.32	1.26	1.19
∞	1.55	1.49	1.42	1.38	1.34	1.30	1.24	1.17	1.00

표 4 (계속)

$\alpha = 0.05$

v_2 \ v_1	1	2	3	4	5	6	7	8	9	10
1	161.45	199.50	215.71	224.58	230.16	233.99	236.77	238.88	240.54	241.88
2	18.51	19.00	19.16	19.25	19.30	19.33	19.35	19.37	19.38	19.40
3	10.13	9.55	9.28	9.12	9.01	8.94	8.89	8.85	8.81	8.79
4	7.71	6.94	6.59	6.39	6.26	6.16	6.09	6.04	6.00	5.96
5	6.61	5.79	5.41	5.19	5.05	4.95	4.88	4.82	4.77	4.74
6	5.99	5.14	4.76	4.53	4.39	4.28	4.21	4.15	4.10	4.06
7	5.59	4.74	4.35	4.12	3.97	3.87	3.79	3.73	3.68	3.64
8	5.32	4.46	4.07	3.84	3.69	3.58	3.50	3.44	3.39	3.35
9	5.12	4.26	3.86	3.63	3.48	3.37	3.29	3.23	3.18	3.14
10	4.96	4.10	3.71	3.48	3.33	3.22	3.14	3.07	3.02	2.98
11	4.84	3.98	3.59	3.36	3.20	3.09	3.01	2.95	2.90	2.85
12	4.75	3.89	3.49	3.26	3.11	3.00	2.91	2.85	2.80	2.75
13	4.67	3.81	3.41	3.18	3.03	2.92	2.83	2.77	2.71	2.67
14	4.60	3.74	3.34	3.11	2.96	2.85	2.76	2.70	2.65	2.60
15	4.54	3.68	3.29	3.06	2.90	2.79	2.71	2.64	2.59	2.54
16	4.49	3.63	3.24	3.01	2.85	2.74	2.66	2.59	2.54	2.49
17	4.45	3.59	3.20	2.96	2.81	2.70	2.61	2.55	2.49	2.45
18	4.41	3.55	3.16	2.93	2.77	2.66	2.58	2.51	2.46	2.41
19	4.38	3.52	3.13	2.90	2.74	2.63	2.54	2.48	2.42	2.38
20	4.35	3.49	3.10	2.87	2.71	2.60	2.51	2.45	2.39	2.35
21	4.32	3.47	3.07	2.84	2.68	2.57	2.49	2.42	2.37	2.32
22	4.30	3.44	3.05	2.82	2.66	2.55	2.46	2.40	2.34	2.30
23	4.28	3.42	3.03	2.80	2.64	2.53	2.44	2.37	2.32	2.27
24	4.26	3.40	3.01	2.78	2.62	2.51	2.42	2.36	2.30	2.25
25	4.24	3.39	2.99	2.76	2.60	2.49	2.40	2.34	2.28	2.24
26	4.23	3.37	2.98	2.74	2.59	2.47	2.39	2.32	2.27	2.22
27	4.21	3.35	2.96	2.73	2.57	2.46	2.37	2.31	2.25	2.20
28	4.20	3.34	2.95	2.71	2.56	2.45	2.36	2.29	2.24	2.19
29	4.18	3.33	2.93	2.70	2.55	2.43	2.35	2.28	2.22	2.18
30	4.17	3.32	2.92	2.69	2.53	2.42	2.33	2.27	2.21	2.16
40	4.08	3.23	2.84	2.61	2.45	2.34	2.25	2.18	2.12	2.08
60	4.00	3.15	2.76	2.53	2.37	2.25	2.17	2.10	2.04	1.99
120	3.92	3.07	2.68	2.45	2.29	2.17	2.09	2.02	1.96	1.91
∞	3.84	3.00	2.60	2.37	2.21	2.10	2.01	1.94	1.88	1.83

표 4 (계속)

$\alpha = 0.05$(계속)

v_2 \ v_1	12	15	20	24	30	40	60	120	∞
1	243.91	245.95	248.01	249.05	250.10	251.14	252.20	253.25	254.3
2	19.41	19.43	19.45	19.45	19.46	19.47	19.48	19.49	19.50
3	8.74	8.70	8.66	8.64	8.62	8.59	8.57	8.55	8.53
4	5.91	5.86	5.80	5.77	5.75	5.72	5.69	5.66	5.63
5	4.68	4.62	4.56	4.53	4.50	4.46	4.43	4.40	4.36
6	4.00	3.94	3.87	3.84	3.81	3.77	3.74	3.70	3.67
7	3.57	3.51	3.44	3.41	3.38	3.34	3.30	3.27	3.23
8	3.28	3.22	3.15	3.12	3.08	3.04	3.01	2.97	2.93
9	3.07	3.01	2.94	2.90	2.86	2.83	2.79	2.75	2.71
10	2.91	2.85	2.77	2.74	2.70	2.66	2.62	2.58	2.54
11	2.79	2.72	2.65	2.61	2.57	2.53	2.49	2.45	2.40
12	2.69	2.62	2.54	2.51	2.47	2.43	2.38	2.34	2.30
13	2.60	2.53	2.46	2.42	2.38	2.34	2.30	2.25	2.21
14	2.53	2.46	2.39	2.35	2.31	2.27	2.22	2.18	2.13
15	2.48	2.40	2.33	2.29	2.25	2.20	2.16	2.11	2.07
16	2.42	2.35	2.28	2.24	2.19	2.15	2.11	2.06	2.01
17	2.38	2.31	2.23	2.19	2.15	2.10	2.06	2.01	1.96
18	2.34	2.27	2.19	2.15	2.11	2.06	2.02	1.97	1.92
19	2.31	2.23	2.16	2.11	2.07	2.03	1.98	1.93	1.88
20	2.28	2.20	2.12	2.08	2.04	1.99	1.95	1.90	1.84
21	2.25	2.18	2.10	2.05	2.01	1.96	1.92	1.87	1.81
22	2.23	2.15	2.07	2.03	1.98	1.94	1.89	1.84	1.78
23	2.20	2.13	2.05	2.01	1.96	1.91	1.86	1.81	1.76
24	2.18	2.11	2.03	1.98	1.94	1.89	1.84	1.79	1.73
25	2.16	2.09	2.01	1.96	1.92	1.87	1.82	1.77	1.71
26	2.15	2.07	1.99	1.95	1.90	1.85	1.80	1.75	1.69
27	2.13	2.06	1.97	1.93	1.88	1.84	1.79	1.73	1.67
28	2.12	2.04	1.96	1.91	1.87	1.82	1.77	1.71	1.65
29	2.10	2.03	1.94	1.90	1.85	1.81	1.75	1.70	1.64
30	2.09	2.01	1.93	1.89	1.84	1.79	1.74	1.68	1.62
40	2.00	1.92	1.84	1.79	1.74	1.69	1.64	1.58	1.51
60	1.92	1.84	1.75	1.70	1.65	1.59	1.53	1.47	1.39
120	1.83	1.75	1.66	1.61	1.55	1.50	1.43	1.35	1.25
∞	1.75	1.67	1.57	1.52	146	1.39	1.32	1.22	1.00

표 4 (계속)

$\alpha = 0.025$

v_2 \ v_1	1	2	3	4	5	6	7	8	9	10
1	647.79	799.50	864.16	899.58	921.85	937.11	948.22	956.66	963.28	968.63
2	38.51	39.00	39.17	39.25	39.30	39.33	39.36	39.37	39.39	39.40
3	17.44	16.04	15.44	15.10	14.88	14.73	14.62	14.54	14.47	14.42
4	12.22	10.65	9.98	9.60	9.36	9.20	9.07	8.98	8.90	8.84
5	10.01	8.43	7.76	7.39	7.15	6.98	6.85	6.76	6.68	6.62
6	8.81	7.26	6.60	6.23	5.99	5.82	5.70	5.60	5.52	5.46
7	8.07	6.54	5.89	5.52	5.29	5.12	4.99	4.90	4.82	4.76
8	7.57	6.06	5.42	5.05	4.82	4.65	4.53	4.43	4.36	4.30
9	7.21	5.71	5.08	4.72	4.48	4.32	4.20	4.10	4.03	3.96
10	6.94	5.46	4.83	4.47	4.24	4.07	3.95	3.85	3.78	3.72
11	6.72	5.26	4.63	4.28	4.04	3.88	3.76	3.66	3.59	3.53
12	6.55	5.10	4.47	4.12	3.89	3.73	3.61	3.51	3.44	3.37
13	6.41	4.97	4.35	4.00	3.77	3.60	3.48	3.39	3.31	3.25
14	6.30	4.86	4.24	3.89	3.66	3.50	3.38	3.29	3.21	3.15
15	6.20	4.77	4.15	3.80	3.58	3.41	3.29	3.20	3.12	3.06
16	6.12	4.69	4.08	3.73	3.50	3.34	3.22	3.12	3.05	2.99
17	6.04	4.62	4.01	3.66	3.44	3.28	3.16	3.06	2.98	2.92
18	5.98	4.56	3.95	3.61	3.38	3.22	3.10	3.01	2.93	2.87
19	5.92	4.51	3.90	3.56	3.33	3.17	3.05	2.96	2.88	2.82
20	5.87	4.46	3.86	3.51	3.29	3.13	3.01	2.91	2.84	2.77
21	5.83	4.42	3.82	3.48	3.25	3.09	2.97	2.87	2.80	2.73
22	5.79	4.38	3.78	3.44	3.22	3.05	2.93	2.84	2.76	2.70
23	5.75	4.35	3.75	3.41	3.18	3.02	2.90	2.81	2.73	2.67
24	5.72	4.32	3.72	3.38	3.15	2.99	2.87	2.78	2.70	2.64
25	5.69	4.29	3.69	3.35	3.13	2.97	2.85	2.75	2.68	2.61
26	5.66	4.27	3.67	3.33	3.10	2.94	2.82	2.73	2.65	2.59
27	5.63	4.24	3.65	3.31	3.08	2.92	2.80	2.71	2.63	2.57
28	5.61	4.22	3.63	3.29	3.06	2.90	2.78	2.69	2.61	2.55
29	5.59	4.20	3.61	3.27	3.04	2.88	2.76	2.67	2.59	2.53
30	5.57	4.18	3.59	3.25	3.03	2.87	2.75	2.65	2.57	2.51
40	5.42	4.05	3.46	3.13	2.90	2.74	2.62	2.53	2.45	2.39
60	5.29	3.93	3.34	3.01	2.79	2.63	2.51	2.41	2.33	2.27
120	5.15	3.80	3.23	2.89	2.67	2.52	2.39	2.30	2.22	2.16
∞	5.02	3.69	3.12	2.79	2.57	2.41	2.29	2.19	2.11	2.05

표 4 (계속)

$\alpha = 0.025$(계속)

v_2 \ v_1	12	15	20	24	30	40	60	120	∞
1	976.71	984.87	993.10	997.25	1001.41	1005.60	1009.80	1014.02	1018
2	39.41	39.43	39.45	39.46	39.46	39.47	39.48	39.49	39.50
3	14.34	14.25	14.17	14.12	14.08	14.04	13.99	13.95	13.90
4	8.75	8.66	8.56	8.51	8.46	8.41	8.36	8.31	8.26
5	6.52	6.43	6.33	6.28	6.23	6.18	6.12	6.07	6.02
6	5.37	5.27	5.17	5.12	5.07	5.01	4.96	4.90	4.85
7	4.67	4.57	4.47	4.41	4.36	4.31	4.25	4.20	4.14
8	4.20	4.10	4.00	3.95	3.89	3.84	3.78	3.73	3.67
9	3.87	3.77	3.67	3.61	3.56	3.51	3.45	3.39	3.33
10	3.62	3.52	3.42	3.37	3.31	3.26	3.20	3.14	3.08
11	3.43	3.33	3.23	3.17	3.12	3.06	3.00	2.94	2.88
12	3.28	3.18	3.07	3.02	2.96	2.91	2.85	2.79	2.72
13	3.15	3.05	2.95	2.89	2.84	2.78	2.72	2.66	2.60
14	3.05	2.95	2.84	2.79	2.73	2.67	2.61	2.55	2.49
15	2.96	2.86	2.76	2.70	2.64	2.59	2.52	2.46	2.40
16	2.89	2.79	2.68	2.63	2.57	2.51	2.45	2.38	2.32
17	2.82	2.72	2.62	2.56	2.50	2.44	2.38	2.32	2.25
18	2.77	2.67	2.56	2.50	2.44	2.38	2.32	2.26	2.19
19	2.72	2.62	2.51	2.45	2.39	2.33	2.27	2.20	2.13
20	2.68	2.57	2.46	2.41	2.35	2.29	2.22	2.16	2.09
21	2.64	2.53	2.42	2.37	2.31	2.25	2.18	2.11	2.04
22	2.60	2.50	2.39	2.33	2.27	2.21	2.14	2.08	2.00
23	2.57	2.47	2.36	2.30	2.24	2.18	2.11	2.04	1.97
24	2.54	2.44	2.33	2.27	2.21	2.15	2.08	2.01	1.94
25	2.51	2.41	2.30	2.24	2.18	2.12	2.05	1.98	1.91
26	2.49	2.39	2.28	2.22	2.16	2.09	2.03	1.95	1.88
27	2.47	2.36	2.25	2.19	2.13	2.07	2.00	1.93	1.85
28	2.45	2.34	2.23	2.17	2.11	2.05	1.98	1.91	1.83
29	2.43	2.32	2.21	2.15	2.09	2.03	1.96	1.89	1.81
30	2.41	2.31	2.20	2.14	2.07	2.01	1.94	1.87	1.79
40	2.29	2.18	2.07	2.01	1.94	1.88	1.80	1.72	1.64
60	2.17	2.06	1.94	1.88	1.82	1.74	1.67	1.58	1.48
120	2.05	1.94	1.82	1.76	1.69	1.61	1.53	1.43	1.31
∞	1.94	1.83	1.74	1.64	1.57	1.48	1.39	1.27	1.00

표 4 (계속)

$\alpha = 0.01$

v_2 \ v_1	1	2	3	4	5	6	7	8	9	10
1	4052.18	4999.50	5403.35	5624.58	5763.65	5858.99	5928.36	5981.07	6022.47	6055.85
2	98.50	99.00	99.17	99.25	99.30	99.33	99.36	99.37	99.39	99.40
3	34.12	30.82	29.46	28.71	28.24	27.91	27.67	27.49	27.35	27.23
4	21.20	18.00	16.69	15.98	15.52	15.21	14.98	14.80	14.66	14.55
5	16.26	13.27	12.06	11.39	10.97	10.67	10.46	10.29	10.16	10.05
6	13.75	10.92	9.78	9.15	8.75	8.47	8.26	8.10	7.98	7.87
7	12.25	9.55	8.45	7.85	7.46	7.19	6.99	6.84	6.72	6.62
8	11.26	8.65	7.59	7.01	6.63	6.37	6.18	6.03	5.91	5.81
9	10.56	8.02	6.99	6.42	6.06	5.80	5.61	5.47	5.35	5.26
10	10.04	7.56	6.55	5.99	5.64	5.39	5.20	5.06	4.94	4.85
11	9.65	7.21	6.22	5.67	5.32	5.07	4.89	4.74	4.63	4.54
12	9.33	6.93	5.95	5.41	5.06	4.82	4.64	4.50	4.39	4.30
13	9.07	6.70	5.74	5.21	4.86	4.62	4.44	4.30	4.19	4.10
14	8.86	6.51	5.56	5.04	4.69	4.46	4.28	4.14	4.03	3.94
15	8.68	6.36	5.42	4.89	4.56	4.32	4.14	4.00	3.89	3.80
16	8.53	6.23	5.29	4.77	4.44	4.20	4.03	3.89	3.78	3.69
17	8.40	6.11	5.18	4.67	4.34	4.10	3.93	3.79	3.68	3.59
18	8.29	6.01	5.09	4.58	4.25	4.01	3.84	3.71	3.60	3.51
19	8.18	5.93	5.01	4.50	4.17	3.94	3.77	3.63	3.52	3.43
20	8.10	5.85	4.94	4.43	4.10	3.87	3.70	3.56	3.46	3.37
21	8.02	5.78	4.87	4.37	4.04	3.81	3.64	3.51	3.40	3.31
22	7.95	5.72	4.82	4.31	3.99	3.76	3.59	3.45	3.35	3.26
23	7.88	5.66	4.76	4.26	3.94	3.71	3.54	3.41	3.30	3.21
24	7.82	5.61	4.72	4.22	3.90	3.67	3.50	3.36	3.26	3.17
25	7.77	5.57	4.68	4.18	3.85	3.63	3.46	3.32	3.22	3.13
26	7.72	5.53	4.64	4.14	3.82	3.59	3.42	3.29	3.18	3.09
27	7.68	5.49	4.60	4.11	3.78	3.56	3.39	3.26	3.15	3.06
28	7.64	5.45	4.57	4.07	3.75	3.53	3.36	3.23	3.12	3.03
29	7.60	5.42	4.54	4.04	3.73	3.50	3.33	3.20	3.09	3.00
30	7.56	5.39	4.51	4.02	3.70	3.47	3.30	3.17	3.07	2.98
40	7.31	5.18	4.31	3.83	3.51	3.29	3.12	2.99	2.89	2.80
60	7.08	4.98	4.13	3.65	3.34	3.12	2.95	2.82	2.72	2.63
120	6.85	4.79	3.95	3.48	3.17	2.96	2.79	2.66	2.56	2.47
∞	6.63	4.61	3.78	3.32	3.02	2.80	2.64	2.51	2.41	2.32

표 4 (계속)

$\alpha = 0.01$(계속)

v_2 \ v_1	12	15	20	24	30	40	60	120	∞
1	6106.32	6157.28	6208.73	6234.63	6260.65	6286.78	6313.03	6339.39	6366
2	99.42	99.43	99.45	99.46	99.47	99.47	99.48	99.49	99.50
3	27.05	26.87	26.69	26.60	26.50	26.41	26.32	26.22	26.13
4	14.37	14.20	14.02	13.93	13.84	13.75	13.65	13.56	13.46
5	9.89	9.72	9.55	9.47	9.38	9.29	9.20	9.11	9.02
6	7.72	7.56	7.40	7.31	7.23	7.14	7.06	6.97	6.88
7	6.47	6.31	6.16	6.07	5.99	5.91	5.82	5.74	5.65
8	5.67	5.52	5.36	5.28	5.20	5.12	5.03	4.95	4.86
9	5.11	4.96	4.81	4.73	4.65	4.57	4.48	4.40	4.31
10	4.71	4.56	4.41	4.33	4.25	4.17	4.08	4.00	3.91
11	4.40	4.25	4.10	4.02	3.94	3.86	3.78	3.69	3.60
12	4.16	4.01	3.86	3.78	3.70	3.62	3.54	3.45	3.36
13	3.96	3.82	3.66	3.59	3.51	3.43	3.34	3.25	3.17
14	3.80	3.66	3.51	3.43	3.35	3.27	3.18	3.09	3.00
15	3.67	3.52	3.37	3.29	3.21	3.13	3.05	2.96	2.87
16	3.55	3.41	3.26	3.18	3.10	3.02	2.93	2.84	2.75
17	3.46	3.31	3.16	3.08	3.00	2.92	2.83	2.75	2.65
18	3.37	3.23	3.08	3.00	2.92	2.84	2.75	2.66	2.57
19	3.30	3.15	3.00	2.92	2.84	2.76	2.67	2.58	2.49
20	3.23	3.09	2.94	2.86	2.78	2.69	2.61	2.52	2.42
21	3.17	3.03	2.88	2.80	2.72	2.64	2.55	2.46	2.36
22	3.12	2.98	2.83	2.75	2.67	2.58	2.50	2.40	2.31
23	3.07	2.93	2.78	2.70	2.62	2.54	2.45	2.35	2.26
24	3.03	2.89	2.74	2.66	2.58	2.49	2.40	2.31	2.21
25	2.99	2.85	2.70	2.62	2.54	2.45	2.36	2.27	2.17
26	2.96	2.81	2.66	2.58	2.50	2.42	2.33	2.23	2.13
27	2.93	2.78	2.63	2.55	2.47	2.38	2.29	2.20	2.10
28	2.90	2.75	2.60	2.52	2.44	2.35	2.26	2.17	2.06
29	2.87	2.73	2.57	2.49	2.41	2.33	2.23	2.14	2.03
30	2.84	2.70	2.55	2.47	2.39	2.30	2.21	2.11	2.01
40	2.66	2.52	2.37	2.29	2.20	2.11	2.02	1.92	1.80
60	2.50	2.35	2.20	2.12	2.03	1.94	1.84	1.73	1.60
120	2.34	2.19	2.03	1.95	1.86	1.76	1.66	1.53	1.38
∞	2.18	2.04	1.88	1.79	1.70	1.50	1.47	1.32	1.00

표 5 Mann-Whitney 통계량(Wilcoxon rank sum 통계량) 분포표

▶ n = 1

• m = 3, n = 1

1	0.2500	1.0000
2	0.5000	0.7500
3	0.7500	0.5000
4	1.0000	0.2500

• m = 4, n = 1

1	0.2000	1.0000
2	0.4000	0.8000
3	0.6000	0.6000
4	0.8000	0.4000
5	1.0000	0.2000

• m = 5, n = 1

1	0.1667	1.0000
2	0.3333	0.8333
3	0.5000	0.6667
4	0.6667	0.5000
5	0.8333	0.3333
6	1.0000	0.1667

• m = 6, n = 1

1	0.1429	1.0000
2	0.2857	0.8571
3	0.4286	0.7143
4	0.5714	0.5714
5	0.7143	0.4286
6	0.8571	0.2857
7	1.0000	0.1429

• m = 7, n = 1

1	0.1250	1.0000
2	0.2500	0.8750
3	0.3750	0.7500
4	0.5000	0.6250
5	0.6250	0.5000
6	0.7500	0.3750
7	0.8750	0.2500
8	1.0000	0.1250

• m = 8, n = 1

1	0.1111	1.0000
2	0.2222	0.8889
3	0.3333	0.7778
4	0.4444	0.6667
5	0.5556	0.5556
6	0.6667	0.4444
7	0.7778	0.3333
8	0.8889	0.2222
9	1.0000	0.1111

• m = 9, n = 1

1	0.1000	1.0000
2	0.2000	0.9000
3	0.3000	0.8000
4	0.4000	0.7000
5	0.5000	0.6000
6	0.6000	0.5000
7	0.7000	0.4000
8	0.8000	0.3000
9	0.9000	0.2000
10	1.0000	0.1000

• m = 10, n = 1

1	0.0909	1.0000
2	0.1818	0.9091
3	0.2727	0.8182
4	0.3636	0.7273
5	0.4545	0.6364
6	0.5455	0.5455
7	0.6364	0.4545
8	0.7273	0.3636
9	0.8182	0.2727
10	0.9091	0.1818
11	1.0000	0.0909

• m = 11, n = 1

1	0.0833	1.0000
2	0.1667	0.9167
3	0.2500	0.8333
4	0.3333	0.7500
5	0.4167	0.6667
6	0.5000	0.5833
7	0.5833	0.5000
8	0.6667	0.4167
9	0.7500	0.3333
10	0.8333	0.2500
11	0.9167	0.1667
12	1.0000	0.0833

• m = 12, n = 1

1	0.0769	1.0000
2	0.1538	0.9231
3	0.2308	0.8462
4	0.3077	0.7692
5	0.3846	0.6923
6	0.4615	0.6154
7	0.5385	0.5385
8	0.6154	0.4615
9	0.6923	0.3846
10	0.7692	0.3077
11	0.8462	0.2308
12	0.9231	0.1538
13	1.0000	0.0769

• m = 13, n = 1

1	0.0714	1.0000
2	0.1429	0.9286
3	0.2143	0.8571
4	0.2857	0.7857
5	0.3571	0.7143
6	0.4286	0.6429
7	0.5000	0.5714
8	0.5714	0.5000
9	0.6429	0.4286
10	0.7143	0.3571
11	0.7857	0.2857
12	0.8571	0.2143
13	0.9286	0.1429
14	1.0000	0.0714

• m = 14, n = 1

1	0.0667	1.0000
2	0.1333	0.9333
3	0.2000	0.8667
4	0.2667	0.8000
5	0.3333	0.7333
6	0.4000	0.6667
7	0.4667	0.6000
8	0.5333	0.5333
9	0.6000	0.4667
10	0.6667	0.4000
11	0.7333	0.3333
12	0.8000	0.2667
13	0.8667	0.2000
14	0.9333	0.1333
15	1.0000	0.0667

• m = 15, n = 1

1	0.0625	1.0000
2	0.1250	0.9375
3	0.1875	0.8750
4	0.2500	0.8125
5	0.3125	0.7500
6	0.3750	0.6875
7	0.4375	0.6250
8	0.5000	0.5625
9	0.5625	0.5000
10	0.6250	0.4375
11	0.6875	0.3750
12	0.7500	0.3125
13	0.8125	0.2500
14	0.8750	0.1875
15	0.9375	0.1250
16	1.0000	0.0625

• m = 16, n = 1

1	0.0588	1.0000
2	0.1176	0.9412
3	0.1765	0.8824
4	0.2353	0.8235
5	0.2941	0.7647
6	0.3529	0.7059
7	0.4118	0.6471
8	0.4706	0.5882
9	0.5294	0.5294
10	0.5882	0.4706
11	0.6471	0.4118
12	0.7059	0.3529
13	0.7647	0.2941
14	0.8235	0.2353
15	0.8824	0.1765
16	0.9412	0.1176
17	1.0000	0.0588

• m = 17, n = 1

1	0.0556	1.0000
2	0.1111	0.9444
3	0.1667	0.8889
4	0.2222	0.8333
5	0.2778	0.7778
6	0.3333	0.7222
7	0.3889	0.6667
8	0.4444	0.6111
9	0.5000	0.5556
10	0.5556	0.5000
11	0.6111	0.4444
12	0.6667	0.3889
13	0.7222	0.3333
14	0.7778	0.2778
15	0.8333	0.2222
16	0.8889	0.1667
17	0.9444	0.1111
18	1.0000	0.0556

• m = 18, n = 1

1	0.0526	1.0000
2	0.1053	0.9474
3	0.1579	0.8947
4	0.2105	0.8421
5	0.2632	0.7895
6	0.3158	0.7368
7	0.3684	0.6842
8	0.4211	0.6316
9	0.4737	0.5789
10	0.5263	0.5263

11	0.5789	0.4737
12	0.6316	0.4211
13	0.6842	0.3684
14	0.7368	0.3158
15	0.7895	0.2632
16	0.8421	0.2105
17	0.8947	0.1579
18	0.9474	0.1053
19	1.0000	0.0526

• m = 19, n = 1

1	0.0500	1.0000
2	0.1000	0.9500
3	0.1500	0.9000
4	0.2000	0.8500
5	0.2500	0.8000
6	0.3000	0.7500
7	0.3500	0.7000
8	0.4000	0.6500
9	0.4500	0.6000
10	0.5000	0.5500
11	0.5500	0.5000
12	0.6000	0.4500
13	0.6500	0.4000
14	0.7000	0.3500
15	0.7500	0.3000
16	0.8000	0.2500
17	0.8500	0.2000
18	0.9000	0.1500
19	0.9500	0.1000
20	1.0000	0.0500

• m = 20, n = 1

1	0.0476	1.0000
2	0.0952	0.9524
3	0.1429	0.9048
4	0.1905	0.8571
5	0.2381	0.8095
6	0.2857	0.7619
7	0.3333	0.7143
8	0.3810	0.6667
9	0.4286	0.6190
10	0.4762	0.5714
11	0.5238	0.5238
12	0.5714	0.4762
13	0.6190	0.4286
14	0.6667	0.3810
15	0.7143	0.3333
16	0.7619	0.2857
17	0.8095	0.2381
18	0.8571	0.1905
19	0.9048	0.1429
20	0.9524	0.0952
21	1.0000	0.0476

▶ n = 2

• m = 3, n = 2

3	0.1000	1.0000
4	0.2000	0.9000
5	0.4000	0.8000
6	0.6000	0.6000
7	0.8000	0.4000
8	0.9000	0.2000
9	1.0000	0.1000

• m = 4, n = 2

3	0.0667	1.0000
4	0.1333	0.9333
5	0.2667	0.8667
6	0.4000	0.7333
7	0.6000	0.6000
8	0.7333	0.4000
9	0.8667	0.2667
10	0.9333	0.1333
11	1.0000	0.0667

• m = 5, n = 2

3	0.0476	1.0000
4	0.0952	0.9524
5	0.1905	0.9048
6	0.2857	0.8095
7	0.4286	0.7143
8	0.5714	0.5714
9	0.7143	0.4286
10	0.8095	0.2857
11	0.9048	0.1905
12	0.9524	0.0952
13	1.0000	0.0476

• m = 6, n = 2

3	0.0357	1.0000
4	0.0714	0.9643
5	0.1429	0.9286
6	0.2143	0.8571
7	0.3214	0.7857
8	0.4286	0.6786
9	0.5714	0.5714
10	0.6786	0.4286
11	0.7857	0.3214
12	0.8571	0.2143
13	0.9286	0.1429
14	0.9643	0.0714
15	1.0000	0.0357

• m = 7, n = 2

3	0.0278	1.0000
4	0.0556	0.9722
5	0.1111	0.9444
6	0.1667	0.8889
7	0.2500	0.8333
8	0.3333	0.7500
9	0.4444	0.6667
10	0.5556	0.5556
11	0.6667	0.4444
12	0.7500	0.3333
13	0.8333	0.2500
14	0.8889	0.1667
15	0.9444	0.1111
16	0.9722	0.0556
17	1.0000	0.0278

• m = 8, n = 2

3	0.0222	1.0000
4	0.0444	0.9778
5	0.0889	0.9556
6	0.1333	0.9111
7	0.2000	0.8667
8	0.2667	0.8000
9	0.3556	0.7333
10	0.4444	0.6444
11	0.5556	0.5556
12	0.6444	0.4444
13	0.7333	0.3556
14	0.8000	0.2667
15	0.8667	0.2000
16	0.9111	0.1333
17	0.9556	0.0889
18	0.9778	0.0444
19	1.0000	0.0222

• m = 9, n = 2

3	0.0182	1.0000
4	0.0364	0.9818
5	0.0727	0.9636
6	0.1091	0.9273
7	0.1636	0.8909
8	0.2182	0.8364
9	0.2909	0.7818
10	0.3636	0.7091
11	0.4545	0.6364
12	0.5455	0.5455
13	0.6364	0.4545
14	0.7091	0.3636
15	0.7818	0.2909
16	0.8364	0.2182
17	0.8909	0.1636
18	0.9273	0.1091
19	0.9636	0.0727
20	0.9818	0.0364
21	1.0000	0.0182

• m = 10, n = 2

3	0.0152	1.0000
4	0.0303	0.9848
5	0.0606	0.9697
6	0.0909	0.9394
7	0.1364	0.9091
8	0.1818	0.8636
9	0.2424	0.8182
10	0.3030	0.7576
11	0.3788	0.6970
12	0.4545	0.6212
13	0.5455	0.5455
14	0.6212	0.4545
15	0.6970	0.3788
16	0.7576	0.3030
17	0.8182	0.2424
18	0.8636	0.1818
19	0.9091	0.1364
20	0.9394	0.0909
21	0.9697	0.0606
22	0.9848	0.0303
23	1.0000	0.0152

• m = 11, n = 2

3	0.0128	1.0000
4	0.0256	0.9872
5	0.0513	0.9744
6	0.0769	0.9487
7	0.1154	0.9231
8	0.1538	0.8846
9	0.2051	0.8462
10	0.2564	0.7949
11	0.3205	0.7436
12	0.3846	0.6795
13	0.4615	0.6154
14	0.5385	0.5385
15	0.6154	0.4615
16	0.6795	0.3846
17	0.7436	0.3205
18	0.7949	0.2564
19	0.8462	0.2051
20	0.8846	0.1538
21	0.9231	0.1154
22	0.9487	0.0769
23	0.9744	0.0513
24	0.9872	0.0256
25	1.0000	0.0128

• m = 12, n = 2

3	0.0110	1.0000
4	0.0220	0.9890
5	0.0440	0.9780
6	0.0659	0.9560
7	0.0989	0.9341

8	0.1319	0.9011
9	0.1758	0.8681
10	0.2198	0.8242
11	0.2747	0.7802
12	0.3297	0.7253
13	0.3956	0.6703
14	0.4615	0.6044
15	0.5385	0.5385
16	0.6044	0.4615
17	0.6703	0.3956
18	0.7253	0.3297
19	0.7802	0.2747
20	0.8242	0.2198
21	0.8681	0.1758
22	0.9011	0.1319
23	0.9341	0.0989
24	0.9560	0.0659
25	0.9780	0.0440
26	0.9890	0.0220
27	1.0000	0.0110

• m = 13, n = 2

3	0.0095	1.0000
4	0.0190	0.9905
5	0.0381	0.9810
6	0.0571	0.9619
7	0.0857	0.9429
8	0.1143	0.9143
9	0.1524	0.8857
10	0.1905	0.8476
11	0.2381	0.8095
12	0.2857	0.7619
13	0.3429	0.7143
14	0.4000	0.6571
15	0.4667	0.6000
16	0.5333	0.5333
17	0.6000	0.4667
18	0.6571	0.4000
19	0.7143	0.3429
20	0.7619	0.2857
21	0.8095	0.2381
22	0.8476	0.1905
23	0.8857	0.1524
24	0.9143	0.1143
25	0.9429	0.0857
26	0.9619	0.0571
27	0.9810	0.0381
28	0.9905	0.0190
29	1.0000	0.0095

• m = 14, n = 2

3	0.0083	1.0000
4	0.0167	0.9917
5	0.0333	0.9833
6	0.0500	0.9667
7	0.0750	0.9500
8	0.1000	0.9250
9	0.1333	0.9000
10	0.1667	0.8667
11	0.2083	0.8333
12	0.2500	0.7917
13	0.3000	0.7500
14	0.3500	0.7000
15	0.4083	0.6500
16	0.4667	0.5917
17	0.5333	0.5333
18	0.5917	0.4667
19	0.6500	0.4083
20	0.7000	0.3500
21	0.7500	0.3000
22	0.7917	0.2500
23	0.8333	0.2083
24	0.8667	0.1667
25	0.9000	0.1333
26	0.9250	0.1000
27	0.9500	0.0750
28	0.9667	0.0500
29	0.9833	0.0333
30	0.9917	0.0167
31	1.0000	0.0083

• m = 15, n = 2

3	0.0074	1.0000
4	0.0147	0.9926
5	0.0294	0.9853
6	0.0441	0.9706
7	0.0662	0.9559
8	0.0882	0.9338
9	0.1176	0.9118
10	0.1471	0.8824
11	0.1838	0.8529
12	0.2206	0.8162
13	0.2647	0.7794
14	0.3088	0.7353
15	0.3603	0.6912
16	0.4118	0.6397
17	0.4706	0.5882
18	0.5294	0.5294
19	0.5882	0.4706
20	0.6397	0.4118
21	0.6912	0.3603
22	0.7353	0.3088
23	0.7794	0.2647
24	0.8162	0.2206
25	0.8529	0.1838
26	0.8824	0.1471
27	0.9118	0.1176
28	0.9338	0.0882
29	0.9559	0.0662
30	0.9706	0.0441
31	0.9853	0.0294
32	0.9926	0.0147
33	1.0000	0.0074

• m = 16, n = 2

3	0.0065	1.0000
4	0.0131	0.9935
5	0.0261	0.9869
6	0.0392	0.9739
7	0.0588	0.9608
8	0.0784	0.9412
9	0.1046	0.9216
10	0.1307	0.8954
11	0.1634	0.8693
12	0.1961	0.8366
13	0.2353	0.8039
14	0.2745	0.7647
15	0.3203	0.7255
16	0.3660	0.6797
17	0.4183	0.6340
18	0.4706	0.5817
19	0.5294	0.5294
20	0.5817	0.4706
21	0.6340	0.4183
22	0.6797	0.3660
23	0.7255	0.3203
24	0.7647	0.2745
25	0.8039	0.2353
26	0.8366	0.1961
27	0.8693	0.1634
28	0.8954	0.1307
29	0.9216	0.1046
30	0.9412	0.0784
31	0.9608	0.0588
32	0.9739	0.0392
33	0.9869	0.0261
34	0.9935	0.0131
35	1.0000	0.0065

• m = 17, n = 2

3	0.0058	1.0000
4	0.0117	0.9942
5	0.0234	0.9883
6	0.0351	0.9766
7	0.0526	0.9649
8	0.0702	0.9474
9	0.0936	0.9298
10	0.1170	0.9064
11	0.1462	0.8830
12	0.1754	0.8538
13	0.2105	0.8246
14	0.2456	0.7895
15	0.2865	0.7544
16	0.3275	0.7135
17	0.3743	0.6725
18	0.4211	0.6257
19	0.4737	0.5789
20	0.5263	0.5263
21	0.5789	0.4737
22	0.6257	0.4211
23	0.6725	0.3743
24	0.7135	0.3275
25	0.7544	0.2865
26	0.7895	0.2456
27	0.8246	0.2105
28	0.8538	0.1754
29	0.8830	0.1462
30	0.9064	0.1170
31	0.9298	0.0936
32	0.9474	0.0702
33	0.9649	0.0526
34	0.9766	0.0351
35	0.9883	0.0234
36	0.9942	0.0117
37	1.0000	0.0058

• m = 18, n = 2

3	0.0053	1.0000
4	0.0105	0.9947
5	0.0211	0.9895
6	0.0316	0.9789
7	0.0474	0.9684
8	0.0632	0.9526
9	0.0842	0.9368
10	0.1053	0.9158
11	0.1316	0.8947
12	0.1579	0.8684
13	0.1895	0.8421
14	0.2211	0.8105
15	0.2579	0.7789
16	0.2947	0.7421
17	0.3368	0.7053
18	0.3789	0.6632
19	0.4263	0.6211
20	0.4737	0.5737
21	0.5263	0.5263
22	0.5737	0.4737
23	0.6211	0.4263
24	0.6632	0.3789
25	0.7053	0.3368
26	0.7421	0.2947
27	0.7789	0.2579
28	0.8105	0.2211
29	0.8421	0.1895
30	0.8684	0.1579
31	0.8947	0.1316
32	0.9158	0.1053
33	0.9368	0.0842
34	0.9526	0.0632
35	0.9684	0.0474
36	0.9789	0.0316
37	0.9895	0.0211

38	0.9947	0.0105
39	1.0000	0.0053

• m = 19, n = 2

3	0.0048	1.0000
4	0.0095	0.9952
5	0.0190	0.9905
6	0.0286	0.9810
7	0.0429	0.9714
8	0.0571	0.9571
9	0.0762	0.9429
10	0.0952	0.9238
11	0.1190	0.9048
12	0.1429	0.8810
13	0.1714	0.8571
14	0.2000	0.8286
15	0.2333	0.8000
16	0.2667	0.7667
17	0.3048	0.7333
18	0.3429	0.6952
19	0.3857	0.6571
20	0.4286	0.6143
21	0.4762	0.5714
22	0.5238	0.5238
23	0.5714	0.4762
24	0.6143	0.4286
25	0.6571	0.3857
26	0.6952	0.3429
27	0.7333	0.3048
28	0.7667	0.2667
29	0.8000	0.2333
30	0.8286	0.2000
31	0.8571	0.1714
32	0.8810	0.1429
33	0.9048	0.1190
34	0.9238	0.0952
35	0.9429	0.0762
36	0.9571	0.0571
37	0.9714	0.0429
38	0.9810	0.0286
39	0.9905	0.0190
40	0.9952	0.0095
41	1.0000	0.0048

• m = 20, n = 2

3	0.0043	1.0000
4	0.0087	0.9957
5	0.0173	0.9913
6	0.0260	0.9827
7	0.0390	0.9740
8	0.0519	0.9610
9	0.0693	0.9481
10	0.0866	0.9307
11	0.1082	0.9134
12	0.1299	0.8918
13	0.1558	0.8701
14	0.1818	0.8442
15	0.2121	0.8182
16	0.2424	0.7879
17	0.2771	0.7576
18	0.3117	0.7229
19	0.3506	0.6883
20	0.3896	0.6494
21	0.4329	0.6104
22	0.4762	0.5671
23	0.5238	0.5238
24	0.5671	0.4762
25	0.6104	0.4329
26	0.6494	0.3896
27	0.6883	0.3506
28	0.7229	0.3117
29	0.7576	0.2771
30	0.7879	0.2424
31	0.8182	0.2121
32	0.8442	0.1818
33	0.8701	0.1558
34	0.8918	0.1299
35	0.9134	0.1082
36	0.9307	0.0866
37	0.9481	0.0693
38	0.9610	0.0519
39	0.9740	0.0390
40	0.9827	0.0260
41	0.9913	0.0173
42	0.9957	0.0087
43	1.0000	0.0043

▶ n = 3

• m = 3, n = 3

6	0.0500	1.0000
7	0.1000	0.9500
8	0.2000	0.9000
9	0.3500	0.8000
10	0.5000	0.6500
11	0.6500	0.5000
12	0.8000	0.3500
13	0.9000	0.2000
14	0.9500	0.1000
15	1.0000	0.0500

• m = 4, n = 3

6	0.0286	1.0000
7	0.0571	0.9714
8	0.1143	0.9429
9	0.2000	0.8857
10	0.3143	0.8000
11	0.4286	0.6857
12	0.5714	0.5714
13	0.6857	0.4286
14	0.8000	0.3143
15	0.8857	0.2000
16	0.9429	0.1143
17	0.9714	0.0571
18	1.0000	0.0286

• m = 5, n = 3

6	0.0179	1.0000
7	0.0357	0.9821
8	0.0714	0.9643
9	0.1250	0.9286
10	0.1964	0.8750
11	0.2857	0.8036
12	0.3929	0.7143
13	0.5000	0.6071
14	0.6071	0.5000
15	0.7143	0.3929
16	0.8036	0.2857
17	0.8750	0.1964
18	0.9286	0.1250
19	0.9643	0.0714
20	0.9821	0.0357
21	1.0000	0.0179

• m = 6, n = 3

6	0.0119	1.0000
7	0.0238	0.9881
8	0.0476	0.9762
9	0.0833	0.9524
10	0.1310	0.9167
11	0.1905	0.8690
12	0.2738	0.8095
13	0.3571	0.7262
14	0.4524	0.6429
15	0.5476	0.5476
16	0.6429	0.4524
17	0.7262	0.3571
18	0.8095	0.2738
19	0.8690	0.1905
20	0.9167	0.1310
21	0.9524	0.0833
22	0.9762	0.0476
23	0.9881	0.0238
24	1.0000	0.0119

• m = 7, n = 3

6	0.0083	1.0000
7	0.0167	0.9917
8	0.0333	0.9833
9	0.0583	0.9667
10	0.0917	0.9417
11	0.1333	0.9083
12	0.1917	0.8667
13	0.2583	0.8083
14	0.3333	0.7417
15	0.4167	0.6667
16	0.5000	0.5833
17	0.5833	0.5000
18	0.6667	0.4167
19	0.7417	0.3333
20	0.8083	0.2583
21	0.8667	0.1917
22	0.9083	0.1333
23	0.9417	0.0917
24	0.9667	0.0583
25	0.9833	0.0333
26	0.9917	0.0167
27	1.0000	0.0083

• m = 8, n = 3

6	0.0061	1.0000
7	0.0121	0.9939
8	0.0242	0.9879
9	0.0424	0.9758
10	0.0667	0.9576
11	0.0970	0.9333
12	0.1394	0.9030
13	0.1879	0.8606
14	0.2485	0.8121
15	0.3152	0.7515
16	0.3879	0.6848
17	0.4606	0.6121
18	0.5394	0.5394
19	0.6121	0.4606
20	0.6848	0.3879
21	0.7515	0.3152
22	0.8121	0.2485
23	0.8606	0.1879
24	0.9030	0.1394
25	0.9333	0.0970
26	0.9576	0.0667
27	0.9758	0.0424
28	0.9879	0.0242
29	0.9939	0.0121
30	1.0000	0.0061

• m = 9, n = 3

6	0.0045	1.0000
7	0.0091	0.9955
8	0.0182	0.9909
9	0.0318	0.9818
10	0.0500	0.9682
11	0.0727	0.9500
12	0.1045	0.9273
13	0.1409	0.8955
14	0.1864	0.8591
15	0.2409	0.8136
16	0.3000	0.7591
17	0.3636	0.7000

18	0.4318	0.6364
19	0.5000	0.5682
20	0.5682	0.5000
21	0.6364	0.4318
22	0.7000	0.3636
23	0.7591	0.3000
24	0.8136	0.2409
25	0.8591	0.1864
26	0.8955	0.1409
27	0.9273	0.1045
28	0.9500	0.0727
29	0.9682	0.0500
30	0.9818	0.0318
31	0.9909	0.0182
32	0.9955	0.0091
33	1.0000	0.0045

• m = 10, n = 3

6	0.0035	1.0000
7	0.0070	0.9965
8	0.0140	0.9930
9	0.0245	0.9860
10	0.0385	0.9755
11	0.0559	0.9615
12	0.0804	0.9441
13	0.1084	0.9196
14	0.1434	0.8916
15	0.1853	0.8566
16	0.2343	0.8147
17	0.2867	0.7657
18	0.3462	0.7133
19	0.4056	0.6538
20	0.4685	0.5944
21	0.5315	0.5315
22	0.5944	0.4685
23	0.6538	0.4056
24	0.7133	0.3462
25	0.7657	0.2867
26	0.8147	0.2343
27	0.8566	0.1853
28	0.8916	0.1434
29	0.9196	0.1084
30	0.9441	0.0804
31	0.9615	0.0559
32	0.9755	0.0385
33	0.9860	0.0245
34	0.9930	0.0140
35	0.9965	0.0070
36	1.0000	0.0035

• m = 11, n = 3

6	0.0027	1.0000
7	0.0055	0.9973
8	0.0110	0.9945
9	0.0192	0.9890
10	0.0302	0.9808
11	0.0440	0.9698
12	0.0632	0.9560
13	0.0852	0.9368
14	0.1126	0.9148
15	0.1456	0.8874
16	0.1841	0.8544
17	0.2280	0.8159
18	0.2775	0.7720
19	0.3297	0.7225
20	0.3846	0.6703
21	0.4423	0.6154
22	0.5000	0.5577
23	0.5577	0.5000
24	0.6154	0.4423
25	0.6703	0.3846
26	0.7225	0.3297
27	0.7720	0.2775
28	0.8159	0.2280
29	0.8544	0.1841
30	0.8874	0.1456
31	0.9148	0.1126
32	0.9368	0.0852
33	0.9560	0.0632
34	0.9698	0.0440
35	0.9808	0.0302
36	0.9890	0.0192
37	0.9945	0.0110
38	0.9973	0.0055
39	1.0000	0.0027

• m = 12, n = 3

6	0.0022	1.0000
7	0.0044	0.9978
8	0.0088	0.9956
9	0.0154	0.9912
10	0.0242	0.9846
11	0.0352	0.9758
12	0.0505	0.9648
13	0.0681	0.9495
14	0.0901	0.9319
15	0.1165	0.9099
16	0.1473	0.8835
17	0.1824	0.8527
18	0.2242	0.8176
19	0.2681	0.7758
20	0.3165	0.7319
21	0.3670	0.6835
22	0.4198	0.6330
23	0.4725	0.5802
24	0.5275	0.5275
25	0.5802	0.4725
26	0.6330	0.4198
27	0.6835	0.3670
28	0.7319	0.3165
29	0.7758	0.2681
30	0.8176	0.2242
31	0.8527	0.1824
32	0.8835	0.1473
33	0.9099	0.1165
34	0.9319	0.0901
35	0.9495	0.0681
36	0.9648	0.0505
37	0.9758	0.0352
38	0.9846	0.0242
39	0.9912	0.0154
40	0.9956	0.0088
41	0.9978	0.0044
42	1.0000	0.0022

• m = 13, n = 3

6	0.0018	1.0000
7	0.0036	0.9982
8	0.0071	0.9964
9	0.0125	0.9929
10	0.0196	0.9875
11	0.0286	0.9804
12	0.0411	0.9714
13	0.0554	0.9589
14	0.0732	0.9446
15	0.0946	0.9268
16	0.1196	0.9054
17	0.1482	0.8804
18	0.1821	0.8518
19	0.2196	0.8179
20	0.2607	0.7804
21	0.3054	0.7393
22	0.3518	0.6946
23	0.4000	0.6482
24	0.4500	0.6000
25	0.5000	0.5500
26	0.5500	0.5000
27	0.6000	0.4500
28	0.6482	0.4000
29	0.6946	0.3518
30	0.7393	0.3054
31	0.7804	0.2607
32	0.8179	0.2196
33	0.8518	0.1821
34	0.8804	0.1482
35	0.9054	0.1196
36	0.9268	0.0946
37	0.9446	0.0732
38	0.9589	0.0554
39	0.9714	0.0411
40	0.9804	0.0286
41	0.9875	0.0196
42	0.9929	0.0125
43	0.9964	0.0071
44	0.9982	0.0036
45	1.0000	0.0018

• m = 14, n = 3

6	0.0015	1.0000
7	0.0029	0.9985
8	0.0059	0.9971
9	0.0103	0.9941
10	0.0162	0.9897
11	0.0235	0.9838
12	0.0338	0.9765
13	0.0456	0.9662
14	0.0603	0.9544
15	0.0779	0.9397
16	0.0985	0.9221
17	0.1221	0.9015
18	0.1500	0.8779
19	0.1809	0.8500
20	0.2162	0.8191
21	0.2544	0.7838
22	0.2956	0.7456
23	0.3382	0.7044
24	0.3838	0.6618
25	0.4294	0.6162
26	0.4765	0.5706
27	0.5235	0.5235
28	0.5706	0.4765
29	0.6162	0.4294
30	0.6618	0.3838
31	0.7044	0.3382
32	0.7456	0.2956
33	0.7838	0.2544
34	0.8191	0.2162
35	0.8500	0.1809
36	0.8779	0.1500
37	0.9015	0.1221
38	0.9221	0.0985
39	0.9397	0.0779
40	0.9544	0.0603
41	0.9662	0.0456
42	0.9765	0.0338
43	0.9838	0.0235
44	0.9897	0.0162
45	0.9941	0.0103
46	0.9971	0.0059
47	0.9985	0.0029
48	1.0000	0.0015

• m = 15, n = 3

6	0.0012	1.0000
7	0.0025	0.9988
8	0.0049	0.9975
9	0.0086	0.9951
10	0.0135	0.9914
11	0.0196	0.9865
12	0.0282	0.9804
13	0.0380	0.9718
14	0.0502	0.9620
15	0.0650	0.9498
16	0.0821	0.9350

17	0.1017	0.9179
18	0.1250	0.8983
19	0.1507	0.8750
20	0.1801	0.8493
21	0.2132	0.8199
22	0.2488	0.7868
23	0.2868	0.7512
24	0.3272	0.7132
25	0.3689	0.6728
26	0.4118	0.6311
27	0.4559	0.5882
28	0.5000	0.5441
29	0.5441	0.5000
30	0.5882	0.4559
31	0.6311	0.4118
32	0.6728	0.3689
33	0.7132	0.3272
34	0.7512	0.2868
35	0.7868	0.2488
36	0.8199	0.2132
37	0.8493	0.1801
38	0.8750	0.1507
39	0.8983	0.1250
40	0.9179	0.1017
41	0.9350	0.0821
42	0.9498	0.0650
43	0.9620	0.0502
44	0.9718	0.0380
45	0.9804	0.0282
46	0.9865	0.0196
47	0.9914	0.0135
48	0.9951	0.0086
49	0.9975	0.0049
50	0.9988	0.0025
51	1.0000	0.0012

• m = 16, n = 3

6	0.0010	1.0000
7	0.0021	0.9990
8	0.0041	0.9979
9	0.0072	0.9959
10	0.0114	0.9928
11	0.0165	0.9886
12	0.0237	0.9835
13	0.0320	0.9763
14	0.0423	0.9680
15	0.0547	0.9577
16	0.0691	0.9453
17	0.0857	0.9309
18	0.1053	0.9143
19	0.1269	0.8947
20	0.1517	0.8731
21	0.1796	0.8483
22	0.2105	0.8204
23	0.2436	0.7895
24	0.2797	0.7564
25	0.3168	0.7203
26	0.3560	0.6832
27	0.3963	0.6440
28	0.4376	0.6037
29	0.4788	0.5624
30	0.5212	0.5212
31	0.5624	0.4788
32	0.6037	0.4376
33	0.6440	0.3963
34	0.6832	0.3560
35	0.7203	0.3168
36	0.7564	0.2797
37	0.7895	0.2436
38	0.8204	0.2105
39	0.8483	0.1796
40	0.8731	0.1517
41	0.8947	0.1269
42	0.9143	0.1053
43	0.9309	0.0857
44	0.9453	0.0691
45	0.9577	0.0547
46	0.9680	0.0423
47	0.9763	0.0320
48	0.9835	0.0237
49	0.9886	0.0165
50	0.9928	0.0114
51	0.9959	0.0072
52	0.9979	0.0041
53	0.9990	0.0021
54	1.0000	0.0010

• m = 17, n = 3

6	0.0009	1.0000
7	0.0018	0.9991
8	0.0035	0.9982
9	0.0061	0.9965
10	0.0096	0.9939
11	0.0140	0.9904
12	0.0202	0.9860
13	0.0272	0.9798
14	0.0360	0.9728
15	0.0465	0.9640
16	0.0588	0.9535
17	0.0728	0.9412
18	0.0895	0.9272
19	0.1079	0.9105
20	0.1289	0.8921
21	0.1526	0.8711
22	0.1789	0.8474
23	0.2079	0.8211
24	0.2395	0.7921
25	0.2728	0.7605
26	0.3079	0.7272
27	0.3447	0.6921
28	0.3825	0.6553
29	0.4211	0.6175
30	0.4605	0.5789
31	0.5000	0.5395
32	0.5395	0.5000
33	0.5789	0.4605
34	0.6175	0.4211
35	0.6553	0.3825
36	0.6921	0.3447
37	0.7272	0.3079
38	0.7605	0.2728
39	0.7921	0.2395
40	0.8211	0.2079
41	0.8474	0.1789
42	0.8711	0.1526
43	0.8921	0.1289
44	0.9105	0.1079
45	0.9272	0.0895
46	0.9412	0.0728
47	0.9535	0.0588
48	0.9640	0.0465
49	0.9728	0.0360
50	0.9798	0.0272
51	0.9860	0.0202
52	0.9904	0.0140
53	0.9939	0.0096
54	0.9965	0.0061
55	0.9982	0.0035
56	0.9991	0.0018
57	1.0000	0.0009

• m = 18, n = 3

6	0.0008	1.0000
7	0.0015	0.9992
8	0.0030	0.9985
9	0.0053	0.9970
10	0.0083	0.9947
11	0.0120	0.9917
12	0.0173	0.9880
13	0.0233	0.9827
14	0.0308	0.9767
15	0.0398	0.9692
16	0.0504	0.9602
17	0.0624	0.9496
18	0.0767	0.9376
19	0.0925	0.9233
20	0.1105	0.9075
21	0.1308	0.8895
22	0.1534	0.8692
23	0.1782	0.8466
24	0.2060	0.8218
25	0.2353	0.7940
26	0.2669	0.7647
27	0.3000	0.7331
28	0.3346	0.7000
29	0.3699	0.6654
30	0.4068	0.6301
31	0.4436	0.5932
32	0.4812	0.5564
33	0.5188	0.5188
34	0.5564	0.4812
35	0.5932	0.4436
36	0.6301	0.4068
37	0.6654	0.3699
38	0.7000	0.3346
39	0.7331	0.3000
40	0.7647	0.2669
41	0.7940	0.2353
42	0.8218	0.2060
43	0.8466	0.1782
44	0.8692	0.1534
45	0.8895	0.1308
46	0.9075	0.1105
47	0.9233	0.0925
48	0.9376	0.0767
49	0.9496	0.0624
50	0.9602	0.0504
51	0.9692	0.0398
52	0.9767	0.0308
53	0.9827	0.0233
54	0.9880	0.0173
55	0.9917	0.0120
56	0.9947	0.0083
57	0.9970	0.0053
58	0.9985	0.0030
59	0.9992	0.0015
60	1.0000	0.0008

• m = 19, n = 3

6	0.0006	1.0000
7	0.0013	0.9994
8	0.0026	0.9987
9	0.0045	0.9974
10	0.0071	0.9955
11	0.0104	0.9929
12	0.0149	0.9896
13	0.0201	0.9851
14	0.0266	0.9799
15	0.0344	0.9734
16	0.0435	0.9656
17	0.0539	0.9565
18	0.0662	0.9461
19	0.0799	0.9338
20	0.0955	0.9201
21	0.1130	0.9045
22	0.1325	0.8870
23	0.1539	0.8675
24	0.1779	0.8461
25	0.2039	0.8221
26	0.2318	0.7961
27	0.2617	0.7682
28	0.2929	0.7383
29	0.3253	0.7071
30	0.3591	0.6747

31	0.3935	0.6409
32	0.4286	0.6065
33	0.4643	0.5714
34	0.5000	0.5357
35	0.5357	0.5000
36	0.5714	0.4643
37	0.6065	0.4286
38	0.6409	0.3935
39	0.6747	0.3591
40	0.7071	0.3253
41	0.7383	0.2929
42	0.7682	0.2617
43	0.7961	0.2318
44	0.8221	0.2039
45	0.8461	0.1779
46	0.8675	0.1539
47	0.8870	0.1325
48	0.9045	0.1130
49	0.9201	0.0955
50	0.9338	0.0799
51	0.9461	0.0662
52	0.9565	0.0539
53	0.9656	0.0435
54	0.9734	0.0344
55	0.9799	0.0266
56	0.9851	0.0201
57	0.9896	0.0149
58	0.9929	0.0104
59	0.9955	0.0071
60	0.9974	0.0045
61	0.9987	0.0026
62	0.9994	0.0013
63	1.0000	0.0006

• m = 20, n = 3

6	0.0006	1.0000
7	0.0011	0.9994
8	0.0023	0.9989
9	0.0040	0.9977
10	0.0062	0.9960
11	0.0090	0.9938
12	0.0130	0.9910
13	0.0175	0.9870
14	0.0232	0.9825
15	0.0299	0.9768
16	0.0378	0.9701
17	0.0469	0.9622
18	0.0576	0.9531
19	0.0695	0.9424
20	0.0830	0.9305
21	0.0982	0.9170
22	0.1152	0.9018
23	0.1338	0.8848
24	0.1547	0.8662
25	0.1773	0.8453
26	0.2021	0.8227
27	0.2287	0.7979
28	0.2569	0.7713
29	0.2863	0.7431
30	0.3173	0.7137
31	0.3490	0.6827
32	0.3817	0.6510
33	0.4150	0.6183
34	0.4489	0.5850
35	0.4828	0.5511
36	0.5172	0.5172
37	0.5511	0.4828
38	0.5850	0.4489
39	0.6183	0.4150
40	0.6510	0.3817
41	0.6827	0.3490
42	0.7137	0.3173
43	0.7431	0.2863
44	0.7713	0.2569
45	0.7979	0.2287
46	0.8227	0.2021
47	0.8453	0.1773
48	0.8662	0.1547
49	0.8848	0.1338
50	0.9018	0.1152
51	0.9170	0.0982
52	0.9305	0.0830
53	0.9424	0.0695
54	0.9531	0.0576
55	0.9622	0.0469
56	0.9701	0.0378
57	0.9768	0.0299
58	0.9825	0.0232
59	0.9870	0.0175
60	0.9910	0.0130
61	0.9938	0.0090
62	0.9960	0.0062
63	0.9977	0.0040
64	0.9989	0.0023
65	0.9994	0.0011
66	1.0000	0.0006

▶ n = 4

• m = 3, n = 4

10	0.0286	1.0000
11	0.0571	0.9714
12	0.1143	0.9429
13	0.2000	0.8857
14	0.3143	0.8000
15	0.4286	0.6857
16	0.5714	0.5714
17	0.6857	0.4286
18	0.8000	0.3143
19	0.8857	0.2000
20	0.9429	0.1143
21	0.9714	0.0571
22	1.0000	0.0286

• m = 4, n = 4

10	0.0143	1.0000
11	0.0286	0.9857
12	0.0571	0.9714
13	0.1000	0.9429
14	0.1714	0.9000
15	0.2429	0.8286
16	0.3429	0.7571
17	0.4429	0.6571
18	0.5571	0.5571
19	0.6571	0.4429
20	0.7571	0.3429
21	0.8286	0.2429
22	0.9000	0.1714
23	0.9429	0.1000
24	0.9714	0.0571
25	0.9857	0.0286
26	1.0000	0.0143

• m = 5, n = 4

10	0.0079	1.0000
11	0.0159	0.9921
12	0.0317	0.9841
13	0.0556	0.9683
14	0.0952	0.9444
15	0.1429	0.9048
16	0.2063	0.8571
17	0.2778	0.7937
18	0.3651	0.7222
19	0.4524	0.6349
20	0.5476	0.5476
21	0.6349	0.4524
22	0.7222	0.3651
23	0.7937	0.2778
24	0.8571	0.2063
25	0.9048	0.1429
26	0.9444	0.0952
27	0.9683	0.0556
28	0.9841	0.0317
29	0.9921	0.0159
30	1.0000	0.0079

• m = 6, n = 4

10	0.0048	1.0000
11	0.0095	0.9952
12	0.0190	0.9905
13	0.0333	0.9810
14	0.0571	0.9667
15	0.0857	0.9429
16	0.1286	0.9143
17	0.1762	0.8714
18	0.2381	0.8238
19	0.3048	0.7619
20	0.3810	0.6952
21	0.4571	0.6190
22	0.5429	0.5429
23	0.6190	0.4571
24	0.6952	0.3810
25	0.7619	0.3048
26	0.8238	0.2381
27	0.8714	0.1762
28	0.9143	0.1286
29	0.9429	0.0857
30	0.9667	0.0571
31	0.9810	0.0333
32	0.9905	0.0190
33	0.9952	0.0095
34	1.0000	0.0048

• m = 7, n = 4

10	0.0030	1.0000
11	0.0061	0.9970
12	0.0121	0.9939
13	0.0212	0.9879
14	0.0364	0.9788
15	0.0545	0.9636
16	0.0818	0.9455
17	0.1152	0.9182
18	0.1576	0.8848
19	0.2061	0.8424
20	0.2636	0.7939
21	0.3242	0.7364
22	0.3939	0.6758
23	0.4636	0.6061
24	0.5364	0.5364
25	0.6061	0.4636
26	0.6758	0.3939
27	0.7364	0.3242
28	0.7939	0.2636
29	0.8424	0.2061
30	0.8848	0.1576
31	0.9182	0.1152
32	0.9455	0.0818
33	0.9636	0.0545
34	0.9788	0.0364
35	0.9879	0.0212
36	0.9939	0.0121
37	0.9970	0.0061
38	1.0000	0.0030

• m = 8, n = 4

10	0.0020	1.0000
11	0.0040	0.9980
12	0.0081	0.9960
13	0.0141	0.9919

14	0.0242	0.9859
15	0.0364	0.9758
16	0.0545	0.9636
17	0.0768	0.9455
18	0.1071	0.9232
19	0.1414	0.8929
20	0.1838	0.8586
21	0.2303	0.8162
22	0.2848	0.7697
23	0.3414	0.7152
24	0.4040	0.6586
25	0.4667	0.5960
26	0.5333	0.5333
27	0.5960	0.4667
28	0.6586	0.4040
29	0.7152	0.3414
30	0.7697	0.2848
31	0.8162	0.2303
32	0.8586	0.1838
33	0.8929	0.1414
34	0.9232	0.1071
35	0.9455	0.0768
36	0.9636	0.0545
37	0.9758	0.0364
38	0.9859	0.0242
39	0.9919	0.0141
40	0.9960	0.0081
41	0.9980	0.0040
42	1.0000	0.0020

• m = 9, n = 4

10	0.0014	1.0000
11	0.0028	0.9986
12	0.0056	0.9972
13	0.0098	0.9944
14	0.0168	0.9902
15	0.0252	0.9832
16	0.0378	0.9748
17	0.0531	0.9622
18	0.0741	0.9469
19	0.0993	0.9259
20	0.1301	0.9007
21	0.1650	0.8699
22	0.2070	0.8350
23	0.2517	0.7930
24	0.3021	0.7483
25	0.3552	0.6979
26	0.4126	0.6448
27	0.4699	0.5874
28	0.5301	0.5301
29	0.5874	0.4699
30	0.6448	0.4126
31	0.6979	0.3552
32	0.7483	0.3021
33	0.7930	0.2517
34	0.8350	0.2070
35	0.8699	0.1650
36	0.9007	0.1301
37	0.9259	0.0993
38	0.9469	0.0741
39	0.9622	0.0531
40	0.9748	0.0378
41	0.9832	0.0252
42	0.9902	0.0168
43	0.9944	0.0098
44	0.9972	0.0056
45	0.9986	0.0028
46	1.0000	0.0014

• m = 10, n = 4

10	0.0010	1.0000
11	0.0020	0.9990
12	0.0040	0.9980
13	0.0070	0.9960
14	0.0120	0.9930
15	0.0180	0.9880
16	0.0270	0.9820
17	0.0380	0.9730
18	0.0529	0.9620
19	0.0709	0.9471
20	0.0939	0.9291
21	0.1199	0.9061
22	0.1518	0.8801
23	0.1868	0.8482
24	0.2268	0.8132
25	0.2697	0.7732
26	0.3177	0.7303
27	0.3666	0.6823
28	0.4196	0.6334
29	0.4725	0.5804
30	0.5275	0.5275
31	0.5804	0.4725
32	0.6334	0.4196
33	0.6823	0.3666
34	0.7303	0.3177
35	0.7732	0.2697
36	0.8132	0.2268
37	0.8482	0.1868
38	0.8801	0.1518
39	0.9061	0.1199
40	0.9291	0.0939
41	0.9471	0.0709
42	0.9620	0.0529
43	0.9730	0.0380
44	0.9820	0.0270
45	0.9880	0.0180
46	0.9930	0.0120
47	0.9960	0.0070
48	0.9980	0.0040
49	0.9990	0.0020
50	1.0000	0.0010

• m = 11, n = 4

10	0.0007	1.0000
11	0.0015	0.9993
12	0.0029	0.9985
13	0.0051	0.9971
14	0.0088	0.9949
15	0.0132	0.9912
16	0.0198	0.9868
17	0.0278	0.9802
18	0.0388	0.9722
19	0.0520	0.9612
20	0.0689	0.9480
21	0.0886	0.9311
22	0.1128	0.9114
23	0.1399	0.8872
24	0.1714	0.8601
25	0.2059	0.8286
26	0.2447	0.7941
27	0.2857	0.7553
28	0.3304	0.7143
29	0.3766	0.6696
30	0.4256	0.6234
31	0.4747	0.5744
32	0.5253	0.5253
33	0.5744	0.4747
34	0.6234	0.4256
35	0.6696	0.3766
36	0.7143	0.3304
37	0.7553	0.2857
38	0.7941	0.2447
39	0.8286	0.2059
40	0.8601	0.1714
41	0.8872	0.1399
42	0.9114	0.1128
43	0.9311	0.0886
44	0.9480	0.0689
45	0.9612	0.0520
46	0.9722	0.0388
47	0.9802	0.0278
48	0.9868	0.0198
49	0.9912	0.0132
50	0.9949	0.0088
51	0.9971	0.0051
52	0.9985	0.0029
53	0.9993	0.0015
54	1.0000	0.0007

• m = 12, n = 4

10	0.0005	1.0000
11	0.0011	0.9995
12	0.0022	0.9989
13	0.0038	0.9978
14	0.0066	0.9962
15	0.0099	0.9934
16	0.0148	0.9901
17	0.0209	0.9852
18	0.0291	0.9791
19	0.0390	0.9709
20	0.0516	0.9610
21	0.0665	0.9484
22	0.0852	0.9335
23	0.1060	0.9148
24	0.1308	0.8940
25	0.1582	0.8692
26	0.1896	0.8418
27	0.2231	0.8104
28	0.2604	0.7769
29	0.2995	0.7396
30	0.3418	0.7005
31	0.3852	0.6582
32	0.4308	0.6148
33	0.4764	0.5692
34	0.5236	0.5236
35	0.5692	0.4764
36	0.6148	0.4308
37	0.6582	0.3852
38	0.7005	0.3418
39	0.7396	0.2995
40	0.7769	0.2604
41	0.8104	0.2231
42	0.8418	0.1896
43	0.8692	0.1582
44	0.8940	0.1308
45	0.9148	0.1060
46	0.9335	0.0852
47	0.9484	0.0665
48	0.9610	0.0516
49	0.9709	0.0390
50	0.9791	0.0291
51	0.9852	0.0209
52	0.9901	0.0148
53	0.9934	0.0099
54	0.9962	0.0066
55	0.9978	0.0038
56	0.9989	0.0022
57	0.9995	0.0011
58	1.0000	0.0005

• m = 13, n = 4

10	0.0004	1.0000
11	0.0008	0.9996
12	0.0017	0.9992
13	0.0029	0.9983
14	0.0050	0.9971
15	0.0076	0.9950
16	0.0113	0.9924
17	0.0160	0.9887
18	0.0223	0.9840
19	0.0298	0.9777
20	0.0395	0.9702
21	0.0508	0.9605
22	0.0651	0.9492
23	0.0815	0.9349

24	0.1008	0.9185
25	0.1227	0.8992
26	0.1479	0.8773
27	0.1752	0.8521
28	0.2059	0.8248
29	0.2387	0.7941
30	0.2744	0.7613
31	0.3118	0.7256
32	0.3517	0.6882
33	0.3924	0.6483
34	0.4353	0.6076
35	0.4782	0.5647
36	0.5218	0.5218
37	0.5647	0.4782
38	0.6076	0.4353
39	0.6483	0.3924
40	0.6882	0.3517
41	0.7256	0.3118
42	0.7613	0.2744
43	0.7941	0.2387
44	0.8248	0.2059
45	0.8521	0.1752
46	0.8773	0.1479
47	0.8992	0.1227
48	0.9185	0.1008
49	0.9349	0.0815
50	0.9492	0.0651
51	0.9605	0.0508
52	0.9702	0.0395
53	0.9777	0.0298
54	0.9840	0.0223
55	0.9887	0.0160
56	0.9924	0.0113
57	0.9950	0.0076
58	0.9971	0.0050
59	0.9983	0.0029
60	0.9992	0.0017
61	0.9996	0.0008
62	1.0000	0.0004

• m = 14, n = 4

10	0.0003	1.0000
11	0.0007	0.9997
12	0.0013	0.9993
13	0.0023	0.9987
14	0.0039	0.9977
15	0.0059	0.9961
16	0.0088	0.9941
17	0.0124	0.9912
18	0.0173	0.9876
19	0.0232	0.9827
20	0.0307	0.9768
21	0.0395	0.9693
22	0.0507	0.9605
23	0.0634	0.9493
24	0.0788	0.9366
25	0.0961	0.9212
26	0.1163	0.9039
27	0.1386	0.8837
28	0.1637	0.8614
29	0.1908	0.8363
30	0.2209	0.8092
31	0.2526	0.7791
32	0.2869	0.7474
33	0.3225	0.7131
34	0.3605	0.6775
35	0.3990	0.6395
36	0.4392	0.6010
37	0.4794	0.5608
38	0.5206	0.5206
39	0.5608	0.4794
40	0.6010	0.4392
41	0.6395	0.3990
42	0.6775	0.3605
43	0.7131	0.3225
44	0.7474	0.2869
45	0.7791	0.2526
46	0.8092	0.2209
47	0.8363	0.1908
48	0.8614	0.1637
49	0.8837	0.1386
50	0.9039	0.1163
51	0.9212	0.0961
52	0.9366	0.0788
53	0.9493	0.0634
54	0.9605	0.0507
55	0.9693	0.0395
56	0.9768	0.0307
57	0.9827	0.0232
58	0.9876	0.0173
59	0.9912	0.0124
60	0.9941	0.0088
61	0.9961	0.0059
62	0.9977	0.0039
63	0.9987	0.0023
64	0.9993	0.0013
65	0.9997	0.0007
66	1.0000	0.0003

• m = 15, n = 4

10	0.0003	1.0000
11	0.0005	0.9997
12	0.0010	0.9995
13	0.0018	0.9990
14	0.0031	0.9982
15	0.0046	0.9969
16	0.0070	0.9954
17	0.0098	0.9930
18	0.0137	0.9902
19	0.0183	0.9863
20	0.0243	0.9817
21	0.0312	0.9757
22	0.0400	0.9688
23	0.0501	0.9600
24	0.0622	0.9499
25	0.0761	0.9378
26	0.0924	0.9239
27	0.1104	0.9076
28	0.1311	0.8896
29	0.1535	0.8689
30	0.1785	0.8465
31	0.2054	0.8215
32	0.2345	0.7946
33	0.2652	0.7655
34	0.2982	0.7348
35	0.3323	0.7018
36	0.3682	0.6677
37	0.4048	0.6318
38	0.4427	0.5952
39	0.4807	0.5573
40	0.5193	0.5193
41	0.5573	0.4807
42	0.5952	0.4427
43	0.6318	0.4048
44	0.6677	0.3682
45	0.7018	0.3323
46	0.7348	0.2982
47	0.7655	0.2652
48	0.7946	0.2345
49	0.8215	0.2054
50	0.8465	0.1785
51	0.8689	0.1535
52	0.8896	0.1311
53	0.9076	0.1104
54	0.9239	0.0924
55	0.9378	0.0761
56	0.9499	0.0622
57	0.9600	0.0501
58	0.9688	0.0400
59	0.9757	0.0312
60	0.9817	0.0243
61	0.9863	0.0183
62	0.9902	0.0137
63	0.9930	0.0098
64	0.9954	0.0070
65	0.9969	0.0046
66	0.9982	0.0031
67	0.9990	0.0018
68	0.9995	0.0010
69	0.9997	0.0005
70	1.0000	0.0003

• m = 16, n = 4

10	0.0002	1.0000
11	0.0004	0.9998
12	0.0008	0.9996
13	0.0014	0.9992
14	0.0025	0.9986
15	0.0037	0.9975
16	0.0056	0.9963
17	0.0078	0.9944
18	0.0109	0.9922
19	0.0147	0.9891
20	0.0194	0.9853
21	0.0250	0.9806
22	0.0320	0.9750
23	0.0400	0.9680
24	0.0497	0.9600
25	0.0609	0.9503
26	0.0741	0.9391
27	0.0888	0.9259
28	0.1057	0.9112
29	0.1243	0.8943
30	0.1451	0.8757
31	0.1676	0.8549
32	0.1924	0.8324
33	0.2186	0.8076
34	0.2471	0.7814
35	0.2768	0.7529
36	0.3084	0.7232
37	0.3410	0.6916
38	0.3752	0.6590
39	0.4099	0.6248
40	0.4458	0.5901
41	0.4817	0.5542
42	0.5183	0.5183
43	0.5542	0.4817
44	0.5901	0.4458
45	0.6248	0.4099
46	0.6590	0.3752
47	0.6916	0.3410
48	0.7232	0.3084
49	0.7529	0.2768
50	0.7814	0.2471
51	0.8076	0.2186
52	0.8324	0.1924
53	0.8549	0.1676
54	0.8757	0.1451
55	0.8943	0.1243
56	0.9112	0.1057
57	0.9259	0.0888
58	0.9391	0.0741
59	0.9503	0.0609
60	0.9600	0.0497
61	0.9680	0.0400
62	0.9750	0.0320
63	0.9806	0.0250
64	0.9853	0.0194
65	0.9891	0.0147
66	0.9922	0.0109
67	0.9944	0.0078
68	0.9963	0.0056
69	0.9975	0.0037
70	0.9986	0.0025
71	0.9992	0.0014

72	0.9996	0.0008
73	0.9998	0.0004
74	1.0000	0.0002

• m = 17, n = 4

10	0.0002	1.0000
11	0.0003	0.9998
12	0.0007	0.9997
13	0.0012	0.9993
14	0.0020	0.9988
15	0.0030	0.9980
16	0.0045	0.9970
17	0.0063	0.9955
18	0.0089	0.9937
19	0.0119	0.9911
20	0.0157	0.9881
21	0.0202	0.9843
22	0.0259	0.9798
23	0.0324	0.9741
24	0.0403	0.9676
25	0.0493	0.9597
26	0.0600	0.9507
27	0.0720	0.9400
28	0.0859	0.9280
29	0.1013	0.9141
30	0.1186	0.8987
31	0.1375	0.8814
32	0.1584	0.8625
33	0.1808	0.8416
34	0.2052	0.8192
35	0.2309	0.7948
36	0.2585	0.7691
37	0.2872	0.7415
38	0.3176	0.7128
39	0.3489	0.6824
40	0.3815	0.6511
41	0.4145	0.6185
42	0.4486	0.5855
43	0.4827	0.5514
44	0.5173	0.5173
45	0.5514	0.4827
46	0.5855	0.4486
47	0.6185	0.4145
48	0.6511	0.3815
49	0.6824	0.3489
50	0.7128	0.3176
51	0.7415	0.2872
52	0.7691	0.2585
53	0.7948	0.2309
54	0.8192	0.2052
55	0.8416	0.1808
56	0.8625	0.1584
57	0.8814	0.1375
58	0.8987	0.1186
59	0.9141	0.1013
60	0.9280	0.0859
61	0.9400	0.0720
62	0.9507	0.0600
63	0.9597	0.0493
64	0.9676	0.0403
65	0.9741	0.0324
66	0.9798	0.0259
67	0.9843	0.0202
68	0.9881	0.0157
69	0.9911	0.0119
70	0.9937	0.0089
71	0.9955	0.0063
72	0.9970	0.0045
73	0.9980	0.0030
74	0.9988	0.0020
75	0.9993	0.0012
76	0.9997	0.0007
77	0.9998	0.0003
78	1.0000	0.0002

• m = 18, n = 4

10	0.0001	1.0000
11	0.0003	0.9999
12	0.0005	0.9997
13	0.0010	0.9995
14	0.0016	0.9990
15	0.0025	0.9984
16	0.0037	0.9975
17	0.0052	0.9963
18	0.0072	0.9948
19	0.0097	0.9928
20	0.0129	0.9903
21	0.0165	0.9871
22	0.0212	0.9835
23	0.0265	0.9788
24	0.0329	0.9735
25	0.0403	0.9671
26	0.0491	0.9597
27	0.0589	0.9509
28	0.0704	0.9411
29	0.0831	0.9296
30	0.0976	0.9169
31	0.1135	0.9024
32	0.1311	0.8865
33	0.1501	0.8689
34	0.1710	0.8499
35	0.1932	0.8290
36	0.2171	0.8068
37	0.2422	0.7829
38	0.2690	0.7578
39	0.2968	0.7310
40	0.3260	0.7032
41	0.3560	0.6740
42	0.3871	0.6440
43	0.4187	0.6129
44	0.4511	0.5813
45	0.4835	0.5489
46	0.5165	0.5165
47	0.5489	0.4835
48	0.5813	0.4511
49	0.6129	0.4187
50	0.6440	0.3871
51	0.6740	0.3560
52	0.7032	0.3260
53	0.7310	0.2968
54	0.7578	0.2690
55	0.7829	0.2422
56	0.8068	0.2171
57	0.8290	0.1932
58	0.8499	0.1710
59	0.8689	0.1501
60	0.8865	0.1311
61	0.9024	0.1135
62	0.9169	0.0976
63	0.9296	0.0831
64	0.9411	0.0704
65	0.9509	0.0589
66	0.9597	0.0491
67	0.9671	0.0403
68	0.9735	0.0329
69	0.9788	0.0265
70	0.9835	0.0212
71	0.9871	0.0165
72	0.9903	0.0129
73	0.9928	0.0097
74	0.9948	0.0072
75	0.9963	0.0052
76	0.9975	0.0037
77	0.9984	0.0025
78	0.9990	0.0016
79	0.9995	0.0010
80	0.9997	0.0005
81	0.9999	0.0003
82	1.0000	0.0001

• m = 19, n = 4

10	0.0001	1.0000
11	0.0002	0.9999
12	0.0005	0.9998
13	0.0008	0.9995
14	0.0014	0.9992
15	0.0020	0.9986
16	0.0030	0.9980
17	0.0043	0.9970
18	0.0060	0.9957
19	0.0080	0.9940
20	0.0106	0.9920
21	0.0137	0.9894
22	0.0175	0.9863
23	0.0219	0.9825
24	0.0272	0.9781
25	0.0333	0.9728
26	0.0405	0.9667
27	0.0487	0.9595
28	0.0582	0.9513
29	0.0688	0.9418
30	0.0809	0.9312
31	0.0942	0.9191
32	0.1091	0.9058
33	0.1252	0.8909
34	0.1431	0.8748
35	0.1622	0.8569
36	0.1828	0.8378
37	0.2047	0.8172
38	0.2282	0.7953
39	0.2527	0.7718
40	0.2787	0.7473
41	0.3056	0.7213
42	0.3337	0.6944
43	0.3625	0.6663
44	0.3923	0.6375
45	0.4225	0.6077
46	0.4534	0.5775
47	0.4844	0.5466
48	0.5156	0.5156
49	0.5466	0.4844
50	0.5775	0.4534
51	0.6077	0.4225
52	0.6375	0.3923
53	0.6663	0.3625
54	0.6944	0.3337
55	0.7213	0.3056
56	0.7473	0.2787
57	0.7718	0.2527
58	0.7953	0.2282
59	0.8172	0.2047
60	0.8378	0.1828
61	0.8569	0.1622
62	0.8748	0.1431
63	0.8909	0.1252
64	0.9058	0.1091
65	0.9191	0.0942
66	0.9312	0.0809
67	0.9418	0.0688
68	0.9513	0.0582
69	0.9595	0.0487
70	0.9667	0.0405
71	0.9728	0.0333
72	0.9781	0.0272
73	0.9825	0.0219
74	0.9863	0.0175
75	0.9894	0.0137
76	0.9920	0.0106
77	0.9940	0.0080
78	0.9957	0.0060
79	0.9970	0.0043
80	0.9980	0.0030
81	0.9986	0.0020
82	0.9992	0.0014
83	0.9995	0.0008

84	0.9998	0.0005
85	0.9999	0.0002
86	1.0000	0.0001

• m = 20, n = 4

10	0.0001	1.0000
11	0.0002	0.9999
12	0.0004	0.9998
13	0.0007	0.9996
14	0.0011	0.9993
15	0.0017	0.9989
16	0.0025	0.9983
17	0.0036	0.9975
18	0.0050	0.9964
19	0.0067	0.9950
20	0.0088	0.9933
21	0.0114	0.9912
22	0.0146	0.9886
23	0.0183	0.9854
24	0.0227	0.9817
25	0.0278	0.9773
26	0.0338	0.9722
27	0.0406	0.9662
28	0.0485	0.9594
29	0.0573	0.9515
30	0.0675	0.9427
31	0.0787	0.9325
32	0.0913	0.9213
33	0.1050	0.9087
34	0.1203	0.8950
35	0.1366	0.8797
36	0.1545	0.8634
37	0.1735	0.8455
38	0.1941	0.8265
39	0.2156	0.8059
40	0.2386	0.7844
41	0.2625	0.7614
42	0.2877	0.7375
43	0.3137	0.7123
44	0.3408	0.6863
45	0.3684	0.6592
46	0.3970	0.6316
47	0.4259	0.6030
48	0.4555	0.5741
49	0.4850	0.5445
50	0.5150	0.5150
51	0.5445	0.4850
52	0.5741	0.4555
53	0.6030	0.4259
54	0.6316	0.3970
55	0.6592	0.3684
56	0.6863	0.3408
57	0.7123	0.3137
58	0.7375	0.2877
59	0.7614	0.2625
60	0.7844	0.2386
61	0.8059	0.2156
62	0.8265	0.1941
63	0.8455	0.1735
64	0.8634	0.1545
65	0.8797	0.1366
66	0.8950	0.1203
67	0.9087	0.1050
68	0.9213	0.0913
69	0.9325	0.0787
70	0.9427	0.0675
71	0.9515	0.0573
72	0.9594	0.0485
73	0.9662	0.0406
74	0.9722	0.0338
75	0.9773	0.0278
76	0.9817	0.0227
77	0.9854	0.0183
78	0.9886	0.0146
79	0.9912	0.0114
80	0.9933	0.0088
81	0.9950	0.0067
82	0.9964	0.0050
83	0.9975	0.0036
84	0.9983	0.0025
85	0.9989	0.0017
86	0.9993	0.0011
87	0.9996	0.0007
88	0.9998	0.0004
89	0.9999	0.0002
90	1.0000	0.0001

▶ n = 5

• m = 3, n = 5

15	0.0179	1.0000
16	0.0357	0.9821
17	0.0714	0.9643
18	0.1250	0.9286
19	0.1964	0.8750
20	0.2857	0.8036
21	0.3929	0.7143
22	0.5000	0.6071
23	0.6071	0.5000
24	0.7143	0.3929
25	0.8036	0.2857
26	0.8750	0.1964
27	0.9286	0.1250
28	0.9643	0.0714
29	0.9821	0.0357
30	1.0000	0.0179

• m = 4, n = 5

15	0.0079	1.0000
16	0.0159	0.9921
17	0.0317	0.9841
18	0.0556	0.9683
19	0.0952	0.9444
20	0.1429	0.9048
21	0.2063	0.8571
22	0.2778	0.7937
23	0.3651	0.7222
24	0.4524	0.6349
25	0.5476	0.5476
26	0.6349	0.4524
27	0.7222	0.3651
28	0.7937	0.2778
29	0.8571	0.2063
30	0.9048	0.1429
31	0.9444	0.0952
32	0.9683	0.0556
33	0.9841	0.0317
34	0.9921	0.0159
35	1.0000	0.0079

• m = 5, n = 5

15	0.0040	1.0000
16	0.0079	0.9960
17	0.0159	0.9921
18	0.0278	0.9841
19	0.0476	0.9722
20	0.0754	0.9524
21	0.1111	0.9246
22	0.1548	0.8889
23	0.2103	0.8452
24	0.2738	0.7897
25	0.3452	0.7262
26	0.4206	0.6548
27	0.5000	0.5794
28	0.5794	0.5000
29	0.6548	0.4206
30	0.7262	0.3452
31	0.7897	0.2738
32	0.8452	0.2103
33	0.8889	0.1548
34	0.9246	0.1111
35	0.9524	0.0754
36	0.9722	0.0476
37	0.9841	0.0278
38	0.9921	0.0159
39	0.9960	0.0079
40	1.0000	0.0040

• m = 6, n = 5

15	0.0022	1.0000
16	0.0043	0.9978
17	0.0087	0.9957
18	0.0152	0.9913
19	0.0260	0.9848
20	0.0411	0.9740
21	0.0628	0.9589
22	0.0887	0.9372
23	0.1234	0.9113
24	0.1645	0.8766
25	0.2143	0.8355
26	0.2684	0.7857
27	0.3312	0.7316
28	0.3961	0.6688
29	0.4654	0.6039
30	0.5346	0.5346
31	0.6039	0.4654
32	0.6688	0.3961
33	0.7316	0.3312
34	0.7857	0.2684
35	0.8355	0.2143
36	0.8766	0.1645
37	0.9113	0.1234
38	0.9372	0.0887
39	0.9589	0.0628
40	0.9740	0.0411
41	0.9848	0.0260
42	0.9913	0.0152
43	0.9957	0.0087
44	0.9978	0.0043
45	1.0000	0.0022

• m = 7, n = 5

15	0.0013	1.0000
16	0.0025	0.9987
17	0.0051	0.9975
18	0.0088	0.9949
19	0.0152	0.9912
20	0.0240	0.9848
21	0.0366	0.9760
22	0.0530	0.9634
23	0.0745	0.9470
24	0.1010	0.9255
25	0.1338	0.8990
26	0.1717	0.8662
27	0.2159	0.8283
28	0.2652	0.7841
29	0.3194	0.7348
30	0.3775	0.6806
31	0.4381	0.6225
32	0.5000	0.5619
33	0.5619	0.5000
34	0.6225	0.4381
35	0.6806	0.3775
36	0.7348	0.3194
37	0.7841	0.2652
38	0.8283	0.2159
39	0.8662	0.1717
40	0.8990	0.1338
41	0.9255	0.1010
42	0.9470	0.0745
43	0.9634	0.0530
44	0.9760	0.0366

45	0.9848	0.0240
46	0.9912	0.0152
47	0.9949	0.0088
48	0.9975	0.0051
49	0.9987	0.0025
50	1.0000	0.0013

• m = 8, n = 5

15	0.0008	1.0000
16	0.0016	0.9992
17	0.0031	0.9984
18	0.0054	0.9969
19	0.0093	0.9946
20	0.0148	0.9907
21	0.0225	0.9852
22	0.0326	0.9775
23	0.0466	0.9674
24	0.0637	0.9534
25	0.0855	0.9363
26	0.1111	0.9145
27	0.1422	0.8889
28	0.1772	0.8578
29	0.2176	0.8228
30	0.2618	0.7824
31	0.3108	0.7382
32	0.3621	0.6892
33	0.4165	0.6379
34	0.4716	0.5835
35	0.5284	0.5284
36	0.5835	0.4716
37	0.6379	0.4165
38	0.6892	0.3621
39	0.7382	0.3108
40	0.7824	0.2618
41	0.8228	0.2176
42	0.8578	0.1772
43	0.8889	0.1422
44	0.9145	0.1111
45	0.9363	0.0855
46	0.9534	0.0637
47	0.9674	0.0466
48	0.9775	0.0326
49	0.9852	0.0225
50	0.9907	0.0148
51	0.9946	0.0093
52	0.9969	0.0054
53	0.9984	0.0031
54	0.9992	0.0016
55	1.0000	0.0008

• m = 9, n = 5

15	0.0005	1.0000
16	0.0010	0.9995
17	0.0020	0.9990
18	0.0035	0.9980
19	0.0060	0.9965
20	0.0095	0.9940
21	0.0145	0.9905
22	0.0210	0.9855
23	0.0300	0.9790
24	0.0415	0.9700
25	0.0559	0.9585
26	0.0734	0.9441
27	0.0949	0.9266
28	0.1199	0.9051
29	0.1489	0.8801
30	0.1818	0.8511
31	0.2188	0.8182
32	0.2592	0.7812
33	0.3032	0.7408
34	0.3497	0.6968
35	0.3986	0.6503
36	0.4491	0.6014
37	0.5000	0.5509
38	0.5509	0.5000
39	0.6014	0.4491
40	0.6503	0.3986
41	0.6968	0.3497
42	0.7408	0.3032
43	0.7812	0.2592
44	0.8182	0.2188
45	0.8511	0.1818
46	0.8801	0.1489
47	0.9051	0.1199
48	0.9266	0.0949
49	0.9441	0.0734
50	0.9585	0.0559
51	0.9700	0.0415
52	0.9790	0.0300
53	0.9855	0.0210
54	0.9905	0.0145
55	0.9940	0.0095
56	0.9965	0.0060
57	0.9980	0.0035
58	0.9990	0.0020
59	0.9995	0.0010
60	1.0000	0.0005

• m = 10, n = 5

15	0.0003	1.0000
16	0.0007	0.9997
17	0.0013	0.9993
18	0.0023	0.9987
19	0.0040	0.9977
20	0.0063	0.9960
21	0.0097	0.9937
22	0.0140	0.9903
23	0.0200	0.9860
24	0.0276	0.9800
25	0.0376	0.9724
26	0.0496	0.9624
27	0.0646	0.9504
28	0.0823	0.9354
29	0.1032	0.9177
30	0.1272	0.8968
31	0.1548	0.8728
32	0.1855	0.8452
33	0.2198	0.8145
34	0.2567	0.7802
35	0.2970	0.7433
36	0.3393	0.7030
37	0.3839	0.6607
38	0.4296	0.6161
39	0.4765	0.5704
40	0.5235	0.5235
41	0.5704	0.4765
42	0.6161	0.4296
43	0.6607	0.3839
44	0.7030	0.3393
45	0.7433	0.2970
46	0.7802	0.2567
47	0.8145	0.2198
48	0.8452	0.1855
49	0.8728	0.1548
50	0.8968	0.1272
51	0.9177	0.1032
52	0.9354	0.0823
53	0.9504	0.0646
54	0.9624	0.0496
55	0.9724	0.0376
56	0.9800	0.0276
57	0.9860	0.0200
58	0.9903	0.0140
59	0.9937	0.0097
60	0.9960	0.0063
61	0.9977	0.0040
62	0.9987	0.0023
63	0.9993	0.0013
64	0.9997	0.0007
65	1.0000	0.0003

▶ n = 6

• m = 3, n = 6

21	0.0119	1.0000
22	0.0238	0.9881
23	0.0476	0.9762
24	0.0833	0.9524
25	0.1310	0.9167
26	0.1905	0.8690
27	0.2738	0.8095
28	0.3571	0.7262
29	0.4524	0.6429
30	0.5476	0.5476
31	0.6429	0.4524
32	0.7262	0.3571
33	0.8095	0.2738
34	0.8690	0.1905
35	0.9167	0.1310
36	0.9524	0.0833
37	0.9762	0.0476
38	0.9881	0.0238
39	1.0000	0.0119

• m = 4, n = 6

21	0.0048	1.0000
22	0.0095	0.9952
23	0.0190	0.9905
24	0.0333	0.9810
25	0.0571	0.9667
26	0.0857	0.9429
27	0.1286	0.9143
28	0.1762	0.8714
29	0.2381	0.8238
30	0.3048	0.7619
31	0.3810	0.6952
32	0.4571	0.6190
33	0.5429	0.5429
34	0.6190	0.4571
35	0.6952	0.3810
36	0.7619	0.3048
37	0.8238	0.2381
38	0.8714	0.1762
39	0.9143	0.1286
40	0.9429	0.0857
41	0.9667	0.0571
42	0.9810	0.0333
43	0.9905	0.0190
44	0.9952	0.0095
45	1.0000	0.0048

• m = 5, n = 6

21	0.0022	1.0000
22	0.0043	0.9978
23	0.0087	0.9957
24	0.0152	0.9913
25	0.0260	0.9848
26	0.0411	0.9740
27	0.0628	0.9589
28	0.0887	0.9372
29	0.1234	0.9113
30	0.1645	0.8766
31	0.2143	0.8355
32	0.2684	0.7857
33	0.3312	0.7316
34	0.3961	0.6688
35	0.4654	0.6039
36	0.5346	0.5346
37	0.6039	0.4654
38	0.6688	0.3961
39	0.7316	0.3312
40	0.7857	0.2684

41	0.8355	0.2143
42	0.8766	0.1645
43	0.9113	0.1234
44	0.9372	0.0887
45	0.9589	0.0628
46	0.9740	0.0411
47	0.9848	0.0260
48	0.9913	0.0152
49	0.9957	0.0087
50	0.9978	0.0043
51	1.0000	0.0022

• m = 6, n = 6

21	0.0011	1.0000
22	0.0022	0.9989
23	0.0043	0.9978
24	0.0076	0.9957
25	0.0130	0.9924
26	0.0206	0.9870
27	0.0325	0.9794
28	0.0465	0.9675
29	0.0660	0.9535
30	0.0898	0.9340
31	0.1201	0.9102
32	0.1548	0.8799
33	0.1970	0.8452
34	0.2424	0.8030
35	0.2944	0.7576
36	0.3496	0.7056
37	0.4091	0.6504
38	0.4686	0.5909
39	0.5314	0.5314
40	0.5909	0.4686
41	0.6504	0.4091
42	0.7056	0.3496
43	0.7576	0.2944
44	0.8030	0.2424
45	0.8452	0.1970
46	0.8799	0.1548
47	0.9102	0.1201
48	0.9340	0.0898
49	0.9535	0.0660
50	0.9675	0.0465
51	0.9794	0.0325
52	0.9870	0.0206
53	0.9924	0.0130
54	0.9957	0.0076
55	0.9978	0.0043
56	0.9989	0.0022
57	1.0000	0.0011

• m = 7, n = 6

21	0.0006	1.0000
22	0.0012	0.9994
23	0.0023	0.9988
24	0.0041	0.9977
25	0.0070	0.9959
26	0.0111	0.9930
27	0.0175	0.9889
28	0.0256	0.9825
29	0.0367	0.9744
30	0.0507	0.9633
31	0.0688	0.9493
32	0.0903	0.9312
33	0.1171	0.9097
34	0.1474	0.8829
35	0.1830	0.8526
36	0.2226	0.8170
37	0.2669	0.7774
38	0.3141	0.7331
39	0.3654	0.6859
40	0.4178	0.6346
41	0.4726	0.5822
42	0.5274	0.5274
43	0.5822	0.4726
44	0.6346	0.4178
45	0.6859	0.3654
46	0.7331	0.3141
47	0.7774	0.2669
48	0.8170	0.2226
49	0.8526	0.1830
50	0.8829	0.1474
51	0.9097	0.1171
52	0.9312	0.0903
53	0.9493	0.0688
54	0.9633	0.0507
55	0.9744	0.0367
56	0.9825	0.0256
57	0.9889	0.0175
58	0.9930	0.0111
59	0.9959	0.0070
60	0.9977	0.0041
61	0.9988	0.0023
62	0.9994	0.0012
63	1.0000	0.0006

• m = 8, n = 6

21	0.0003	1.0000
22	0.0007	0.9997
23	0.0013	0.9993
24	0.0023	0.9987
25	0.0040	0.9977
26	0.0063	0.9960
27	0.0100	0.9937
28	0.0147	0.9900
29	0.0213	0.9853
30	0.0296	0.9787
31	0.0406	0.9704
32	0.0539	0.9594
33	0.0709	0.9461
34	0.0906	0.9291
35	0.1142	0.9094
36	0.1412	0.8858
37	0.1725	0.8588
38	0.2068	0.8275
39	0.2454	0.7932
40	0.2864	0.7546
41	0.3310	0.7136
42	0.3773	0.6690
43	0.4259	0.6227
44	0.4749	0.5741
45	0.5251	0.5251
46	0.5741	0.4749
47	0.6227	0.4259
48	0.6690	0.3773
49	0.7136	0.3310
50	0.7546	0.2864
51	0.7932	0.2454
52	0.8275	0.2068
53	0.8588	0.1725
54	0.8858	0.1412
55	0.9094	0.1142
56	0.9291	0.0906
57	0.9461	0.0709
58	0.9594	0.0539
59	0.9704	0.0406
60	0.9787	0.0296
61	0.9853	0.0213
62	0.9900	0.0147
63	0.9937	0.0100
64	0.9960	0.0063
65	0.9977	0.0040
66	0.9987	0.0023
67	0.9993	0.0013
68	0.9997	0.0007
69	1.0000	0.0003

• m = 9, n = 6

21	0.0002	1.0000
22	0.0004	0.9998
23	0.0008	0.9996
24	0.0014	0.9992
25	0.0024	0.9986
26	0.0038	0.9976
27	0.0060	0.9962
28	0.0088	0.9940
29	0.0128	0.9912
30	0.0180	0.9872
31	0.0248	0.9820
32	0.0332	0.9752
33	0.0440	0.9668
34	0.0567	0.9560
35	0.0723	0.9433
36	0.0905	0.9277
37	0.1119	0.9095
38	0.1361	0.8881
39	0.1638	0.8639
40	0.1942	0.8362
41	0.2280	0.8058
42	0.2643	0.7720
43	0.3035	0.7357
44	0.3445	0.6965
45	0.3878	0.6555
46	0.4320	0.6122
47	0.4773	0.5680
48	0.5227	0.5227
49	0.5680	0.4773
50	0.6122	0.4320
51	0.6555	0.3878
52	0.6965	0.3445
53	0.7357	0.3035
54	0.7720	0.2643
55	0.8058	0.2280
56	0.8362	0.1942
57	0.8639	0.1638
58	0.8881	0.1361
59	0.9095	0.1119
60	0.9277	0.0905
61	0.9433	0.0723
62	0.9560	0.0567
63	0.9668	0.0440
64	0.9752	0.0332
65	0.9820	0.0248
66	0.9872	0.0180
67	0.9912	0.0128
68	0.9940	0.0088
69	0.9962	0.0060
70	0.9976	0.0038
71	0.9986	0.0024
72	0.9992	0.0014
73	0.9996	0.0008
74	0.9998	0.0004
75	1.0000	0.0002

• m = 10, n = 6

21	0.0001	1.0000
22	0.0002	0.9999
23	0.0005	0.9998
24	0.0009	0.9995
25	0.0015	0.9991
26	0.0024	0.9985
27	0.0037	0.9976
28	0.0055	0.9963
29	0.0080	0.9945
30	0.0112	0.9920
31	0.0156	0.9888
32	0.0210	0.9844
33	0.0280	0.9790
34	0.0363	0.9720
35	0.0467	0.9637
36	0.0589	0.9533
37	0.0736	0.9411
38	0.0903	0.9264

표 5 (계속)

39	0.1099	0.9097
40	0.1317	0.8901
41	0.1566	0.8683
42	0.1838	0.8434
43	0.2139	0.8162
44	0.2461	0.7861
45	0.2811	0.7539
46	0.3177	0.7189
47	0.3564	0.6823
48	0.3962	0.6436
49	0.4374	0.6038
50	0.4789	0.5626
51	0.5211	0.5211
52	0.5626	0.4789
53	0.6038	0.4374
54	0.6436	0.3962
55	0.6823	0.3564
56	0.7189	0.3177
57	0.7539	0.2811
58	0.7861	0.2461
59	0.8162	0.2139
60	0.8434	0.1838
61	0.8683	0.1566
62	0.8901	0.1317
63	0.9097	0.1099
64	0.9264	0.0903
65	0.9411	0.0736
66	0.9533	0.0589
67	0.9637	0.0467
68	0.9720	0.0363
69	0.9790	0.0280
70	0.9844	0.0210
71	0.9888	0.0156
72	0.9920	0.0112
73	0.9945	0.0080
74	0.9963	0.0055
75	0.9976	0.0037
76	0.9985	0.0024
77	0.9991	0.0015
78	0.9995	0.0009
79	0.9998	0.0005
80	0.9999	0.0002
81	1.0000	0.0001

▶ n = 7

•m = 3, n = 7

28	0.0083	1.0000
29	0.0167	0.9917
30	0.0333	0.9833
31	0.0583	0.9667
32	0.0917	0.9417
33	0.1333	0.9083
34	0.1917	0.8667
35	0.2583	0.8083
36	0.3333	0.7417
37	0.4167	0.6667
38	0.5000	0.5833
39	0.5833	0.5000
40	0.6667	0.4167
41	0.7417	0.3333
42	0.8083	0.2583
43	0.8667	0.1917
44	0.9083	0.1333
45	0.9417	0.0917
46	0.9667	0.0583
47	0.9833	0.0333
48	0.9917	0.0167
49	1.0000	0.0083

•m = 4, n = 7

28	0.0030	1.0000
29	0.0061	0.9970
30	0.0121	0.9939
31	0.0212	0.9879
32	0.0364	0.9788
33	0.0545	0.9636
34	0.0818	0.9455
35	0.1152	0.9182
36	0.1576	0.8848
37	0.2061	0.8424
38	0.2636	0.7939
39	0.3242	0.7364
40	0.3939	0.6758
41	0.4636	0.6061
42	0.5364	0.5364
43	0.6061	0.4636
44	0.6758	0.3939
45	0.7364	0.3242
46	0.7939	0.2636
47	0.8424	0.2061
48	0.8848	0.1576
49	0.9182	0.1152
50	0.9455	0.0818
51	0.9636	0.0545
52	0.9788	0.0364
53	0.9879	0.0212
54	0.9939	0.0121
55	0.9970	0.0061
56	1.0000	0.0030

•m = 5, n = 7

28	0.0013	1.0000
29	0.0025	0.9987
30	0.0051	0.9975
31	0.0088	0.9949
32	0.0152	0.9912
33	0.0240	0.9848
34	0.0366	0.9760
35	0.0530	0.9634
36	0.0745	0.9470
37	0.1010	0.9255
38	0.1338	0.8990
39	0.1717	0.8662
40	0.2159	0.8283
41	0.2652	0.7841
42	0.3194	0.7348
43	0.3775	0.6806
44	0.4381	0.6225
45	0.5000	0.5619
46	0.5619	0.5000
47	0.6225	0.4381
48	0.6806	0.3775
49	0.7348	0.3194
50	0.7841	0.2652
51	0.8283	0.2159
52	0.8662	0.1717
53	0.8990	0.1338
54	0.9255	0.1010
55	0.9470	0.0745
56	0.9634	0.0530
57	0.9760	0.0366
58	0.9848	0.0240
59	0.9912	0.0152
60	0.9949	0.0088
61	0.9975	0.0051
62	0.9987	0.0025
63	1.0000	0.0013

•m = 6, n = 7

28	0.0006	1.0000
29	0.0012	0.9994
30	0.0023	0.9988
31	0.0041	0.9977
32	0.0070	0.9959
33	0.0111	0.9930
34	0.0175	0.9889
35	0.0256	0.9825
36	0.0367	0.9744
37	0.0507	0.9633
38	0.0688	0.9493
39	0.0903	0.9312
40	0.1171	0.9097
41	0.1474	0.8829
42	0.1830	0.8526
43	0.2226	0.8170
44	0.2669	0.7774
45	0.3141	0.7331
46	0.3654	0.6859
47	0.4178	0.6346
48	0.4726	0.5822
49	0.5274	0.5274
50	0.5822	0.4726
51	0.6346	0.4178
52	0.6859	0.3654
53	0.7331	0.3141
54	0.7774	0.2669
55	0.8170	0.2226
56	0.8526	0.1830
57	0.8829	0.1474
58	0.9097	0.1171
59	0.9312	0.0903
60	0.9493	0.0688
61	0.9633	0.0507
62	0.9744	0.0367
63	0.9825	0.0256
64	0.9889	0.0175
65	0.9930	0.0111
66	0.9959	0.0070
67	0.9977	0.0041
68	0.9988	0.0023
69	0.9994	0.0012
70	1.0000	0.0006

•m = 7, n = 7

28	0.0003	1.0000
29	0.0006	0.9997
30	0.0012	0.9994
31	0.0020	0.9988
32	0.0035	0.9980
33	0.0055	0.9965
34	0.0087	0.9945
35	0.0131	0.9913
36	0.0189	0.9869
37	0.0265	0.9811
38	0.0364	0.9735
39	0.0487	0.9636
40	0.0641	0.9513
41	0.0825	0.9359
42	0.1043	0.9175
43	0.1297	0.8957
44	0.1588	0.8703
45	0.1914	0.8412
46	0.2279	0.8086
47	0.2675	0.7721
48	0.3100	0.7325
49	0.3552	0.6900
50	0.4024	0.6448
51	0.4508	0.5976
52	0.5000	0.5492
53	0.5492	0.5000
54	0.5976	0.4508
55	0.6448	0.4024
56	0.6900	0.3552
57	0.7325	0.3100
58	0.7721	0.2675
59	0.8086	0.2279
60	0.8412	0.1914
61	0.8703	0.1588
62	0.8957	0.1297
63	0.9175	0.1043
64	0.9359	0.0825
65	0.9513	0.0641

66	0.9636	0.0487
67	0.9735	0.0364
68	0.9811	0.0265
69	0.9869	0.0189
70	0.9913	0.0131
71	0.9945	0.0087
72	0.9965	0.0055
73	0.9980	0.0035
74	0.9988	0.0020
75	0.9994	0.0012
76	0.9997	0.0006
77	1.0000	0.0003

• m = 8, n = 7

28	0.0002	1.0000
29	0.0003	0.9998
30	0.0006	0.9997
31	0.0011	0.9994
32	0.0019	0.9989
33	0.0030	0.9981
34	0.0047	0.9970
35	0.0070	0.9953
36	0.0103	0.9930
37	0.0145	0.9897
38	0.0200	0.9855
39	0.0270	0.9800
40	0.0361	0.9730
41	0.0469	0.9639
42	0.0603	0.9531
43	0.0760	0.9397
44	0.0946	0.9240
45	0.1159	0.9054
46	0.1405	0.8841
47	0.1678	0.8595
48	0.1984	0.8322
49	0.2317	0.8016
50	0.2679	0.7683
51	0.3063	0.7321
52	0.3472	0.6937
53	0.3894	0.6528
54	0.4333	0.6106
55	0.4775	0.5667
56	0.5225	0.5225
57	0.5667	0.4775
58	0.6106	0.4333
59	0.6528	0.3894
60	0.6937	0.3472
61	0.7321	0.3063
62	0.7683	0.2679
63	0.8016	0.2317
64	0.8322	0.1984
65	0.8595	0.1678
66	0.8841	0.1405
67	0.9054	0.1159
68	0.9240	0.0946
69	0.9397	0.0760
70	0.9531	0.0603
71	0.9639	0.0469
72	0.9730	0.0361
73	0.9800	0.0270
74	0.9855	0.0200
75	0.9897	0.0145
76	0.9930	0.0103
77	0.9953	0.0070
78	0.9970	0.0047
79	0.9981	0.0030
80	0.9989	0.0019
81	0.9994	0.0011
82	0.9997	0.0006
83	0.9998	0.0003
84	1.0000	0.0002

• m = 9, n = 7

28	0.0001	1.0000
29	0.0002	0.9999
30	0.0003	0.9998
31	0.0006	0.9997
32	0.0010	0.9994
33	0.0017	0.9990
34	0.0026	0.9983
35	0.0039	0.9974
36	0.0058	0.9961
37	0.0082	0.9942
38	0.0115	0.9918
39	0.0156	0.9885
40	0.0209	0.9844
41	0.0274	0.9791
42	0.0356	0.9726
43	0.0454	0.9644
44	0.0571	0.9546
45	0.0708	0.9429
46	0.0869	0.9292
47	0.1052	0.9131
48	0.1261	0.8948
49	0.1496	0.8739
50	0.1755	0.8504
51	0.2039	0.8245
52	0.2349	0.7961
53	0.2680	0.7651
54	0.3032	0.7320
55	0.3403	0.6968
56	0.3788	0.6597
57	0.4185	0.6212
58	0.4591	0.5815
59	0.5000	0.5409
60	0.5409	0.5000
61	0.5815	0.4591
62	0.6212	0.4185
63	0.6597	0.3788
64	0.6968	0.3403
65	0.7320	0.3032
66	0.7651	0.2680
67	0.7961	0.2349
68	0.8245	0.2039
69	0.8504	0.1755
70	0.8739	0.1496
71	0.8948	0.1261
72	0.9131	0.1052
73	0.9292	0.0869
74	0.9429	0.0708
75	0.9546	0.0571
76	0.9644	0.0454
77	0.9726	0.0356
78	0.9791	0.0274
79	0.9844	0.0209
80	0.9885	0.0156
81	0.9918	0.0115
82	0.9942	0.0082
83	0.9961	0.0058
84	0.9974	0.0039
85	0.9983	0.0026
86	0.9990	0.0017
87	0.9994	0.0010
88	0.9997	0.0006
89	0.9998	0.0003
90	0.9999	0.0002
91	1.0000	0.0001

• m = 10, n = 7

28	0.0001	1.0000
29	0.0001	0.9999
30	0.0002	0.9999
31	0.0004	0.9998
32	0.0006	0.9996
33	0.0010	0.9994
34	0.0015	0.9990
35	0.0023	0.9985
36	0.0034	0.9977
37	0.0048	0.9966
38	0.0068	0.9952
39	0.0093	0.9932
40	0.0125	0.9907
41	0.0165	0.9875
42	0.0215	0.9835
43	0.0277	0.9785
44	0.0351	0.9723
45	0.0439	0.9649
46	0.0544	0.9561
47	0.0665	0.9456
48	0.0806	0.9335
49	0.0966	0.9194
50	0.1148	0.9034
51	0.1349	0.8852
52	0.1574	0.8651
53	0.1819	0.8426
54	0.2087	0.8181
55	0.2374	0.7913
56	0.2681	0.7626
57	0.3004	0.7319
58	0.3345	0.6996
59	0.3698	0.6655
60	0.4063	0.6302
61	0.4434	0.5937
62	0.4811	0.5566
63	0.5189	0.5189
64	0.5566	0.4811
65	0.5937	0.4434
66	0.6302	0.4063
67	0.6655	0.3698
68	0.6996	0.3345
69	0.7319	0.3004
70	0.7626	0.2681
71	0.7913	0.2374
72	0.8181	0.2087
73	0.8426	0.1819
74	0.8651	0.1574
75	0.8852	0.1349
76	0.9034	0.1148
77	0.9194	0.0966
78	0.9335	0.0806
79	0.9456	0.0665
80	0.9561	0.0544
81	0.9649	0.0439
82	0.9723	0.0351
83	0.9785	0.0277
84	0.9835	0.0215
85	0.9875	0.0165
86	0.9907	0.0125
87	0.9932	0.0093
88	0.9952	0.0068
89	0.9966	0.0048
90	0.9977	0.0034
91	0.9985	0.0023
92	0.9990	0.0015
93	0.9994	0.0010
94	0.9996	0.0006
95	0.9998	0.0004
96	0.9999	0.0002
97	0.9999	0.0001
98	1.0000	0.0001

▶ n = 8

• m = 3, n = 8

36	0.0061	1.0000
37	0.0121	0.9939
38	0.0242	0.9879
39	0.0424	0.9758
40	0.0667	0.9576
41	0.0970	0.9333
42	0.1394	0.9030
43	0.1879	0.8606
44	0.2485	0.8121
45	0.3152	0.7515

표 5 (계속)

46	0.3879	0.6848
47	0.4606	0.6121
48	0.5394	0.5394
49	0.6121	0.4606
50	0.6848	0.3879
51	0.7515	0.3152
52	0.8121	0.2485
53	0.8606	0.1879
54	0.9030	0.1394
55	0.9333	0.0970
56	0.9576	0.0667
57	0.9758	0.0424
58	0.9879	0.0242
59	0.9939	0.0121
60	1.0000	0.0061

• m = 4, n = 8

36	0.0020	1.0000
37	0.0040	0.9980
38	0.0081	0.9960
39	0.0141	0.9919
40	0.0242	0.9859
41	0.0364	0.9758
42	0.0545	0.9636
43	0.0768	0.9455
44	0.1071	0.9232
45	0.1414	0.8929
46	0.1838	0.8586
47	0.2303	0.8162
48	0.2848	0.7697
49	0.3414	0.7152
50	0.4040	0.6586
51	0.4667	0.5960
52	0.5333	0.5333
53	0.5960	0.4667
54	0.6586	0.4040
55	0.7152	0.3414
56	0.7697	0.2848
57	0.8162	0.2303
58	0.8586	0.1838
59	0.8929	0.1414
60	0.9232	0.1071
61	0.9455	0.0768
62	0.9636	0.0545
63	0.9758	0.0364
64	0.9859	0.0242
65	0.9919	0.0141
66	0.9960	0.0081
67	0.9980	0.0040
68	1.0000	0.0020

•m = 5, n = 8

36	0.0008	1.0000
37	0.0016	0.9992
38	0.0031	0.9984
39	0.0054	0.9969
40	0.0093	0.9946
41	0.0148	0.9907
42	0.0225	0.9852
43	0.0326	0.9775
44	0.0466	0.9674
45	0.0637	0.9534
46	0.0855	0.9363
47	0.1111	0.9145
48	0.1422	0.8889
49	0.1772	0.8578
50	0.2176	0.8228
51	0.2618	0.7824
52	0.3108	0.7382
53	0.3621	0.6892
54	0.4165	0.6379
55	0.4716	0.5835
56	0.5284	0.5284
57	0.5835	0.4716
58	0.6379	0.4165
59	0.6892	0.3621
60	0.7382	0.3108
61	0.7824	0.2618
62	0.8228	0.2176
63	0.8578	0.1772
64	0.8889	0.1422
65	0.9145	0.1111
66	0.9363	0.0855
67	0.9534	0.0637
68	0.9674	0.0466
69	0.9775	0.0326
70	0.9852	0.0225
71	0.9907	0.0148
72	0.9946	0.0093
73	0.9969	0.0054
74	0.9984	0.0031
75	0.9992	0.0016
76	1.0000	0.0008

• m = 6, n = 8

36	0.0003	1.0000
37	0.0007	0.9997
38	0.0013	0.9993
39	0.0023	0.9987
40	0.0040	0.9977
41	0.0063	0.9960
42	0.0100	0.9937
43	0.0147	0.9900
44	0.0213	0.9853
45	0.0296	0.9787
46	0.0406	0.9704
47	0.0539	0.9594
48	0.0709	0.9461
49	0.0906	0.9291
50	0.1142	0.9094
51	0.1412	0.8858
52	0.1725	0.8588
53	0.2068	0.8275
54	0.2454	0.7932
55	0.2864	0.7546
56	0.3310	0.7136
57	0.3773	0.6690
58	0.4259	0.6227
59	0.4749	0.5741
60	0.5251	0.5251
61	0.5741	0.4749
62	0.6227	0.4259
63	0.6690	0.3773
64	0.7136	0.3310
65	0.7546	0.2864
66	0.7932	0.2454
67	0.8275	0.2068
68	0.8588	0.1725
69	0.8858	0.1412
70	0.9094	0.1142
71	0.9291	0.0906
72	0.9461	0.0709
73	0.9594	0.0539
74	0.9704	0.0406
75	0.9787	0.0296
76	0.9853	0.0213
77	0.9900	0.0147
78	0.9937	0.0100
79	0.9960	0.0063
80	0.9977	0.0040
81	0.9987	0.0023
82	0.9993	0.0013
83	0.9997	0.0007
84	1.0000	0.0003

• m = 7, n = 8

36	0.0002	1.0000
37	0.0003	0.9998
38	0.0006	0.9997
39	0.0011	0.9994
40	0.0019	0.9989
41	0.0030	0.9981
42	0.0047	0.9970
43	0.0070	0.9953
44	0.0103	0.9930
45	0.0145	0.9897
46	0.0200	0.9855
47	0.0270	0.9800
48	0.0361	0.9730
49	0.0469	0.9639
50	0.0603	0.9531
51	0.0760	0.9397
52	0.0946	0.9240
53	0.1159	0.9054
54	0.1405	0.8841
55	0.1678	0.8595
56	0.1984	0.8322
57	0.2317	0.8016
58	0.2679	0.7683
59	0.3063	0.7321
60	0.3472	0.6937
61	0.3894	0.6528
62	0.4333	0.6106
63	0.4775	0.5667
64	0.5225	0.5225
65	0.5667	0.4775
66	0.6106	0.4333
67	0.6528	0.3894
68	0.6937	0.3472
69	0.7321	0.3063
70	0.7683	0.2679
71	0.8016	0.2317
72	0.8322	0.1984
73	0.8595	0.1678
74	0.8841	0.1405
75	0.9054	0.1159
76	0.9240	0.0946
77	0.9397	0.0760
78	0.9531	0.0603
79	0.9639	0.0469
80	0.9730	0.0361
81	0.9800	0.0270
82	0.9855	0.0200
83	0.9897	0.0145
84	0.9930	0.0103
85	0.9953	0.0070
86	0.9970	0.0047
87	0.9981	0.0030
88	0.9989	0.0019
89	0.9994	0.0011
90	0.9997	0.0006
91	0.9998	0.0003
92	1.0000	0.0002

• m = 8, n = 8

36	0.0001	1.0000
37	0.0002	0.9999
38	0.0003	0.9998
39	0.0005	0.9997
40	0.0009	0.9995
41	0.0015	0.9991
42	0.0023	0.9985
43	0.0035	0.9977
44	0.0052	0.9965
45	0.0074	0.9948
46	0.0103	0.9926
47	0.0141	0.9897
48	0.0190	0.9859
49	0.0249	0.9810
50	0.0325	0.9751
51	0.0415	0.9675
52	0.0524	0.9585
53	0.0652	0.9476

54	0.0803	0.9348
55	0.0974	0.9197
56	0.1172	0.9026
57	0.1393	0.8828
58	0.1641	0.8607
59	0.1911	0.8359
60	0.2209	0.8089
61	0.2527	0.7791
62	0.2869	0.7473
63	0.3227	0.7131
64	0.3605	0.6773
65	0.3992	0.6395
66	0.4392	0.6008
67	0.4796	0.5608
68	0.5204	0.5204
69	0.5608	0.4796
70	0.6008	0.4392
71	0.6395	0.3992
72	0.6773	0.3605
73	0.7131	0.3227
74	0.7473	0.2869
75	0.7791	0.2527
76	0.8089	0.2209
77	0.8359	0.1911
78	0.8607	0.1641
79	0.8828	0.1393
80	0.9026	0.1172
81	0.9197	0.0974
82	0.9348	0.0803
83	0.9476	0.0652
84	0.9585	0.0524
85	0.9675	0.0415
86	0.9751	0.0325
87	0.9810	0.0249
88	0.9859	0.0190
89	0.9897	0.0141
90	0.9926	0.0103
91	0.9948	0.0074
92	0.9965	0.0052
93	0.9977	0.0035
94	0.9985	0.0023
95	0.9991	0.0015
96	0.9995	0.0009
97	0.9997	0.0005
98	0.9998	0.0003
99	0.9999	0.0002
100	1.0000	0.0001

• m = 9, n = 8

36	0.0000	1.0000
37	0.0001	1.0000
38	0.0002	0.9999
39	0.0003	0.9998
40	0.0005	0.9997
41	0.0008	0.9995
42	0.0012	0.9992
43	0.0019	0.9988
44	0.0028	0.9981
45	0.0039	0.9972
46	0.0056	0.9961
47	0.0076	0.9944
48	0.0103	0.9924
49	0.0137	0.9897
50	0.0180	0.9863
51	0.0232	0.9820
52	0.0296	0.9768
53	0.0372	0.9704
54	0.0464	0.9628
55	0.0570	0.9536
56	0.0694	0.9430
57	0.0836	0.9306
58	0.0998	0.9164
59	0.1179	0.9002
60	0.1383	0.8821
61	0.1606	0.8617
62	0.1852	0.8394
63	0.2117	0.8148
64	0.2404	0.7883
65	0.2707	0.7596
66	0.3029	0.7293
67	0.3365	0.6971
68	0.3715	0.6635
69	0.4074	0.6285
70	0.4442	0.5926
71	0.4813	0.5558
72	0.5187	0.5187
73	0.5558	0.4813
74	0.5926	0.4442
75	0.6285	0.4074
76	0.6635	0.3715
77	0.6971	0.3365
78	0.7293	0.3029
79	0.7596	0.2707
80	0.7883	0.2404
81	0.8148	0.2117
82	0.8394	0.1852
83	0.8617	0.1606
84	0.8821	0.1383
85	0.9002	0.1179
86	0.9164	0.0998
87	0.9306	0.0836
88	0.9430	0.0694
89	0.9536	0.0570
90	0.9628	0.0464
91	0.9704	0.0372
92	0.9768	0.0296
93	0.9820	0.0232
94	0.9863	0.0180
95	0.9897	0.0137
96	0.9924	0.0103
97	0.9944	0.0076
98	0.9961	0.0056
99	0.9972	0.0039
100	0.9981	0.0028
101	0.9988	0.0019
102	0.9992	0.0012
103	0.9995	0.0008
104	0.9997	0.0005
105	0.9998	0.0003
106	0.9999	0.0002
107	1.0000	0.0001
108	1.0000	0.0000

• m = 10, n = 8

36	0.0000	1.0000
37	0.0000	1.0000
38	0.0001	1.0000
39	0.0002	0.9999
40	0.0003	0.9998
41	0.0004	0.9997
42	0.0007	0.9996
43	0.0010	0.9993
44	0.0015	0.9990
45	0.0022	0.9985
46	0.0031	0.9978
47	0.0043	0.9969
48	0.0058	0.9957
49	0.0078	0.9942
50	0.0103	0.9922
51	0.0133	0.9897
52	0.0171	0.9867
53	0.0217	0.9829
54	0.0273	0.9783
55	0.0338	0.9727
56	0.0416	0.9662
57	0.0506	0.9584
58	0.0610	0.9494
59	0.0729	0.9390
60	0.0864	0.9271
61	0.1015	0.9136
62	0.1185	0.8985
63	0.1371	0.8815
64	0.1577	0.8629
65	0.1800	0.8423
66	0.2041	0.8200
67	0.2299	0.7959
68	0.2574	0.7701
69	0.2863	0.7426
70	0.3167	0.7137
71	0.3482	0.6833
72	0.3809	0.6518
73	0.4143	0.6191
74	0.4484	0.5857
75	0.4827	0.5516
76	0.5173	0.5173
77	0.5516	0.4827
78	0.5857	0.4484
79	0.6191	0.4143
80	0.6518	0.3809
81	0.6833	0.3482
82	0.7137	0.3167
83	0.7426	0.2863
84	0.7701	0.2574
85	0.7959	0.2299
86	0.8200	0.2041
87	0.8423	0.1800
88	0.8629	0.1577
89	0.8815	0.1371
90	0.8985	0.1185
91	0.9136	0.1015
92	0.9271	0.0864
93	0.9390	0.0729
94	0.9494	0.0610
95	0.9584	0.0506
96	0.9662	0.0416
97	0.9727	0.0338
98	0.9783	0.0273
99	0.9829	0.0217
100	0.9867	0.0171
101	0.9897	0.0133
102	0.9922	0.0103
103	0.9942	0.0078
104	0.9957	0.0058
105	0.9969	0.0043
106	0.9978	0.0031
107	0.9985	0.0022
108	0.9990	0.0015
109	0.9993	0.0010
110	0.9996	0.0007
111	0.9997	0.0004
112	0.9998	0.0003
113	0.9999	0.0002
114	1.0000	0.0001
115	1.0000	0.0000
116	1.0000	0.0000

▶ n = 9

• m = 3, n = 9

45	0.0045	1.0000
46	0.0091	0.9955
47	0.0182	0.9909
48	0.0318	0.9818
49	0.0500	0.9682
50	0.0727	0.9500
51	0.1045	0.9273
52	0.1409	0.8955
53	0.1864	0.8591
54	0.2409	0.8136
55	0.3000	0.7591
56	0.3636	0.7000
57	0.4318	0.6364
58	0.5000	0.5682
59	0.5682	0.5000
60	0.6364	0.4318

61	0.7000	0.3636
62	0.7591	0.3000
63	0.8136	0.2409
64	0.8591	0.1864
65	0.8955	0.1409
66	0.9273	0.1045
67	0.9500	0.0727
68	0.9682	0.0500
69	0.9818	0.0318
70	0.9909	0.0182
71	0.9955	0.0091
72	1.0000	0.0045

• m = 4, n = 9

45	0.0014	1.0000
46	0.0028	0.9986
47	0.0056	0.9972
48	0.0098	0.9944
49	0.0168	0.9902
50	0.0252	0.9832
51	0.0378	0.9748
52	0.0531	0.9622
53	0.0741	0.9469
54	0.0993	0.9259
55	0.1301	0.9007
56	0.1650	0.8699
57	0.2070	0.8350
58	0.2517	0.7930
59	0.3021	0.7483
60	0.3552	0.6979
61	0.4126	0.6448
62	0.4699	0.5874
63	0.5301	0.5301
64	0.5874	0.4699
65	0.6448	0.4126
66	0.6979	0.3552
67	0.7483	0.3021
68	0.7930	0.2517
69	0.8350	0.2070
70	0.8699	0.1650
71	0.9007	0.1301
72	0.9259	0.0993
73	0.9469	0.0741
74	0.9622	0.0531
75	0.9748	0.0378
76	0.9832	0.0252
77	0.9902	0.0168
78	0.9944	0.0098
79	0.9972	0.0056
80	0.9986	0.0028
81	1.0000	0.0014

• m = 5, n = 9

45	0.0005	1.0000
46	0.0010	0.9995
47	0.0020	0.9990
48	0.0035	0.9980
49	0.0060	0.9965
50	0.0095	0.9940
51	0.0145	0.9905
52	0.0210	0.9855
53	0.0300	0.9790
54	0.0415	0.9700
55	0.0559	0.9585
56	0.0734	0.9441
57	0.0949	0.9266
58	0.1199	0.9051
59	0.1489	0.8801
60	0.1818	0.8511
61	0.2188	0.8182
62	0.2592	0.7812
63	0.3032	0.7408
64	0.3497	0.6968
65	0.3986	0.6503
66	0.4491	0.6014
67	0.5000	0.5509
68	0.5509	0.5000
69	0.6014	0.4491
70	0.6503	0.3986
71	0.6968	0.3497
72	0.7408	0.3032
73	0.7812	0.2592
74	0.8182	0.2188
75	0.8511	0.1818
76	0.8801	0.1489
77	0.9051	0.1199
78	0.9266	0.0949
79	0.9441	0.0734
80	0.9585	0.0559
81	0.9700	0.0415
82	0.9790	0.0300
83	0.9855	0.0210
84	0.9905	0.0145
85	0.9940	0.0095
86	0.9965	0.0060
87	0.9980	0.0035
88	0.9990	0.0020
89	0.9995	0.0010
90	1.0000	0.0005

• m = 6, n = 9

45	0.0002	1.0000
46	0.0004	0.9998
47	0.0008	0.9996
48	0.0014	0.9992
49	0.0024	0.9986
50	0.0038	0.9976
51	0.0060	0.9962
52	0.0088	0.9940
53	0.0128	0.9912
54	0.0180	0.9872
55	0.0248	0.9820
56	0.0332	0.9752
57	0.0440	0.9668
58	0.0567	0.9560
59	0.0723	0.9433
60	0.0905	0.9277
61	0.1119	0.9095
62	0.1361	0.8881
63	0.1638	0.8639
64	0.1942	0.8362
65	0.2280	0.8058
66	0.2643	0.7720
67	0.3035	0.7357
68	0.3445	0.6965
69	0.3878	0.6555
70	0.4320	0.6122
71	0.4773	0.5680
72	0.5227	0.5227
73	0.5680	0.4773
74	0.6122	0.4320
75	0.6555	0.3878
76	0.6965	0.3445
77	0.7357	0.3035
78	0.7720	0.2643
79	0.8058	0.2280
80	0.8362	0.1942
81	0.8639	0.1638
82	0.8881	0.1361
83	0.9095	0.1119
84	0.9277	0.0905
85	0.9433	0.0723
86	0.9560	0.0567
87	0.9668	0.0440
88	0.9752	0.0332
89	0.9820	0.0248
90	0.9872	0.0180
91	0.9912	0.0128
92	0.9940	0.0088
93	0.9962	0.0060
94	0.9976	0.0038
95	0.9986	0.0024
96	0.9992	0.0014
97	0.9996	0.0008
98	0.9998	0.0004
99	1.0000	0.0002

• m = 7, n = 9

45	0.0001	1.0000
46	0.0002	0.9999
47	0.0003	0.9998
48	0.0006	0.9997
49	0.0010	0.9994
50	0.0017	0.9990
51	0.0026	0.9983
52	0.0039	0.9974
53	0.0058	0.9961
54	0.0082	0.9942
55	0.0115	0.9918
56	0.0156	0.9885
57	0.0209	0.9844
58	0.0274	0.9791
59	0.0356	0.9726
60	0.0454	0.9644
61	0.0571	0.9546
62	0.0708	0.9429
63	0.0869	0.9292
64	0.1052	0.9131
65	0.1261	0.8948
66	0.1496	0.8739
67	0.1755	0.8504
68	0.2039	0.8245
69	0.2349	0.7961
70	0.2680	0.7651
71	0.3032	0.7320
72	0.3403	0.6968
73	0.3788	0.6597
74	0.4185	0.6212
75	0.4591	0.5815
76	0.5000	0.5409
77	0.5409	0.5000
78	0.5815	0.4591
79	0.6212	0.4185
80	0.6597	0.3788
81	0.6968	0.3403
82	0.7320	0.3032
83	0.7651	0.2680
84	0.7961	0.2349
85	0.8245	0.2039
86	0.8504	0.1755
87	0.8739	0.1496
88	0.8948	0.1261
89	0.9131	0.1052
90	0.9292	0.0869
91	0.9429	0.0708
92	0.9546	0.0571
93	0.9644	0.0454
94	0.9726	0.0356
95	0.9791	0.0274
96	0.9844	0.0209
97	0.9885	0.0156
98	0.9918	0.0115
99	0.9942	0.0082
100	0.9961	0.0058
101	0.9974	0.0039
102	0.9983	0.0026
103	0.9990	0.0017
104	0.9994	0.0010
105	0.9997	0.0006
106	0.9998	0.0003
107	0.9999	0.0002
108	1.0000	0.0001

• m = 8, n = 9

45	0.0000	1.0000
46	0.0001	1.0000
47	0.0002	0.9999
48	0.0003	0.9998
49	0.0005	0.9997
50	0.0008	0.9995
51	0.0012	0.9992
52	0.0019	0.9988
53	0.0028	0.9981
54	0.0039	0.9972
55	0.0056	0.9961
56	0.0076	0.9944
57	0.0103	0.9924
58	0.0137	0.9897
59	0.0180	0.9863
60	0.0232	0.9820
61	0.0296	0.9768
62	0.0372	0.9704
63	0.0464	0.9628
64	0.0570	0.9536
65	0.0694	0.9430
66	0.0836	0.9306
67	0.0998	0.9164
68	0.1179	0.9002
69	0.1383	0.8821
70	0.1606	0.8617
71	0.1852	0.8394
72	0.2117	0.8148
73	0.2404	0.7883
74	0.2707	0.7596
75	0.3029	0.7293
76	0.3365	0.6971
77	0.3715	0.6635
78	0.4074	0.6285
79	0.4442	0.5926
80	0.4813	0.5558
81	0.5187	0.5187
82	0.5558	0.4813
83	0.5926	0.4442
84	0.6285	0.4074
85	0.6635	0.3715
86	0.6971	0.3365
87	0.7293	0.3029
88	0.7596	0.2707
89	0.7883	0.2404
90	0.8148	0.2117
91	0.8394	0.1852
92	0.8617	0.1606
93	0.8821	0.1383
94	0.9002	0.1179
95	0.9164	0.0998
96	0.9306	0.0836
97	0.9430	0.0694
98	0.9536	0.0570
99	0.9628	0.0464
100	0.9704	0.0372
101	0.9768	0.0296
102	0.9820	0.0232
103	0.9863	0.0180
104	0.9897	0.0137
105	0.9924	0.0103
106	0.9944	0.0076
107	0.9961	0.0056
108	0.9972	0.0039
109	0.9981	0.0028
110	0.9988	0.0019
111	0.9992	0.0012
112	0.9995	0.0008
113	0.9997	0.0005
114	0.9998	0.0003
115	0.9999	0.0002
116	1.0000	0.0001
117	1.0000	0.0000

• m = 9, n = 9

45	0.0000	1.0000
46	0.0000	1.0000
47	0.0001	1.0000
48	0.0001	0.9999
49	0.0002	0.9999
50	0.0004	0.9998
51	0.0006	0.9996
52	0.0009	0.9994
53	0.0014	0.9991
54	0.0020	0.9986
55	0.0028	0.9980
56	0.0039	0.9972
57	0.0053	0.9961
58	0.0071	0.9947
59	0.0094	0.9929
60	0.0122	0.9906
61	0.0157	0.9878
62	0.0200	0.9843
63	0.0252	0.9800
64	0.0313	0.9748
65	0.0385	0.9687
66	0.0470	0.9615
67	0.0567	0.9530
68	0.0680	0.9433
69	0.0807	0.9320
70	0.0951	0.9193
71	0.1112	0.9049
72	0.1290	0.8888
73	0.1487	0.8710
74	0.1701	0.8513
75	0.1933	0.8299
76	0.2181	0.8067
77	0.2447	0.7819
78	0.2729	0.7553
79	0.3024	0.7271
80	0.3332	0.6976
81	0.3652	0.6668
82	0.3981	0.6348
83	0.4317	0.6019
84	0.4657	0.5683
85	0.5000	0.5343
86	0.5343	0.5000
87	0.5683	0.4657
88	0.6019	0.4317
89	0.6348	0.3981
90	0.6668	0.3652
91	0.6976	0.3332
92	0.7271	0.3024
93	0.7553	0.2729
94	0.7819	0.2447
95	0.8067	0.2181
96	0.8299	0.1933
97	0.8513	0.1701
98	0.8710	0.1487
99	0.8888	0.1290
100	0.9049	0.1112
101	0.9193	0.0951
102	0.9320	0.0807
103	0.9433	0.0680
104	0.9530	0.0567
105	0.9615	0.0470
106	0.9687	0.0385
107	0.9748	0.0313
108	0.9800	0.0252
109	0.9843	0.0200
110	0.9878	0.0157
111	0.9906	0.0122
112	0.9929	0.0094
113	0.9947	0.0071
114	0.9961	0.0053
115	0.9972	0.0039
116	0.9980	0.0028
117	0.9986	0.0020
118	0.9991	0.0014
119	0.9994	0.0009
120	0.9996	0.0006
121	0.9998	0.0004
122	0.9999	0.0002
123	0.9999	0.0001
124	1.0000	0.0001
125	1.0000	0.0000
126	1.0000	0.0000

• m = 10, n = 9

45	0.0000	1.0000
46	0.0000	1.0000
47	0.0000	1.0000
48	0.0001	1.0000
49	0.0001	0.9999
50	0.0002	0.9999
51	0.0003	0.9998
52	0.0005	0.9997
53	0.0007	0.9995
54	0.0011	0.9993
55	0.0015	0.9989
56	0.0021	0.9985
57	0.0028	0.9979
58	0.0038	0.9972
59	0.0051	0.9962
60	0.0066	0.9949
61	0.0086	0.9934
62	0.0110	0.9914
63	0.0140	0.9890
64	0.0175	0.9860
65	0.0217	0.9825
66	0.0267	0.9783
67	0.0326	0.9733
68	0.0394	0.9674
69	0.0474	0.9606
70	0.0564	0.9526
71	0.0667	0.9436
72	0.0782	0.9333
73	0.0912	0.9218
74	0.1055	0.9088
75	0.1214	0.8945
76	0.1388	0.8786
77	0.1577	0.8612
78	0.1781	0.8423
79	0.2001	0.8219
80	0.2235	0.7999
81	0.2483	0.7765
82	0.2745	0.7517
83	0.3019	0.7255
84	0.3304	0.6981
85	0.3598	0.6696
86	0.3901	0.6402
87	0.4211	0.6099
88	0.4524	0.5789
89	0.4841	0.5476
90	0.5159	0.5159
91	0.5476	0.4841
92	0.5789	0.4524
93	0.6099	0.4211
94	0.6402	0.3901
95	0.6696	0.3598
96	0.6981	0.3304
97	0.7255	0.3019
98	0.7517	0.2745
99	0.7765	0.2483
100	0.7999	0.2235
101	0.8219	0.2001
102	0.8423	0.1781
103	0.8612	0.1577
104	0.8786	0.1388
105	0.8945	0.1214
106	0.9088	0.1055
107	0.9218	0.0912
108	0.9333	0.0782
109	0.9436	0.0667

110	0.9526	0.0564
111	0.9606	0.0474
112	0.9674	0.0394
113	0.9733	0.0326
114	0.9783	0.0267
115	0.9825	0.0217
116	0.9860	0.0175
117	0.9890	0.0140
118	0.9914	0.0110
119	0.9934	0.0086
120	0.9949	0.0066
121	0.9962	0.0051
122	0.9972	0.0038
123	0.9979	0.0028
124	0.9985	0.0021
125	0.9989	0.0015
126	0.9993	0.0011
127	0.9995	0.0007
128	0.9997	0.0005
129	0.9998	0.0003
130	0.9999	0.0002
131	0.9999	0.0001
132	1.0000	0.0001
133	1.0000	0.0000
134	1.0000	0.0000
135	1.0000	0.0000

▶ n = 10

• m = 3, n = 10

55	0.0035	1.0000
56	0.0070	0.9965
57	0.0140	0.9930
58	0.0245	0.9860
59	0.0385	0.9755
60	0.0559	0.9615
61	0.0804	0.9441
62	0.1084	0.9196
63	0.1434	0.8916
64	0.1853	0.8566
65	0.2343	0.8147
66	0.2867	0.7657
67	0.3462	0.7133
68	0.4056	0.6538
69	0.4685	0.5944
70	0.5315	0.5315
71	0.5944	0.4685
72	0.6538	0.4056
73	0.7133	0.3462
74	0.7657	0.2867
75	0.8147	0.2343
76	0.8566	0.1853
77	0.8916	0.1434
78	0.9196	0.1084
79	0.9441	0.0804
80	0.9615	0.0559
81	0.9755	0.0385
82	0.9860	0.0245
83	0.9930	0.0140
84	0.9965	0.0070
85	1.0000	0.0035

• m = 4, n = 10

55	0.0010	1.0000
56	0.0020	0.9990
57	0.0040	0.9980
58	0.0070	0.9960
59	0.0120	0.9930
60	0.0180	0.9880
61	0.0270	0.9820
62	0.0380	0.9730
63	0.0529	0.9620
64	0.0709	0.9471
65	0.0939	0.9291
66	0.1199	0.9061
67	0.1518	0.8801
68	0.1868	0.8482
69	0.2268	0.8132
70	0.2697	0.7732
71	0.3177	0.7303
72	0.3666	0.6823
73	0.4196	0.6334
74	0.4725	0.5804
75	0.5275	0.5275
76	0.5804	0.4725
77	0.6334	0.4196
78	0.6823	0.3666
79	0.7303	0.3177
80	0.7732	0.2697
81	0.8132	0.2268
82	0.8482	0.1868
83	0.8801	0.1518
84	0.9061	0.1199
85	0.9291	0.0939
86	0.9471	0.0709
87	0.9620	0.0529
88	0.9730	0.0380
89	0.9820	0.0270
90	0.9880	0.0180
91	0.9930	0.0120
92	0.9960	0.0070
93	0.9980	0.0040
94	0.9990	0.0020
95	1.0000	0.0010

• m = 5, n = 10

55	0.0003	1.0000
56	0.0007	0.9997
57	0.0013	0.9993
58	0.0023	0.9987
59	0.0040	0.9977
60	0.0063	0.9960
61	0.0097	0.9937
62	0.0140	0.9903
63	0.0200	0.9860
64	0.0276	0.9800
65	0.0376	0.9724
66	0.0496	0.9624
67	0.0646	0.9504
68	0.0823	0.9354
69	0.1032	0.9177
70	0.1272	0.8968
71	0.1548	0.8728
72	0.1855	0.8452
73	0.2198	0.8145
74	0.2567	0.7802
75	0.2970	0.7433
76	0.3393	0.7030
77	0.3839	0.6607
78	0.4296	0.6161
79	0.4765	0.5704
80	0.5235	0.5235
81	0.5704	0.4765
82	0.6161	0.4296
83	0.6607	0.3839
84	0.7030	0.3393
85	0.7433	0.2970
86	0.7802	0.2567
87	0.8145	0.2198
88	0.8452	0.1855
89	0.8728	0.1548
90	0.8968	0.1272
91	0.9177	0.1032
92	0.9354	0.0823
93	0.9504	0.0646
94	0.9624	0.0496
95	0.9724	0.0376
96	0.9800	0.0276
97	0.9860	0.0200
98	0.9903	0.0140
99	0.9937	0.0097
100	0.9960	0.0063
101	0.9977	0.0040
102	0.9987	0.0023
103	0.9993	0.0013
104	0.9997	0.0007
105	1.0000	0.0003

• m = 6, n = 10

55	0.0001	1.0000
56	0.0002	0.9999
57	0.0005	0.9998
58	0.0009	0.9995
59	0.0015	0.9991
60	0.0024	0.9985
61	0.0037	0.9976
62	0.0055	0.9963
63	0.0080	0.9945
64	0.0112	0.9920
65	0.0156	0.9888
66	0.0210	0.9844
67	0.0280	0.9790
68	0.0363	0.9720
69	0.0467	0.9637
70	0.0589	0.9533
71	0.0736	0.9411
72	0.0903	0.9264
73	0.1099	0.9097
74	0.1317	0.8901
75	0.1566	0.8683
76	0.1838	0.8434
77	0.2139	0.8162
78	0.2461	0.7861
79	0.2811	0.7539
80	0.3177	0.7189
81	0.3564	0.6823
82	0.3962	0.6436
83	0.4374	0.6038
84	0.4789	0.5626
85	0.5211	0.5211
86	0.5626	0.4789
87	0.6038	0.4374
88	0.6436	0.3962
89	0.6823	0.3564
90	0.7189	0.3177
91	0.7539	0.2811
92	0.7861	0.2461
93	0.8162	0.2139
94	0.8434	0.1838
95	0.8683	0.1566
96	0.8901	0.1317
97	0.9097	0.1099
98	0.9264	0.0903
99	0.9411	0.0736
100	0.9533	0.0589
101	0.9637	0.0467
102	0.9720	0.0363
103	0.9790	0.0280
104	0.9844	0.0210
105	0.9888	0.0156
106	0.9920	0.0112
107	0.9945	0.0080
108	0.9963	0.0055
109	0.9976	0.0037
110	0.9985	0.0024
111	0.9991	0.0015
112	0.9995	0.0009
113	0.9998	0.0005
114	0.9999	0.0002
115	1.0000	0.0001

• m = 7, n = 10

55	0.0001	1.0000

56	0.0001	0.9999
57	0.0002	0.9999
58	0.0004	0.9998
59	0.0006	0.9996
60	0.0010	0.9994
61	0.0015	0.9990
62	0.0023	0.9985
63	0.0034	0.9977
64	0.0048	0.9966
65	0.0068	0.9952
66	0.0093	0.9932
67	0.0125	0.9907
68	0.0165	0.9875
69	0.0215	0.9835
70	0.0277	0.9785
71	0.0351	0.9723
72	0.0439	0.9649
73	0.0544	0.9561
74	0.0665	0.9456
75	0.0806	0.9335
76	0.0966	0.9194
77	0.1148	0.9034
78	0.1349	0.8852
79	0.1574	0.8651
80	0.1819	0.8426
81	0.2087	0.8181
82	0.2374	0.7913
83	0.2681	0.7626
84	0.3004	0.7319
85	0.3345	0.6996
86	0.3698	0.6655
87	0.4063	0.6302
88	0.4434	0.5937
89	0.4811	0.5566
90	0.5189	0.5189
91	0.5566	0.4811
92	0.5937	0.4434
93	0.6302	0.4063
94	0.6655	0.3698
95	0.6996	0.3345
96	0.7319	0.3004
97	0.7626	0.2681
98	0.7913	0.2374
99	0.8181	0.2087
100	0.8426	0.1819
101	0.8651	0.1574
102	0.8852	0.1349
103	0.9034	0.1148
104	0.9194	0.0966
105	0.9335	0.0806
106	0.9456	0.0665
107	0.9561	0.0544
108	0.9649	0.0439
109	0.9723	0.0351
110	0.9785	0.0277
111	0.9835	0.0215
112	0.9875	0.0165
113	0.9907	0.0125
114	0.9932	0.0093
115	0.9952	0.0068
116	0.9966	0.0048
117	0.9977	0.0034
118	0.9985	0.0023
119	0.9990	0.0015
120	0.9994	0.0010
121	0.9996	0.0006
122	0.9998	0.0004
123	0.9999	0.0002
124	0.9999	0.0001
125	1.0000	0.0001

• m = 8, n = 10

55	0.0000	1.0000
56	0.0000	1.0000
57	0.0001	1.0000
58	0.0002	0.9999
59	0.0003	0.9998
60	0.0004	0.9997
61	0.0007	0.9996
62	0.0010	0.9993
63	0.0015	0.9990
64	0.0022	0.9985
65	0.0031	0.9978
66	0.0043	0.9969
67	0.0058	0.9957
68	0.0078	0.9942
69	0.0103	0.9922
70	0.0133	0.9897
71	0.0171	0.9867
72	0.0217	0.9829
73	0.0273	0.9783
74	0.0338	0.9727
75	0.0416	0.9662
76	0.0506	0.9584
77	0.0610	0.9494
78	0.0729	0.9390
79	0.0864	0.9271
80	0.1015	0.9136
81	0.1185	0.8985
82	0.1371	0.8815
83	0.1577	0.8629
84	0.1800	0.8423
85	0.2041	0.8200
86	0.2299	0.7959
87	0.2574	0.7701
88	0.2863	0.7426
89	0.3167	0.7137
90	0.3482	0.6833
91	0.3809	0.6518
92	0.4143	0.6191
93	0.4484	0.5857
94	0.4827	0.5516
95	0.5173	0.5173
96	0.5516	0.4827
97	0.5857	0.4484
98	0.6191	0.4143
99	0.6518	0.3809
100	0.6833	0.3482
101	0.7137	0.3167
102	0.7426	0.2863
103	0.7701	0.2574
104	0.7959	0.2299
105	0.8200	0.2041
106	0.8423	0.1800
107	0.8629	0.1577
108	0.8815	0.1371
109	0.8985	0.1185
110	0.9136	0.1015
111	0.9271	0.0864
112	0.9390	0.0729
113	0.9494	0.0610
114	0.9584	0.0506
115	0.9662	0.0416
116	0.9727	0.0338
117	0.9783	0.0273
118	0.9829	0.0217
119	0.9867	0.0171
120	0.9897	0.0133
121	0.9922	0.0103
122	0.9942	0.0078
123	0.9957	0.0058
124	0.9969	0.0043
125	0.9978	0.0031
126	0.9985	0.0022
127	0.9990	0.0015
128	0.9993	0.0010
129	0.9996	0.0007
130	0.9997	0.0004
131	0.9998	0.0003
132	0.9999	0.0002
133	1.0000	0.0001
134	1.0000	0.0000
135	1.0000	0.0000

• m = 9, n = 10

55	0.0000	1.0000
56	0.0000	1.0000
57	0.0000	1.0000
58	0.0001	1.0000
59	0.0001	0.9999
60	0.0002	0.9999
61	0.0003	0.9998
62	0.0005	0.9997
63	0.0007	0.9995
64	0.0011	0.9993
65	0.0015	0.9989
66	0.0021	0.9985
67	0.0028	0.9979
68	0.0038	0.9972
69	0.0051	0.9962
70	0.0066	0.9949
71	0.0086	0.9934
72	0.0110	0.9914
73	0.0140	0.9890
74	0.0175	0.9860
75	0.0217	0.9825
76	0.0267	0.9783
77	0.0326	0.9733
78	0.0394	0.9674
79	0.0474	0.9606
80	0.0564	0.9526
81	0.0667	0.9436
82	0.0782	0.9333
83	0.0912	0.9218
84	0.1055	0.9088
85	0.1214	0.8945
86	0.1388	0.8786
87	0.1577	0.8612
88	0.1781	0.8423
89	0.2001	0.8219
90	0.2235	0.7999
91	0.2483	0.7765
92	0.2745	0.7517
93	0.3019	0.7255
94	0.3304	0.6981
95	0.3598	0.6696
96	0.3901	0.6402
97	0.4211	0.6099
98	0.4524	0.5789
99	0.4841	0.5476
100	0.5159	0.5159
101	0.5476	0.4841
102	0.5789	0.4524
103	0.6099	0.4211
104	0.6402	0.3901
105	0.6696	0.3598
106	0.6981	0.3304
107	0.7255	0.3019
108	0.7517	0.2745
109	0.7765	0.2483
110	0.7999	0.2235
111	0.8219	0.2001
112	0.8423	0.1781
113	0.8612	0.1577
114	0.8786	0.1388
115	0.8945	0.1214
116	0.9088	0.1055
117	0.9218	0.0912
118	0.9333	0.0782
119	0.9436	0.0667
120	0.9526	0.0564
121	0.9606	0.0474
122	0.9674	0.0394
123	0.9733	0.0326
124	0.9783	0.0267
125	0.9825	0.0217

표 5 (계속)

126	0.9860	0.0175
127	0.9890	0.0140
128	0.9914	0.0110
129	0.9934	0.0086
130	0.9949	0.0066
131	0.9962	0.0051
132	0.9972	0.0038
133	0.9979	0.0028
134	0.9985	0.0021
135	0.9989	0.0015
136	0.9993	0.0011
137	0.9995	0.0007
138	0.9997	0.0005
139	0.9998	0.0003
140	0.9999	0.0002
141	0.9999	0.0001
142	1.0000	0.0001
143	1.0000	0.0000
144	1.0000	0.0000
145	1.0000	0.0000

• m = 10, n = 10

55	0.0000	1.0000
56	0.0000	1.0000
57	0.0000	1.0000
58	0.0000	1.0000
59	0.0001	1.0000
60	0.0001	0.9999
61	0.0002	0.9999
62	0.0002	0.9998
63	0.0004	0.9998
64	0.0005	0.9996
65	0.0008	0.9995
66	0.0010	0.9992
67	0.0014	0.9990
68	0.0019	0.9986
69	0.0026	0.9981
70	0.0034	0.9974
71	0.0045	0.9966
72	0.0057	0.9955
73	0.0073	0.9943
74	0.0093	0.9927
75	0.0116	0.9907
76	0.0144	0.9884
77	0.0177	0.9856
78	0.0216	0.9823
79	0.0262	0.9784
80	0.0315	0.9738
81	0.0376	0.9685
82	0.0446	0.9624
83	0.0526	0.9554
84	0.0615	0.9474
85	0.0716	0.9385
86	0.0827	0.9284
87	0.0952	0.9173
88	0.1088	0.9048
89	0.1237	0.8912
90	0.1399	0.8763
91	0.1575	0.8601
92	0.1763	0.8425
93	0.1965	0.8237
94	0.2179	0.8035
95	0.2406	0.7821
96	0.2644	0.7594
97	0.2894	0.7356
98	0.3153	0.7106
99	0.3421	0.6847
100	0.3697	0.6579
101	0.3980	0.6303
102	0.4267	0.6020
103	0.4559	0.5733
104	0.4853	0.5441
105	0.5147	0.5147
106	0.5441	0.4853
107	0.5733	0.4559
108	0.6020	0.4267
109	0.6303	0.3980
110	0.6579	0.3697
111	0.6847	0.3421
112	0.7106	0.3153
113	0.7356	0.2894
114	0.7594	0.2644
115	0.7821	0.2406
116	0.8035	0.2179
117	0.8237	0.1965
118	0.8425	0.1763
119	0.8601	0.1575
120	0.8763	0.1399
121	0.8912	0.1237
122	0.9048	0.1088
123	0.9173	0.0952
124	0.9284	0.0827
125	0.9385	0.0716
126	0.9474	0.0615
127	0.9554	0.0526
128	0.9624	0.0446
129	0.9685	0.0376
130	0.9738	0.0315
131	0.9784	0.0262
132	0.9823	0.0216
133	0.9856	0.0177
134	0.9884	0.0144
135	0.9907	0.0116
136	0.9927	0.0093
137	0.9943	0.0073
138	0.9955	0.0057
139	0.9966	0.0045
140	0.9974	0.0034
141	0.9981	0.0026
142	0.9986	0.0019
143	0.9990	0.0014
144	0.9992	0.0010
145	0.9995	0.0008
146	0.9996	0.0005
147	0.9998	0.0004
148	0.9998	0.0002
149	0.9999	0.0002
150	0.9999	0.0001
151	1.0000	0.0001
152	1.0000	0.0000
153	1.0000	0.0000
154	1.0000	0.0000
155	1.0000	0.0000

표 6 Wilcoxon signed rank 통계량 분포표

▶ n = 3

1	0.2500	1.0000
2	0.3750	0.7500
3	0.6250	0.6250
4	0.7500	0.3750
5	0.8750	0.2500
6	1.0000	0.1250

▶ n = 4

1	0.1250	1.0000
2	0.1875	0.8750
3	0.3125	0.8125
4	0.4375	0.6875
5	0.5625	0.5625
6	0.6875	0.4375
7	0.8125	0.3125
8	0.8750	0.1875
9	0.9375	0.1250
10	1.0000	0.0625

▶ n = 5

1	0.0625	1.0000
2	0.0938	0.9375
3	0.1563	0.9063
4	0.2188	0.8438
5	0.3125	0.7813
6	0.4063	0.6875
7	0.5000	0.5938
8	0.5938	0.5000
9	0.6875	0.4063
10	0.7813	0.3125
11	0.8438	0.2188
12	0.9063	0.1563
13	0.9375	0.0938
14	0.9688	0.0625
15	1.0000	0.0313

▶ n = 6

1	0.0313	1.0000
2	0.0469	0.9688
3	0.0781	0.9531
4	0.1094	0.9219
5	0.1563	0.8906
6	0.2188	0.8438
7	0.2813	0.7813
8	0.3438	0.7188
9	0.4219	0.6563
10	0.5000	0.5781
11	0.5781	0.5000
12	0.6563	0.4219
13	0.7188	0.3438
14	0.7813	0.2813
15	0.8438	0.2188
16	0.8906	0.1563
17	0.9219	0.1094
18	0.9531	0.0781
19	0.9688	0.0469
20	0.9844	0.0313
21	1.0000	0.0156

▶ n = 7

1	0.0156	1.0000
2	0.0234	0.9844
3	0.0391	0.9766
4	0.0547	0.9609
5	0.0781	0.9453
6	0.1094	0.9219
7	0.1484	0.8906
8	0.1875	0.8516
9	0.2344	0.8125
10	0.2891	0.7656
11	0.3438	0.7109
12	0.4063	0.6563
13	0.4688	0.5938
14	0.5313	0.5313
15	0.5938	0.4688
16	0.6563	0.4063
17	0.7109	0.3438
18	0.7656	0.2891
19	0.8125	0.2344
20	0.8516	0.1875
21	0.8906	0.1484
22	0.9219	0.1094
23	0.9453	0.0781
24	0.9609	0.0547
25	0.9766	0.0391
26	0.9844	0.0234
27	0.9922	0.0156
28	1.0000	0.0078

▶ n = 8

1	0.0078	1.0000
2	0.0117	0.9922
3	0.0195	0.9883
4	0.0273	0.9805
5	0.0391	0.9727
6	0.0547	0.9609
7	0.0742	0.9453
8	0.0977	0.9258
9	0.1250	0.9023
10	0.1563	0.8750
11	0.1914	0.8438
12	0.2305	0.8086
13	0.2734	0.7695
14	0.3203	0.7266
15	0.3711	0.6797
16	0.4219	0.6289
17	0.4727	0.5781
18	0.5273	0.5273
19	0.5781	0.4727
20	0.6289	0.4219
21	0.6797	0.3711
22	0.7266	0.3203
23	0.7695	0.2734
24	0.8086	0.2305
25	0.8438	0.1914
26	0.8750	0.1563
27	0.9023	0.1250
28	0.9258	0.0977
29	0.9453	0.0742
30	0.9609	0.0547
31	0.9727	0.0391
32	0.9805	0.0273
33	0.9883	0.0195
34	0.9922	0.0117
35	0.9961	0.0078
36	1.0000	0.0039

▶ n = 9

1	0.0039	1.0000
2	0.0059	0.9961
3	0.0098	0.9941
4	0.0137	0.9902
5	0.0195	0.9863
6	0.0273	0.9805
7	0.0371	0.9727
8	0.0488	0.9629
9	0.0645	0.9512
10	0.0820	0.9355
11	0.1016	0.9180
12	0.1250	0.8984
13	0.1504	0.8750
14	0.1797	0.8496
15	0.2129	0.8203
16	0.2480	0.7871
17	0.2852	0.7520
18	0.3262	0.7148
19	0.3672	0.6738
20	0.4102	0.6328
21	0.4551	0.5898
22	0.5000	0.5449
23	0.5449	0.5000
24	0.5898	0.4551
25	0.6328	0.4102
26	0.6738	0.3672
27	0.7148	0.3262
28	0.7520	0.2852
29	0.7871	0.2480
30	0.8203	0.2129
31	0.8496	0.1797
32	0.8750	0.1504
33	0.8984	0.1250
34	0.9180	0.1016
35	0.9355	0.0820
36	0.9512	0.0645
37	0.9629	0.0488
38	0.9727	0.0371
39	0.9805	0.0273
40	0.9863	0.0195
41	0.9902	0.0137
42	0.9941	0.0098
43	0.9961	0.0059
44	0.9980	0.0039
45	1.0000	0.0020

▶ n = 10

1	0.0020	1.0000
2	0.0029	0.9980
3	0.0049	0.9971
4	0.0068	0.9951
5	0.0098	0.9932
6	0.0137	0.9902
7	0.0186	0.9863
8	0.0244	0.9814
9	0.0322	0.9756
10	0.0420	0.9678
11	0.0527	0.9580
12	0.0654	0.9473
13	0.0801	0.9346
14	0.0967	0.9199
15	0.1162	0.9033
16	0.1377	0.8838
17	0.1611	0.8623
18	0.1875	0.8389
19	0.2158	0.8125
20	0.2461	0.7842
21	0.2783	0.7539
22	0.3125	0.7217
23	0.3477	0.6875
24	0.3848	0.6523
25	0.4229	0.6152
26	0.4609	0.5771
27	0.5000	0.5391
28	0.5391	0.5000
29	0.5771	0.4609
30	0.6152	0.4229
31	0.6523	0.3848
32	0.6875	0.3477
33	0.7217	0.3125
34	0.7539	0.2783
35	0.7842	0.2461
36	0.8125	0.2158
37	0.8389	0.1875

38	0.8623	0.1611
39	0.8838	0.1377
40	0.9033	0.1162
41	0.9199	0.0967
42	0.9346	0.0801
43	0.9473	0.0654
44	0.9580	0.0527
45	0.9678	0.0420
46	0.9756	0.0322
47	0.9814	0.0244
48	0.9863	0.0186
49	0.9902	0.0137
50	0.9932	0.0098
51	0.9951	0.0068
52	0.9971	0.0049
53	0.9980	0.0029
54	0.9990	0.0020
55	1.0000	0.0010

▶ n = 11

1	0.0010	1.0000
2	0.0015	0.9990
3	0.0024	0.9985
4	0.0034	0.9976
5	0.0049	0.9966
6	0.0068	0.9951
7	0.0093	0.9932
8	0.0122	0.9907
9	0.0161	0.9878
10	0.0210	0.9839
11	0.0269	0.9790
12	0.0337	0.9731
13	0.0415	0.9663
14	0.0508	0.9585
15	0.0615	0.9492
16	0.0737	0.9385
17	0.0874	0.9263
18	0.1030	0.9126
19	0.1201	0.8970
20	0.1392	0.8799
21	0.1602	0.8608
22	0.1826	0.8398
23	0.2065	0.8174
24	0.2324	0.7935
25	0.2598	0.7676
26	0.2886	0.7402
27	0.3188	0.7114
28	0.3501	0.6812
29	0.3823	0.6499
30	0.4155	0.6177
31	0.4492	0.5845
32	0.4829	0.5508
33	0.5171	0.5171
34	0.5508	0.4829
35	0.5845	0.4492
36	0.6177	0.4155
37	0.6499	0.3823
38	0.6812	0.3501
39	0.7114	0.3188
40	0.7402	0.2886
41	0.7676	0.2598
42	0.7935	0.2324
43	0.8174	0.2065
44	0.8398	0.1826
45	0.8608	0.1602
46	0.8799	0.1392
47	0.8970	0.1201
48	0.9126	0.1030
49	0.9263	0.0874
50	0.9385	0.0737
51	0.9492	0.0615
52	0.9585	0.0508
53	0.9663	0.0415
54	0.9731	0.0337
55	0.9790	0.0269
56	0.9839	0.0210
57	0.9878	0.0161
58	0.9907	0.0122
59	0.9932	0.0093
60	0.9951	0.0068
61	0.9966	0.0049
62	0.9976	0.0034
63	0.9985	0.0024
64	0.9990	0.0015
65	0.9995	0.0010
66	1.0000	0.0005

▶ n = 12

1	0.0005	1.0000
2	0.0007	0.9995
3	0.0012	0.9993
4	0.0017	0.9988
5	0.0024	0.9983
6	0.0034	0.9976
7	0.0046	0.9966
8	0.0061	0.9954
9	0.0081	0.9939
10	0.0105	0.9919
11	0.0134	0.9895
12	0.0171	0.9866
13	0.0212	0.9829
14	0.0261	0.9788
15	0.0320	0.9739
16	0.0386	0.9680
17	0.0461	0.9614
18	0.0549	0.9539
19	0.0647	0.9451
20	0.0757	0.9353
21	0.0881	0.9243
22	0.1018	0.9119
23	0.1167	0.8982
24	0.1331	0.8833
25	0.1506	0.8669
26	0.1697	0.8494
27	0.1902	0.8303
28	0.2119	0.8098
29	0.2349	0.7881
30	0.2593	0.7651
31	0.2847	0.7407
32	0.3110	0.7153
33	0.3386	0.6890
34	0.3667	0.6614
35	0.3955	0.6333
36	0.4250	0.6045
37	0.4548	0.5750
38	0.4849	0.5452
39	0.5151	0.5151
40	0.5452	0.4849
41	0.5750	0.4548
42	0.6045	0.4250
43	0.6333	0.3955
44	0.6614	0.3667
45	0.6890	0.3386
46	0.7153	0.3110
47	0.7407	0.2847
48	0.7651	0.2593
49	0.7881	0.2349
50	0.8098	0.2119
51	0.8303	0.1902
52	0.8494	0.1697
53	0.8669	0.1506
54	0.8833	0.1331
55	0.8982	0.1167
56	0.9119	0.1018
57	0.9243	0.0881
58	0.9353	0.0757
59	0.9451	0.0647
60	0.9539	0.0549
61	0.9614	0.0461
62	0.9680	0.0386
63	0.9739	0.0320
64	0.9788	0.0261
65	0.9829	0.0212
66	0.9866	0.0171
67	0.9895	0.0134
68	0.9919	0.0105
69	0.9939	0.0081
70	0.9954	0.0061
71	0.9966	0.0046
72	0.9976	0.0034
73	0.9983	0.0024
74	0.9988	0.0017
75	0.9993	0.0012
76	0.9995	0.0007
77	0.9998	0.0005
78	1.0000	0.0002

▶ n = 13

1	0.0002	1.0000
2	0.0004	0.9998
3	0.0006	0.9996
4	0.0009	0.9994
5	0.0012	0.9991
6	0.0017	0.9988
7	0.0023	0.9983
8	0.0031	0.9977
9	0.0040	0.9969
10	0.0052	0.9960
11	0.0067	0.9948
12	0.0085	0.9933
13	0.0107	0.9915
14	0.0133	0.9893
15	0.0164	0.9867
16	0.0199	0.9836
17	0.0239	0.9801
18	0.0287	0.9761
19	0.0341	0.9713
20	0.0402	0.9659
21	0.0471	0.9598
22	0.0549	0.9529
23	0.0636	0.9451
24	0.0732	0.9364
25	0.0839	0.9268
26	0.0955	0.9161
27	0.1082	0.9045
28	0.1219	0.8918
29	0.1367	0.8781
30	0.1527	0.8633
31	0.1698	0.8473
32	0.1879	0.8302
33	0.2072	0.8121
34	0.2274	0.7928
35	0.2487	0.7726
36	0.2709	0.7513
37	0.2939	0.7291
38	0.3177	0.7061
39	0.3424	0.6823
40	0.3677	0.6576
41	0.3934	0.6323
42	0.4197	0.6066
43	0.4463	0.5803
44	0.4730	0.5537
45	0.5000	0.5270
46	0.5270	0.5000
47	0.5537	0.4730
48	0.5803	0.4463
49	0.6066	0.4197
50	0.6323	0.3934
51	0.6576	0.3677
52	0.6823	0.3424
53	0.7061	0.3177
54	0.7291	0.2939
55	0.7513	0.2709

56	0.7726	0.2487
57	0.7928	0.2274
58	0.8121	0.2072
59	0.8302	0.1879
60	0.8473	0.1698
61	0.8633	0.1527
62	0.8781	0.1367
63	0.8918	0.1219
64	0.9045	0.1082
65	0.9161	0.0955
66	0.9268	0.0839
67	0.9364	0.0732
68	0.9451	0.0636
69	0.9529	0.0549
70	0.9598	0.0471
71	0.9659	0.0402
72	0.9713	0.0341
73	0.9761	0.0287
74	0.9801	0.0239
75	0.9836	0.0199
76	0.9867	0.0164
77	0.9893	0.0133
78	0.9915	0.0107
79	0.9933	0.0085
80	0.9948	0.0067
81	0.9960	0.0052
82	0.9969	0.0040
83	0.9977	0.0031
84	0.9983	0.0023
85	0.9988	0.0017
86	0.9991	0.0012
87	0.9994	0.0009
88	0.9996	0.0006
89	0.9998	0.0004
90	0.9999	0.0002
91	1.0000	0.0001

▶ n = 14

1	0.0001	1.0000
2	0.0002	0.9999
3	0.0003	0.9998
4	0.0004	0.9997
5	0.0006	0.9996
6	0.0009	0.9994
7	0.0012	0.9991
8	0.0015	0.9988
9	0.0020	0.9985
10	0.0026	0.9980
11	0.0034	0.9974
12	0.0043	0.9966
13	0.0054	0.9957
14	0.0067	0.9946
15	0.0083	0.9933
16	0.0101	0.9917
17	0.0123	0.9899
18	0.0148	0.9877
19	0.0176	0.9852
20	0.0209	0.9824
21	0.0247	0.9791
22	0.0290	0.9753
23	0.0338	0.9710
24	0.0392	0.9662
25	0.0453	0.9608
26	0.0520	0.9547
27	0.0594	0.9480
28	0.0676	0.9406
29	0.0765	0.9324
30	0.0863	0.9235
31	0.0969	0.9137
32	0.1083	0.9031
33	0.1206	0.8917
34	0.1338	0.8794
35	0.1479	0.8662
36	0.1629	0.8521
37	0.1788	0.8371
38	0.1955	0.8212
39	0.2131	0.8045
40	0.2316	0.7869
41	0.2508	0.7684
42	0.2708	0.7492
43	0.2915	0.7292
44	0.3129	0.7085
45	0.3349	0.6871
46	0.3574	0.6651
47	0.3804	0.6426
48	0.4039	0.6196
49	0.4276	0.5961
50	0.4516	0.5724
51	0.4758	0.5484
52	0.5000	0.5242
53	0.5242	0.5000
54	0.5484	0.4758
55	0.5724	0.4516
56	0.5961	0.4276
57	0.6196	0.4039
58	0.6426	0.3804
59	0.6651	0.3574
60	0.6871	0.3349
61	0.7085	0.3129
62	0.7292	0.2915
63	0.7492	0.2708
64	0.7684	0.2508
65	0.7869	0.2316
66	0.8045	0.2131
67	0.8212	0.1955
68	0.8371	0.1788
69	0.8521	0.1629
70	0.8662	0.1479
71	0.8794	0.1338
72	0.8917	0.1206
73	0.9031	0.1083
74	0.9137	0.0969
75	0.9235	0.0863
76	0.9324	0.0765
77	0.9406	0.0676
78	0.9480	0.0594
79	0.9547	0.0520
80	0.9608	0.0453
81	0.9662	0.0392
82	0.9710	0.0338
83	0.9753	0.0290
84	0.9791	0.0247
85	0.9824	0.0209
86	0.9852	0.0176
87	0.9877	0.0148
88	0.9899	0.0123
89	0.9917	0.0101
90	0.9933	0.0083
91	0.9946	0.0067
92	0.9957	0.0054
93	0.9966	0.0043
94	0.9974	0.0034
95	0.9980	0.0026
96	0.9985	0.0020
97	0.9988	0.0015
98	0.9991	0.0012
99	0.9994	0.0009
100	0.9996	0.0006
101	0.9997	0.0004
102	0.9998	0.0003
103	0.9999	0.0002
104	0.9999	0.0001
105	1.0000	0.0001

▶ n = 15

1	0.0001	1.0000
2	0.0001	0.9999
3	0.0002	0.9999
4	0.0002	0.9998
5	0.0003	0.9998
6	0.0004	0.9997
7	0.0006	0.9996
8	0.0008	0.9994
9	0.0010	0.9992
10	0.0013	0.9990
11	0.0017	0.9987
12	0.0021	0.9983
13	0.0027	0.9979
14	0.0034	0.9973
15	0.0042	0.9966
16	0.0051	0.9958
17	0.0062	0.9949
18	0.0075	0.9938
19	0.0090	0.9925
20	0.0108	0.9910
21	0.0128	0.9892
22	0.0151	0.9872
23	0.0177	0.9849
24	0.0206	0.9823
25	0.0240	0.9794
26	0.0277	0.9760
27	0.0319	0.9723
28	0.0365	0.9681
29	0.0416	0.9635
30	0.0473	0.9584
31	0.0535	0.9527
32	0.0603	0.9465
33	0.0677	0.9397
34	0.0757	0.9323
35	0.0844	0.9243
36	0.0938	0.9156
37	0.1039	0.9062
38	0.1147	0.8961
39	0.1262	0.8853
40	0.1384	0.8738
41	0.1514	0.8616
42	0.1651	0.8486
43	0.1796	0.8349
44	0.1947	0.8204
45	0.2106	0.8053
46	0.2271	0.7894
47	0.2444	0.7729
48	0.2622	0.7556
49	0.2807	0.7378
50	0.2997	0.7193
51	0.3193	0.7003
52	0.3394	0.6807
53	0.3599	0.6606
54	0.3808	0.6401
55	0.4020	0.6192
56	0.4235	0.5980
57	0.4452	0.5765
58	0.4670	0.5548
59	0.4890	0.5330
60	0.5110	0.5110
61	0.5330	0.4890
62	0.5548	0.4670
63	0.5765	0.4452
64	0.5980	0.4235
65	0.6192	0.4020
66	0.6401	0.3808
67	0.6606	0.3599
68	0.6807	0.3394
69	0.7003	0.3193
70	0.7193	0.2997
71	0.7378	0.2807
72	0.7556	0.2622
73	0.7729	0.2444
74	0.7894	0.2271
75	0.8053	0.2106
76	0.8204	0.1947
77	0.8349	0.1796
78	0.8486	0.1651
79	0.8616	0.1514
80	0.8738	0.1384
81	0.8853	0.1262

표 6 (계속)

82	0.8961	0.1147
83	0.9062	0.1039
84	0.9156	0.0938
85	0.9243	0.0844
86	0.9323	0.0757
87	0.9397	0.0677
88	0.9465	0.0603
89	0.9527	0.0535
90	0.9584	0.0473
91	0.9635	0.0416
92	0.9681	0.0365
93	0.9723	0.0319
94	0.9760	0.0277
95	0.9794	0.0240
96	0.9823	0.0206
97	0.9849	0.0177
98	0.9872	0.0151
99	0.9892	0.0128
100	0.9910	0.0108
101	0.9925	0.0090
102	0.9938	0.0075
103	0.9949	0.0062
104	0.9958	0.0051
105	0.9966	0.0042
106	0.9973	0.0034
107	0.9979	0.0027
108	0.9983	0.0021
109	0.9987	0.0017
110	0.9990	0.0013
111	0.9992	0.0010
112	0.9994	0.0008
113	0.9996	0.0006
114	0.9997	0.0004
115	0.9998	0.0003
116	0.9998	0.0002
117	0.9999	0.0002
118	0.9999	0.0001
119	1.0000	0.0001
120	1.0000	0.0000

표 7 Kruskal-Wallis 통계량 분포표

$n_1=1, n_2=1, n_3=2$

x	$P_0\{H \geq x\}$
.300	1.000
1.800	.833
2.700	.500

$n_1=1, n_2=1, n_3=3$

x	$P_0\{H \geq x\}$
.533	1.000
.800	.800
2.133	.700
3.200	.300

$n_1=1, n_2=1, n_3=4$

x	$P_0\{H \geq x\}$
.143	1.000
.786	.933
1.000	.800
1.286	.667
2.143	.600
2.500	.467
3.571	.200

$n_1=1, n_2=1, n_3=5$

x	$P_0\{H \geq x\}$
.257	1.000
.429	.905
1.029	.857
1.114	.762
1.457	.667
1.714	.571

$n_1=1, n_2=1, n_3=5$

x	$P_0\{H \geq x\}$
2.314	.524
2.829	.333
3.857	.143

$n_1=1, n_2=2, n_3=2$

x	$P_0\{H \geq x\}$
.000	1.000
.400	.933
.600	.867
1.400	.733
2.000	.600
2.400	.467
3.000	.333
3.600	.200

$n_1=1, n_2=2, n_3=3$

x	$P_0\{H \geq x\}$
.095	1.000
.238	.933
.429	.900
.810	.833
.857	.800
1.238	.700
1.381	.600
1.952	.567
2.143	.533
2.381	.433
3.095	.267
3.524	.200
3.857	.133
4.286	.100

$n_1=1, n_2=2, n_3=4$

x	$P_0\{H \geq x\}$
.000	1.000
.161	.971
.268	.933
.321	.895
.536	.857
.643	.819
.696	.800
1.018	.781
1.071	.743
1.125	.705
1.286	.667
1.393	.629
1.446	.590
1.875	.533
2.036	.495
2.143	.476
2.250	.457
2.411	.400
2.571	.305
2.786	.286
2.893	.267
3.161	.190
3.696	.171
3.750	.133
4.018	.114
4.500	.076
4.821	.057

$n_1=1, n_2=2, n_3=5$

x	$P_0\{H \geq x\}$
.050	1.000
.133	.964
.200	.940
.450	.905
.467	.845

$n_1=1, n_2=2, n_3=5$

x	$P_0\{H \geq x\}$
.583	.821
.667	.798
.717	.774
1.000	.750
1.117	.738
1.200	.714
1.250	.655
1.383	.619
1.533	.583
1.783	.560
1.800	.536
1.917	.488
2.050	.464
2.333	.429
2.450	.393
2.717	.298
2.800	.286
2.867	.214
3.133	.202
3.333	.190
3.383	.179
3.783	.131
4.050	.119
4.200	.095
4.450	.071
5.000	.048
5.250	.036

$n_1=1, n_2=3, n_3=3$

x	$P_0\{H \geq x\}$
.000	1.000
.143	.986
.286	.957
.571	.871
1.000	.771

표 7 (계속)

$n_1 = 1, n_2 = 3, n_3 = 3$

x	$P_0\{H \geq x\}$
1.143	.743
1.286	.600
1.571	.571
2.000	.514
2.286	.486
2.571	.329
3.143	.243
3.286	.157
4.000	.129
4.571	.100
5.143	.043

$n_1 = 1, n_2 = 3, n_3 = 4$

x	$P_0\{H \geq x\}$
.056	1.000
.097	.971
.208	.950
.333	.921
.431	.900
.500	.871
.556	.843
.764	.786
.875	.743
1.097	.721
1.208	.707
1.222	.679
1.389	.629
1.431	.557
1.764	.536
1.833	.514
1.875	.471
2.097	.457
2.208	.443
2.333	.429
2.431	.371
2.722	.300
2.764	.229
3.000	.221
3.097	.214
3.208	.200
3.222	.157

$n_1 = 1, n_2 = 3, n_3 = 4$

x	$P_0\{H \geq x\}$
3.764	.136
3.889	.129
4.056	.093
4.097	.086
4.208	.079
4.764	.071
5.000	.057
5.208	.050
5.389	.036
5.833	.021

$n_1 = 1, n_2 = 3, n_3 = 5$

x	$P_0\{H \geq x\}$
.000	1.000
.071	.992
.160	.972
.178	.952
.284	.929
.338	.889
.551	.869
.604	.853
.640	.833
.711	.770
.818	.750
.960	.730
1.084	.694
1.138	.683
1.351	.651
1.404	.611
1.440	.591
1.511	.571
1.600	.560
1.671	.520
1.778	.488
1.884	.480
1.938	.468
2.044	.452
2.204	.437
2.400	.413
2.418	.405
2.560	.341

$n_1 = 1, n_2 = 3, n_3 = 5$

x	$P_0\{H \geq x\}$
2.844	.258
2.951	.218
3.040	.210
3.218	.190
3.271	.183
3.378	.143
3.484	.135
3.804	.131
3.840	.123
4.018	.095
4.284	.083
4.338	.079
4.551	.075
4.711	.056
4.871	.052
4.960	.048
5.404	.044
5.440	.036
5.760	.028
6.044	.020
6.400	.012

$n_1 = 1, n_2 = 4, n_3 = 4$

x	$P_0\{H \geq x\}$
.000	1.000
.067	.987
.167	.968
.267	.930
.300	.911
.567	.873
.600	.835
.667	.803
.867	.759
.967	.721
1.067	.689
1.200	.676
1.367	.644
1.500	.600
1.667	.537
1.767	.498
2.167	.460

$n_1 = 1, n_2 = 4, n_3 = 4$

x	$P_0\{H \geq x\}$
2.267	.410
2.400	.384
2.467	.349
2.667	.305
2.700	.260
2.967	.235
3.000	.222
3.267	.178
3.367	.171
3.467	.152
3.867	.121
3.900	.108
4.067	.102
4.167	.083
4.267	.070
4.800	.067
4.867	.054
4.967	.048
5.100	.041
5.667	.035
6.000	.029
6.167	.022
6.667	.010

$n_1 = 1, n_2 = 4, n_3 = 5$

x	$P_0\{H \geq x\}$
.033	1.000
.060	.983
.104	.968
.186	.952
.273	.938
.278	.922
.295	.906
.360	.890
.409	.875
.540	.848
.622	.821
.731	.806
.758	.794
.796	.778
.818	.762

표 7 (계속)

$n_1 = 1, n_2 = 4, n_3 = 5$

x	$P_0\{H \geq x\}$
.906	.730
.933	.719
.976	.690
1.151	.676
1.167	.665
1.195	.651
1.233	.640
1.342	.625
1.369	.614
1.495	.606
1.500	.589
1.587	.562
1.604	.535
1.669	.517
1.778	.498
1.806	.483
1.849	.468
1.931	.460
2.040	.441
2.067	.432
2.106	.419
2.242	.406
2.286	.400
2.455	.394
2.460	.354
2.504	.346
2.591	.300
2.651	.286
2.896	.251
2.913	.222
2.940	.216
3.000	.208
3.087	.194
3.158	.187
3.240	.183
3.349	.151
3.524	.146
3.595	.138
3.682	.132
3.813	.110
3.960	.102
3.987	.098
4.206	.095
4.222	.087

$n_1 = 1, n_2 = 4, n_3 = 5$

x	$P_0\{H \geq x\}$
4.287	.071
4.549	.067
4.636	.063
4.724	.060
4.833	.059
4.860	.056
4.986	.044
5.078	.041
5.160	.038
5.515	.037
5.558	.035
5.596	.033
5.733	.027
5.776	.025
5.858	.024
5.864	.022
5.967	.021
6.431	.019
6.578	.016
6.818	.013
6.840	.011
6.954	.008
7.364	.005

$n_1 = 1, n_2 = 5, n_3 = 5$

x	$P_0\{H \geq x\}$
.000	1.000
.036	.994
.109	.982
.146	.956
.182	.944
.327	.920
.400	.885
.436	.872
.546	.847
.582	.802
.727	.792
.836	.771
.909	.752
.982	.716
1.127	.669
1.200	.646

$n_1 = 1, n_2 = 5, n_3 = 5$

x	$P_0\{H \geq x\}$
1.309	.630
1.346	.605
1.600	.584
1.636	.571
1.709	.509
1.746	.493
1.782	.468
1.927	.462
2.000	.438
2.146	.422
2.182	.411
2.327	.379
2.436	.374
2.509	.361
2.582	.314
2.727	.286
2.909	.242
2.946	.227
3.236	.188
3.346	.168
3.382	.161
3.527	.141
3.600	.132
3.636	.116
3.927	.113
4.036	.105
4.109	.086
4.182	.082
4.400	.076
4.546	.074
4.800	.056
4.909	.053
5.127	.046
5.236	.039
5.636	.033
5.709	.030
5.782	.027
6.000	.022
6.146	.019
6.509	.018
6.546	.015
6.582	.014
6.727	.012
6.836	.011

$n_1 = 1, n_2 = 5, n_3 = 5$

x	$P_0\{H \geq x\}$
7.309	.009
7.527	.008
7.746	.005
8.182	.002

$n_1 = 2, n_2 = 2, n_3 = 2$

x	$P_0\{H \geq x\}$
.000	1.000
.286	.933
.857	.800
1.143	.667
2.000	.533
2.571	.400
3.429	.333
3.714	.200
4.571	.067

$n_1 = 2, n_2 = 2, n_3 = 3$

x	$P_0\{H \geq x\}$
.000	1.000
.179	.971
.214	.895
.500	.857
.607	.800
.714	.743
.857	.686
1.179	.657
1.357	.619
1.464	.562
1.607	.524
1.929	.467
2.000	.438
2.214	.419
2.429	.381
2.464	.362
2.750	.324
2.857	.286
3.179	.267
3.429	.248

표 7 (계속)

$n_1=2, n_2=2, n_3=3$

x	$P_0\{H \geq x\}$
3.607	.238
3.750	.219
3.929	.181
4.464	.105
4.500	.067
4.714	.048
5.357	.029

$n_1=2, n_2=2, n_3=4$

x	$P_0\{H \geq x\}$
.000	1.000
.125	.971
.167	.914
.333	.890
.458	.862
.500	.814
.667	.757
.792	.733
1.000	.695
1.125	.657
1.333	.581
1.500	.552
1.792	.514
1.833	.486
2.000	.448
2.125	.410
2.458	.362
2.667	.333
2.792	.314
2.833	.295
3.000	.276
3.125	.248
3.167	.229
3.458	.210
3.667	.190
4.000	.181
4.125	.152
4.167	.105
4.458	.100
4.500	.090
5.125	.052

$n_1=2, n_2=2, n_3=4$

x	$P_0\{H \geq x\}$
5.333	.033
5.500	.024
6.000	.014

$n_1=2, n_2=2, n_3=5$

x	$P_0\{H \geq x\}$
.000	1.000
.093	.984
.133	.937
.240	.913
.360	.881
.373	.844
.533	.807
.573	.791
.773	.759
.840	.722
.893	.685
.960	.653
1.093	.638
1.200	.606
1.373	.590
1.440	.563
1.493	.542
1.533	.516
1.693	.495
1.800	.474
2.133	.452
2.160	.444
2.173	.402
2.293	.381
2.333	.365
2.373	.344
2.693	.317
2.760	.296
2.973	.275
3.093	.265
3.133	.254
3.240	.238
3.333	.206
3.360	.196
3.573	.185

$n_1=2, n_2=2, n_3=5$

x	$P_0\{H \geq x\}$
3.773	.175
3.840	.164
3.973	.159
4.093	.148
4.200	.138
4.293	.122
4.373	.090
4.573	.085
4.800	.063
4.893	.061
5.040	.056
5.160	.034
5.693	.029
6.000	.019
6.133	.013
6.533	.008

$n_1=2, n_2=3, n_3=3$

x	$P_0\{H \geq x\}$
.028	1.000
.111	.968
.222	.946
.250	.896
.472	.864
.556	.807
.694	.757
1.000	.686
1.111	.671
1.139	.600
1.361	.564
1.444	.539
1.806	.511
1.889	.446
2.000	.425
2.028	.396
2.250	.368
2.472	.357
2.694	.329
2.778	.307
2.889	.286
3.139	.243

$n_1=2, n_2=3, n_3=3$

x	$P_0\{H \geq x\}$
3.222	.221
3.361	.207
3.778	.200
3.806	.179
4.028	.164
4.111	.129
4.250	.121
4.556	.100
4.694	.093
5.000	.075
5.139	.061
5.361	.032
5.556	.025
6.250	.011

$n_1=2, n_2=3, n_3=4$

x	$P_0\{H \geq x\}$
.000	1.000
.078	.987
.100	.965
.111	.944
.244	.922
.278	.902
.311	.881
.344	.862
.400	.844
.444	.829
.544	.811
.600	.794
.611	.770
.700	.756
.778	.722
.811	.703
.900	.689
.978	.673
1.000	.660
1.078	.627
1.111	.614
1.178	.602
1.244	.586
1.344	.571

표 7 (계속)

$n_1 = 2, n_2 = 3, n_3 = 4$

x	$P_0\{H \ge x\}$
1.378	.559
1.411	.548
1.500	.537
1.600	.511
1.611	.502
1.678	.478
1.711	.468
1.778	.457
1.844	.448
1.944	.437
2.144	.417
2.178	.406
2.200	.398
2.211	.376
2.244	.368
2.378	.357
2.400	.346
2.411	.338
2.444	.329
2.500	.321
2.778	.294
2.800	.284
2.911	.271
2.944	.262
3.011	.256
3.100	.251
3.111	.238
3.244	.232
3.278	.225
3.300	.216
3.311	.203
3.444	.197
3.478	.190
3.544	.184
3.600	.175
3.811	.168
3.844	.163
3.911	.159
3.978	.156
4.000	.149
4.078	.140
4.200	.137
4.278	.124
4.311	.108

$n_1 = 2, n_2 = 3, n_3 = 4$

x	$P_0\{H \ge x\}$
4.378	.105
4.444	.102
4.511	.098
4.544	.086
4.611	.083
4.711	.079
4.811	.076
4.878	.073
4.900	.071
4.978	.059
5.078	.057
5.144	.054
5.378	.052
5.400	.051
5.444	.046
5.500	.040
5.611	.032
5.800	.030
6.000	.024
6.111	.021
6.144	.014
6.300	.011
6.444	.008
7.000	.005

$n_1 = 2, n_2 = 3, n_3 = 5$

x	$P_0\{H \ge x\}$
.014	1.000
.069	.981
.113	.966
.131	.951
.142	.932
.273	.917
.276	.901
.306	.886
.331	.869
.364	.855
.451	.823
.549	.807
.567	.794
.622	.781
.636	.769

$n_1 = 2, n_2 = 3, n_3 = 5$

x	$P_0\{H \ge x\}$
.713	.743
.724	.714
.767	.703
.887	.692
.942	.680
1.014	.659
1.058	.648
1.091	.638
1.149	.616
1.178	.593
1.276	.579
1.324	.569
1.378	.537
1.451	.529
1.586	.519
1.596	.510
1.614	.502
1.713	.483
1.727	.474
1.760	.459
1.814	.451
1.858	.444
1.876	.429
2.022	.420
2.033	.403
2.076	.396
2.106	.389
2.196	.382
2.251	.375
2.294	.368
2.367	.362
2.454	.356
2.458	.350
2.469	.336
2.487	.330
2.546	.321
2.633	.294
2.749	.287
2.818	.279
2.894	.269
2.924	.263
2.949	.257
2.798	.252
3.022	.248

$n_1 = 2, n_2 = 3, n_3 = 5$

x	$P_0\{H \ge x\}$
3.069	.243
3.167	.237
3.186	.233
3.273	.222
3.331	.211
3.342	.206
3.386	.201
3.414	.193
3.506	.189
3.546	.183
3.604	.175
3.676	.171
3.767	.167
3.778	.159
3.822	.156
3.909	.152
3.942	.146
3.996	.139
4.058	.137
4.069	.132
4.204	.129
4.214	.125
4.233	.122
4.258	.120
4.331	.117
4.378	.113
4.494	.101
4.651	.091
4.694	.089
4.724	.087
4.727	.085
4.814	.071
4.869	.067
4.913	.063
4.942	.062
5.076	.060
5.087	.053
5.106	.052
5.251	.049
5.349	.046
5.513	.044
5.524	.043
5.542	.041
5.727	.037

표 7 (계속)

$n_1=2, n_2=3, n_3=5$

x	$P_0\{H \geq x\}$
5.742	.034
5.786	.033
5.804	.033
5.949	.026
6.004	.025
6.033	.024
6.091	.021
6.124	.020
6.294	.017
6.386	.016
6.414	.015
6.818	.012
6.822	.010
6.909	.009
6.949	.006
7.182	.004
7.636	.002

$n_1=2, n_2=4, n_3=4$

x	$P_0\{H \geq x\}$
.000	1.000
.054	.988
.082	.970
.191	.940
.218	.910
.273	.893
.327	.879
.409	.848
.491	.820
.627	.779
.736	.757
.764	.712
.873	.685
.954	.671
1.091	.651
1.146	.638
1.173	.596
1.282	.577
1.309	.559
1.364	.537
1.582	.526

$n_1=2, n_2=4, n_3=4$

x	$P_0\{H \geq x\}$
1.636	.510
1.718	.488
1.827	.441
1.964	.426
2.046	.400
2.236	.386
2.264	.375
2.373	.363
2.454	.338
2.509	.317
2.673	.301
2.809	.281
2.918	.272
2.946	.263
3.054	.239
3.136	.228
3.327	.220
3.354	.210
3.464	.192
3.491	.185
3.682	.180
3.764	.166
3.818	.152
4.009	.142
4.364	.125
4.418	.120
4.446	.103
4.554	.098
4.582	.094
4.691	.080
4.773	.075
4.854	.071
4.991	.065
5.127	.057
5.236	.052
5.454	.046
5.509	.044
5.536	.042
5.646	.039
5.727	.034
5.946	.028
6.082	.025
6.327	.024
6.409	.022

$n_1=2, n_2=4, n_3=4$

x	$P_0\{H \geq x\}$
6.546	.020
6.600	.017
6.627	.016
6.873	.011
7.036	.006
7.282	.004
7.854	.002

$n_1=2, n_2=4, n_3=5$

x	$P_0\{H \geq x\}$
.000	1.000
.041	.992
.064	.979
.068	.965
.141	.952
.154	.939
.164	.926
.223	.913
.254	.902
.273	.891
.300	.880
.323	.866
.368	.855
.404	.832
.504	.823
.518	.812
.541	.801
.564	.791
.573	.781
.614	.759
.618	.749
.654	.740
.723	.730
.791	.720
.841	.710
.864	.701
.891	.691
.904	.683
.914	.674
.950	.657
.954	.649
1.018	.640
1.023	.632

$n_1=2, n_2=4, n_3=5$

x	$P_0\{H \geq x\}$
1.050	.623
1.091	.614
1.200	.607
1.204	.599
1.268	.592
1.291	.576
1.314	.569
1.318	.562
1.391	.554
1.414	.537
1.450	.529
1.473	.521
1.518	.507
1.591	.499
1.618	.491
1.641	.485
1.664	.479
1.704	.472
1.750	.465
1.754	.459
1.814	.452
1.823	.432
1.973	.427
2.004	.420
2.018	.403
2.073	.398
2.114	.392
2.118	.387
2.141	.381
2.164	.375
2.223	.371
2.254	.366
2.291	.361
2.318	.351
2.323	.346
2.391	.335
2.454	.329
2.473	.324
2.504	.320
2.550	.315
2.618	.311
2.700	.306
2.723	.301
2.754	.296

표 7 (계속)

$n_1=2, n_2=4, n_3=5$

x	$P_0\{H \geq x\}$
2.768	.285
2.773	.273
2.868	.267
2.891	.262
2.904	.258
2.914	.249
2.973	.246
3.023	.237
3.050	.234
3.064	.231
3.118	.226
3.164	.221
3.268	.217
3.314	.214
3.341	.208
3.364	.200
3.414	.197
3.454	.193
3.523	.190
3.564	.187
3.568	.184
3.573	.181
3.618	.178
3.641	.175
3.654	.170
3.700	.164
3.704	.160
3.791	.157
3.800	.151
3.818	.148
3.823	.145
3.864	.143
4.041	.139
4.064	.135
4.073	.133
4.091	.130
4.141	.128
4.154	.126
4.200	.123
4.223	.121
4.250	.119
4.323	.116
4.364	.114
4.368	.112

$n_1=2, n_2=4, n_3=5$

x	$P_0\{H \geq x\}$
4.404	.110
4.500	.104
4.518	.101
4.541	.098
4.614	.090
4.664	.088
4.768	.079
4.791	.078
4.800	.076
4.818	.074
4.841	.072
4.868	.071
4.950	.063
5.073	.061
5.154	.059
5.164	.053
5.254	.052
5.268	.051
5.273	.049
5.300	.048
5.314	.046
5.414	.045
5.518	.043
5.523	.042
5.564	.038
5.641	.037
5.664	.036
5.754	.035
5.823	.034
5.891	.032
5.954	.030
5.973	.029
6.004	.026
6.041	.025
6.068	.025
6.118	.024
6.141	.023
6.223	.022
6.368	.021
6.391	.021
6.473	.020
6.504	.020
6.541	.017
6.550	.017

$n_1=2, n_2=4, n_3=5$

x	$P_0\{H \geq x\}$
6.564	.016
6.654	.016
6.723	.015
6.904	.014
6.914	.013
7.000	.013
7.018	.012
7.064	.012
7.118	.010
7.204	.009
7.254	.009
7.291	.008
7.450	.007
7.500	.007
7.568	.006
7.573	.005
7.773	.004
7.814	.003
8.018	.002
8.114	.001
8.591	.001

$n_1=2, n_2=5, n_3=5$

x	$P_0\{H \geq x\}$
.008	1.000
.046	.988
.069	.978
.077	.966
.169	.947
.192	.928
.254	.896
.323	.877
.377	.859
.415	.830
.446	.822
.538	.807
.562	.775
.623	.759
.692	.749
.746	.735
.808	.719
.815	.688

$n_1=2, n_2=5, n_3=5$

x	$P_0\{H \geq x\}$
.908	.674
.931	.661
1.115	.638
1.154	.611
1.185	.593
1.277	.569
1.300	.558
1.362	.552
1.431	.539
1.485	.528
1.523	.516
1.554	.506
1.646	.496
1.669	.486
1.731	.463
1.854	.445
1.915	.434
1.923	.424
2.015	.407
2.038	.398
2.223	.379
2.262	.374
2.285	.363
2.292	.353
2.385	.345
2.408	.330
2.469	.323
2.538	.315
2.592	.300
2.662	.292
2.754	.286
2.777	.279
2.908	.276
2.962	.270
3.023	.243
3.031	.234
3.123	.228
3.146	.218
3.331	.210
3.369	.203
3.392	.198
3.492	.190
3.515	.186
3.577	.181

표 7 (계속)

$n_1=2, n_2=5, n_3=5$

x	$P_0\{H \geq x\}$
3.646	.169
3.738	.165
3.769	.163
3.862	.150
3.885	.146
4.015	.136
4.069	.132
4.131	.130
4.138	.127
4.231	.124
4.254	.114
4.438	.106
4.477	.103
4.508	.100
4.623	.097
4.685	.092
4.754	.084
4.808	.081
4.846	.073
4.877	.068
4.992	.066
5.054	.060
5.177	.057
5.238	.054
5.246	.051
5.338	.047
5.546	.045
5.585	.041
5.608	.040
5.615	.039
5.708	.037
5.731	.036
5.792	.032
5.915	.030
5.985	.028
6.077	.027
6.231	.026
6.346	.025
6.354	.021
6.446	.020
6.469	.019
6.654	.017
6.692	.016
6.815	.015
6.838	.014

$n_1=2, n_2=5, n_3=5$

x	$P_0\{H \geq x\}$
6.969	.013
7.023	.013
7.185	.012
7.208	.011
7.269	.010
7.338	.010
7.392	.009
7.462	.008
7.577	.007
7.762	.007
7.923	.006
8.008	.006
8.077	.006
8.131	.005
8.169	.003
8.292	.003
8.377	.002
8.562	.002
8.685	.001
8.938	.001
9.423	.000

$n_1=3, n_2=3, n_3=3$

x	$P_0\{H \geq x\}$
.000	1.000
.089	.993
.267	.929
.356	.879
.622	.829
.800	.721
1.067	.664
1.156	.629
1.422	.543
1.689	.511
1.867	.439
2.222	.382
2.400	.361
2.489	.339
2.756	.296
3.200	.254
3.289	.232

$n_1=3, n_2=3, n_3=3$

x	$P_0\{H \geq x\}$
3.467	.196
3.822	.168
4.267	.139
4.356	.132
4.622	.100
5.067	.086
5.422	.071
5.600	.050
5.689	.029
5.956	.025
6.489	.011
7.200	.004

$n_1=3, n_2=3, n_3=4$

x	$P_0\{H \geq x\}$
.018	1.000
.046	.984
.118	.970
.164	.941
.200	.925
.336	.895
.346	.869
.409	.842
.454	.830
.482	.817
.636	.791
.700	.764
.746	.717
.891	.690
1.064	.656
1.073	.633
1.136	.611
1.182	.602
1.209	.582
1.427	.541
1.473	.523
1.573	.513
1.618	.497
1.654	.481
1.791	.447
1.800	.433

$n_1=3, n_2=3, n_3=4$

x	$P_0\{H \geq x\}$
1.864	.415
2.091	.402
2.200	.389
2.227	.368
2.300	.351
2.382	.326
2.518	.314
2.527	.303
2.664	.291
2.882	.281
2.927	.273
2.954	.253
3.027	.244
3.073	.234
3.109	.220
3.254	.212
3.364	.203
3.391	.196
3.609	.188
3.682	.180
3.754	.178
3.800	.165
3.836	.150
3.973	.143
4.046	.132
4.091	.126
4.273	.123
4.336	.117
4.382	.111
4.564	.106
4.700	.101
4.709	.092
4.818	.085
4.846	.081
5.000	.074
5.064	.070
5.109	.068
5.254	.064
5.436	.062
5.500	.056
5.573	.053
5.727	.050
5.791	.046
5.936	.036

표 7 (계속)

$n_1=3, n_2=3, n_3=4$

x	$P_0\{H \geq x\}$
5.982	.034
6.018	.027
6.154	.025
6.300	.023
6.564	.017
6.664	.014
6.709	.013
6.746	.010
7.000	.006
7.318	.004
7.436	.002
8.018	.001

$n_1=3, n_2=3, n_3=5$

x	$P_0\{H \geq x\}$
.000	1.000
.048	.994
.061	.970
.133	.958
.170	.948
.194	.926
.242	.902
.315	.890
.376	.868
.412	.847
.436	.826
.533	.804
.546	.794
.594	.783
.679	.765
.776	.725
.848	.686
.970	.668
1.042	.641
1.079	.624
1.103	.609
1.200	.594
1.212	.587
1.261	.571
1.442	.539
1.503	.526

$n_1=3, n_2=3, n_3=5$

x	$P_0\{H \geq x\}$
1.515	.512
1.527	.505
1.576	.491
1.648	.478
1.746	.450
1.770	.437
1.867	.425
2.012	.414
2.048	.403
2.061	.393
2.133	.382
2.170	.367
2.182	.358
2.194	.352
2.315	.342
2.376	.334
2.594	.315
2.667	.306
2.679	.298
2.715	.291
2.836	.267
2.861	.258
2.970	.242
3.079	.239
3.103	.232
3.333	.218
3.382	.215
3.394	.209
3.442	.196
3.467	.184
3.503	.179
3.576	.173
3.648	.167
3.709	.162
3.879	.156
3.927	.149
4.012	.144
4.048	.139
4.170	.135
4.194	.126
4.242	.122
4.303	.117
4.315	.113
4.412	.109

$n_1=3, n_2=3, n_3=5$

x	$P_0\{H \geq x\}$
4.533	.097
4.679	.094
4.776	.090
4.800	.087
4.848	.085
4.861	.082
4.909	.079
5.042	.077
5.079	.069
5.103	.067
5.212	.065
5.261	.062
5.346	.058
5.442	.055
5.503	.053
5.515	.051
5.648	.049
5.770	.047
5.867	.042
6.012	.040
6.061	.033
6.109	.032
6.194	.027
6.303	.026
6.315	.021
6.376	.020
6.533	.019
6.594	.019
6.715	.014
6.776	.013
6.861	.012
6.982	.011
7.079	.009
7.333	.008
7.467	.008
7.503	.006
7.515	.005
7.636	.004
7.879	.003
8.048	.002
8.242	.001
8.727	.001

$n_1=3, n_2=4, n_3=4$

x	$P_0\{H \geq x\}$
.000	1.000
.046	.993
.053	.981
.144	.959
.167	.937
.182	.925
.212	.913
.326	.890
.348	.870
.386	.850
.409	.829
.477	.819
.576	.799
.598	.779
.659	.761
.667	.742
.712	.731
.727	.713
.848	.704
.894	.685
.932	.668
.962	.651
1.053	.635
1.076	.620
1.136	.604
1.144	.597
1.296	.582
1.303	.568
1.326	.553
1.394	.539
1.417	.524
1.500	.510
1.546	.503
1.598	.490
1.636	.477
1.682	.470
1.750	.457
1.803	.444
1.909	.421
1.962	.409
2.053	.388
2.144	.378
2.227	.368
2.296	.354

$n_1 = 3, n_2 = 4, n_3 = 4$

x	$P_0\{H \geq x\}$
2.303	.344
2.326	.334
3.394	.325
2.417	.315
2.598	.306
2.636	.290
2.667	.281
2.712	.276
2.848	.269
2.894	.261
2.909	.254
2.932	.250
2.962	.243
3.076	.230
3.136	.218
3.326	.212
3.386	.207
3.394	.201
3.417	.195
3.477	.190
3.576	.184
3.598	.178
3.659	.173
3.682	.162
3.727	.160
3.803	.154
3.848	.150
3.932	.145
3.962	.140
4.144	.135
4.167	.131
4.212	.129
4.296	.125
4.303	.121
4.326	.116
4.348	.113
4.409	.106
4.477	.102
4.546	.099
4.576	.097
4.598	.093
4.712	.090
4.750	.087
4.894	.084

$n_1 = 3, n_2 = 4, n_3 = 4$

x	$P_0\{H \geq x\}$
5.053	.078
5.144	.073
5.182	.068
5.212	.066
5.296	.063
5.303	.061
5.326	.058
5.386	.054
5.500	.052
5.576	.051
5.598	.049
5.667	.047
5.803	.045
5.932	.043
5.962	.041
6.000	.040
6.046	.039
6.053	.035
6.144	.032
6.167	.031
6.182	.030
6.348	.027
6.386	.026
6.394	.025
6.409	.023
6.417	.022
6.546	.021
6.659	.020
6.712	.019
6.727	.018
6.962	.017
7.000	.016
7.053	.014
7.076	.011
7.136	.011
7.144	.010
7.212	.009
7.477	.006
7.598	.004
7.636	.004
7.682	.003
7.848	.003
8.227	.002
8.326	.001

$n_1 = 3, n_2 = 4, n_3 = 4$

x	$P_0\{H \geq x\}$
8.909	.001

$n_1 = 3, n_2 = 4, n_3 = 5$

x	$P_0\{H \geq x\}$
.010	1.000
.030	.990
.060	.981
.081	.972
.092	.963
.118	.953
.138	.944
.173	.935
.180	.926
.214	.917
.241	.908
.256	.900
.265	.891
.276	.882
.323	.874
.337	.865
.368	.857
.426	.841
.430	.833
.462	.825
.491	.817
.503	.809
.542	.784
.549	.777
.626	.769
.645	.754
.692	.746
.727	.738
.737	.716
.799	.709
.830	.696
.831	.689
.856	.667
.953	.660
1.004	.654
1.041	.641
1.045	.628

$n_1 = 3, n_2 = 4, n_3 = 5$

x	$P_0\{H \geq x\}$
1.062	.621
1.103	.615
1.106	.609
1.118	.602
1.137	.590
1.164	.584
1.188	.578
1.241	.572
1.246	.566
1.260	.553
1.349	.548
1.414	.542
1.445	.537
1.465	.522
1.472	.516
1.487	.506
1.506	.495
1.558	.490
1.568	.479
1.599	.475
1.615	.465
1.718	.460
1.733	.455
1.753	.450
1.780	.446
1.814	.441
1.856	.437
1.906	.427
1.927	.423
1.938	.418
1.964	.400
1.968	.396
1.985	.391
2.019	.387
2.030	.383
2.060	.379
2.103	.375
2.112	.366
2.169	.358
2.272	.354
2.308	.350
2.337	.346
2.349	.343
2.368	.335

표 7 (계속)

$n_1=3, n_2=4, n_3=5$		$n_1=3, n_2=4, n_3=5$		$n_1=3, n_2=4, n_3=5$		$n_1=3, n_2=4, n_3=5$	
x	$P_0\{H \geq x\}$	x	$P_0\{H \geq x\}$	x	$P_0\{H \geq x\}$	x	$P_0\{H \geq x\}$
2.388	.332	3.753	.161	5.137	.068	6.580	.021
2.395	.321	3.773	.159	5.158	.067	6.635	.020
2.472	.318	3.785	.156	5.180	.065	6.676	.020
2.481	.311	3.810	.152	5.291	.063	6.703	.019
2.491	.307	3.831	.150	5.308	.062	6.780	.019
2.522	.301	3.865	.148	5.342	.061	6.785	.018
2.573	.294	3.876	.146	5.349	.061	6.799	.016
2.580	.291	3.958	.144	5.353	.059	6.830	.016
2.641	.288	4.015	.140	5.414	.058	6.891	.015
2.645	.284	4.030	.137	5.426	.057	7.004	.015
2.676	.281	4.060	.134	5.549	.054	7.010	.015
2.677	.278	4.122	.132	5.568	.052	7.096	.014
2.737	.271	4.154	.131	5.619	.051	7.106	.014
2.830	.266	4.180	.125	5.631	.050	7.188	.013
2.887	.263	4.195	.124	5.656	.049	7.195	.012
2.908	.260	4.235	.121	5.660	.048	7.256	.012
2.949	.251	4.241	.119	5.677	.047	7.260	.012
2.953	.248	4.276	.117	5.718	.046	7.272	.012
2.964	.240	4.318	.115	5.722	.045	7.291	.011
3.010	.238	4.327	.112	5.753	.044	7.318	.011
3.035	.235	4.368	.110	5.780	.043	7.395	.011
3.087	.232	4.419	.109	5.804	.041	7.445	.010
3.092	.222	4.426	.107	5.814	.040	7.465	.010
3.106	.219	4.487	.106	5.862	.040	7.477	.009
3.137	.216	4.522	.105	5.876	.039	7.523	.007
3.195	.214	4.523	.103	5.964	.038	7.568	.007
3.256	.209	4.549	.099	6.026	.038	7.641	.007
3.260	.206	4.564	.097	6.030	.037	7.708	.006
3.312	.204	4.645	.095	6.060	.037	7.753	.006
3.318	.199	4.676	.093	6.087	.035	7.810	.006
3.353	.197	4.754	.091	6.164	.035	7.876	.006
3.414	.194	4.789	.089	6.173	.034	7.887	.006
3.445	.192	4.810	.088	6.231	.033	7.906	.005
3.462	.190	4.830	.083	6.265	.032	7.927	.005
3.496	.188	4.856	.082	6.272	.030	8.030	.005
3.503	.183	4.881	.081	6.337	.030	8.060	.004
3.506	.181	4.891	.078	6.368	.029	8.077	.004
3.568	.179	4.939	.075	6.369	.029	8.118	.004
3.580	.177	4.953	.074	6.395	.026	8.122	.004
3.599	.173	4.983	.073	6.410	.025	8.215	.003
3.626	.169	5.041	.072	6.491	.025	8.256	.003
3.703	.165	5.045	.071	6.522	.024	8.430	.002
3.722	.163	5.106	.070	6.542	.023	8.446	.002

표 7 (계속)

$n_1=3, n_2=4, n_3=5$

x	$P_0\{H \ge x\}$
8.481	.002
8.503	.001
8.573	.001
8.626	.001
8.795	.001
9.035	.001
9.118	.001
9.199	.000
9.692	.000

$n_1=3, n_2=5, n_3=5$

x	$P_0\{H \ge x\}$
.000	1.000
.026	.996
.035	.989
.088	.974
.106	.959
.114	.951
.141	.944
.193	.930
.220	.916
.237	.902
.264	.895
.316	.880
.352	.866
.422	.840
.457	.819
.484	.813
.536	.800
.563	.788
.580	.763
.659	.751
.695	.745
.721	.733
.774	.721
.791	.698
.826	.686
.879	.675
.950	.653
1.029	.648

$n_1=3, n_2=5, n_3=5$

x	$P_0\{H \ge x\}$
1.037	.643
1.055	.632
1.064	.611
1.116	.602
1.134	.592
1.143	.583
1.248	.573
1.266	.563
1.292	.554
1.371	.550
1.407	.541
1.450	.514
1.459	.506
1.512	.497
1.565	.480
1.688	.472
1.723	.460
1.741	.453
1.750	.445
1.802	.438
1.829	.431
1.855	.420
1.934	.413
1.978	.393
2.066	.386
2.136	.380
2.145	.377
2.163	.370
2.198	.364
2.250	.351
2.321	.339
2.374	.327
2.409	.321
2.479	.315
2.488	.310
2.514	.305
2.593	.299
2.620	.294
2.637	.289
2.716	.276
2.752	.271
2.778	.267
2.848	.262

$n_1=3, n_2=5, n_3=5$

x	$P_0\{H \ge x\}$
2.857	.257
2.884	.255
2.936	.246
2.963	.241
3.094	.237
3.112	.224
3.121	.220
3.165	.216
3.191	.208
3.279	.206
3.306	.202
3.429	.195
3.464	.191
3.516	.187
3.622	.173
3.648	.167
3.666	.164
3.745	.161
3.780	.158
3.798	.152
3.807	.147
3.912	.144
3.965	.142
3.991	.139
4.114	.136
4.141	.135
4.150	.132
4.202	.127
4.220	.125
4.255	.117
4.308	.112
4.352	.110
4.378	.107
4.457	.105
4.466	.104
4.536	.102
4.545	.100
4.571	.098
4.694	.094
4.774	.092
4.826	.089
4.835	.088
4.888	.082

$n_1=3, n_2=5, n_3=5$

x	$P_0\{H \ge x\}$
4.914	.079
4.941	.077
4.993	.075
5.020	.072
5.064	.070
5.152	.067
5.169	.065
5.222	.065
5.284	.063
5.363	.062
5.407	.059
5.486	.057
5.494	.056
5.521	.055
5.574	.053
5.600	.051
5.626	.051
5.706	.046
5.802	.045
5.837	.042
5.934	.040
5.943	.039
6.022	.038
6.048	.037
6.198	.035
6.207	.034
6.250	.034
6.259	.033
6.286	.031
6.312	.030
6.365	.030
6.391	.028
6.435	.027
6.488	.025
6.550	.024
6.593	.024
6.655	.022
6.734	.022
6.752	.021
6.866	.019
6.892	.018
6.945	.018
6.963	.017

표 7 (계속)

$n_1 = 3, n_2 = 5, n_3 = 5$

x	$P_0\{H \geq x\}$
6.998	.015
7.050	.015
7.121	.014
7.209	.014
7.226	.012
7.288	.012
7.306	.012
7.314	.011
7.437	.011
7.543	.010
7.578	.010
7.622	.009
7.736	.009
7.763	.008
7.780	.008
7.859	.007
7.894	.007
7.912	.007
8.026	.006
8.079	.006
8.106	.006
8.237	.005
8.264	.005
8.316	.005
8.334	.005
8.545	.004
8.571	.004
8.580	.004
8.650	.003
8.659	.003
8.791	.002
8.809	.002
8.950	.002
9.002	.002
9.055	.001
9.284	.001
9.336	.001
9.398	.001
9.521	.000
9.635	.000
9.916	.000
10.057	.000
10.550	.000

$n_1 = 4, n_2 = 4, n_3 = 4$

x	$P_0\{H \geq x\}$
.000	1.000
.038	.994
.115	.968
.154	.941
.269	.913
.346	.864
.462	.840
.500	.815
.615	.770
.731	.746
.808	.706
.962	.667
1.038	.648
1.077	.630
1.192	.592
1.385	.557
1.423	.540
1.500	.510
1.654	.480
1.846	.452
1.885	.436
2.000	.397
2.192	.370
2.346	.348
2.423	.327
2.462	.307
2.577	.296
2.808	.277
2.885	.260
2.923	.252
3.038	.234
3.115	.219
3.231	.212
3.500	.197
3.577	.173
3.731	.162
3.846	.151
3.962	.145
4.154	.136
4.192	.131
4.269	.122
4.308	.114
4.500	.104

$n_1 = 4, n_2 = 4, n_3 = 4$

x	$P_0\{H \geq x\}$
4.654	.097
4.769	.094
4.885	.086
4.962	.080
5.115	.074
5.346	.063
5.538	.057
6.654	.055
5.692	.049
5.808	.044
6.000	.040
6.038	.037
6.269	.033
6.500	.030
6.577	.026
6.615	.024
6.731	.021
6.962	.019
7.038	.018
7.269	.016
7.385	.015
7.423	.013
7.538	.011
7.654	.008
7.731	.007
8.000	.005
8.115	.003
8.346	.002
8.654	.001
8.769	.001
9.269	.001
9.846	.000

$n_1 = 4, n_2 = 4, n_3 = 5$

x	$P_0\{H \geq x\}$
.000	1.000
.030	.996
.033	.981
.086	.974
.096	.967

$n_1 = 4, n_2 = 4, n_3 = 5$

x	$P_0\{H \geq x\}$
.119	.952
.132	.937
.201	.930
.218	.916
.228	.903
.267	.889
.297	.875
.343	.869
.376	.862
.382	.849
.399	.836
.425	.823
.475	.811
.528	.798
.544	.792
.597	.780
.610	.768
.613	.757
.640	.745
.689	.734
.742	.723
.771	.711
.804	.706
.824	.695
.860	.690
.870	.679
.903	.668
.910	.658
.940	.647
1.019	.637
1.058	.627
1.068	.617
1.124	.607
1.167	.598
1.187	.589
1.190	.584
1.203	.574
1.256	.565
1.272	.556
1.299	.548
1.371	.539
1.404	.534
1.414	.526

표 7 (계속)

$n_1 = 4, n_2 = 4, n_3 = 5$

x	$P_0\{H \geq x\}$
1.454	.518
1.503	.509
1.530	.501
1.533	.493
1.586	.485
1.596	.477
1.615	.469
1.668	.465
1.701	.458
1.718	.450
1.744	.443
1.810	.436
1.876	.429
1.899	.422
1.929	.414
1.942	.408
1.958	.401
2.047	.388
2.110	.375
2.140	.371
2.143	.365
2.176	.362
2.196	.356
2.275	.344
2.387	.338
2.390	.332
2.403	.327
2.440	.316
2.443	.310
2.453	.305
2.558	.299
2.575	.293
2.601	.288
2.667	.283
2.670	.279
2.733	.271
2.756	.267
2.799	.262
2.881	.257
2.904	.253
2.918	.249
2.967	.245
2.987	.240
2.997	.236

$n_1 = 4, n_2 = 4, n_3 = 5$

x	$P_0\{H \geq x\}$
3.013	.228
3.086	.224
3.119	.221
3.129	.217
3.168	.214
3.218	.210
3.260	.206
3.297	.202
3.330	.200
3.382	.197
3.432	.190
3.442	.187
3.481	.183
3.511	.180
3.590	.176
3.613	.170
3.630	.167
3.640	.164
3.656	.160
3.696	.157
3.758	.154
3.828	.151
3.910	.146
3.986	.143
3.989	.141
4.025	.139
4.042	.134
4.068	.132
4.075	.130
4.118	.127
4.170	.125
4.200	.122
4.233	.121
4.253	.119
4.272	.117
4.289	.114
4.332	.112
4.381	.108
4.447	.106
4.497	.104
4.553	.102
4.619	.100
4.668	.098
4.685	.096

$n_1 = 4, n_2 = 4, n_3 = 5$

x	$P_0\{H \geq x\}$
4.701	.094
4.711	.092
4.728	.091
4.747	.089
4.760	.088
4.813	.086
4.830	.084
4.833	.082
4.896	.081
4.975	.077
5.014	.076
5.024	.074
5.028	.073
5.090	.071
5.172	.069
5.196	.068
5.225	.066
5.344	.065
5.360	.063
5.370	.062
5.387	.061
5.410	.060
5.440	.059
5.476	.057
5.486	.056
5.489	.056
5.519	.054
5.568	.052
5.571	.051
5.618	.050
5.657	.049
5.687	.048
5.756	.047
5.782	.046
5.815	.045
5.819	.043
5.914	.042
6.003	.042
6.013	.041
6.030	.040
6.096	.039
6.119	.038
6.132	.037
6.201	.036

$n_1 = 4, n_2 = 4, n_3 = 5$

x	$P_0\{H \geq x\}$
6.214	.034
6.228	.033
6.267	.032
6.310	.031
6.343	.030
6.382	.029
6.399	.028
6.462	.027
6.544	.027
6.547	.026
6.597	.026
6.672	.024
6.676	.024
6.804	.023
6.860	.022
6.870	.022
6.887	.021
6.890	.021
6.943	.020
6.953	.020
6.976	.019
7.058	.018
7.075	.017
7.101	.017
7.124	.016
7.190	.016
7.203	.015
7.233	.015
7.240	.014
7.256	.014
7.418	.014
7.467	.013
7.470	.013
7.497	.013
7.503	.012
7.586	.012
7.596	.012
7.714	.011
7.744	.011
7.760	.009
7.767	.009
7.797	.009
7.810	.009
7.833	.008

표 7 (계속)

$n_1 = 4, n_2 = 4, n_3 = 5$

x	$P_0\{H \geq x\}$
7.942	.007
7.981	.007
8.047	.006
8.113	.006
8.130	.006
8.140	.005
8.156	.005
8.189	.005
8.403	.004
8.440	.004
8.456	.004
8.525	.003
8.558	.003
8.571	.003
8.604	.003
8.703	.003
8.733	.003
8.782	.002
8.868	.002
8.997	.002
9.053	.001
9.099	.001
9.129	.001
9.168	.001
9.396	.001
9.528	.001
9.590	.001
9.613	.000
9.758	.000
10.118	.000
10.187	.000
10.681	.000

$n_1 = 4, n_2 = 5, n_3 = 5$

x	$P_0\{H \geq x\}$
.006	1.000
.020	.994
.043	.988
.051	.976
.086	970

$n_1 = 4, n_2 = 5, n_3 = 5$

x	$P_0\{H \geq x\}$
.111	.958
.131	.946
.143	.935
.180	.929
.203	.923
.223	.912
.226	.901
.271	.890
.280	.879
.326	.874
.360	.863
.371	.852
.386	.841
.463	.821
.500	.805
.523	.800
.543	.790
.546	.781
.591	.771
.600	.752
.691	.742
.706	.738
.726	.729
.751	.720
.771	.711
.783	.693
.843	.684
.863	.675
.866	.667
.966	.658
.980	.654
1.000	.650
1.003	.642
1.011	.626
1.046	.617
1.071	.610
1.140	.594
1.183	.587
1.186	.579
1.286	.572
1.300	.553
1.323	.547
1.331	.540
1.346	.532

$n_1 = 4, n_2 = 5, n_3 = 5$

x	$P_0\{H \geq x\}$
1.366	.525
1.411	.518
1.423	.512
1.483	.505
1.551	.498
1.560	.492
1.606	.485
1.620	.479
1.643	.470
1.651	.458
1.686	.455
1.711	.449
1.731	.443
1.743	.437
1.803	.431
1.826	.425
1.871	.420
1.963	.414
1.971	.409
1.986	.398
2.006	.393
2.031	.382
2.051	.377
2.063	.372
2.100	.369
2.143	.364
2.191	.354
2.246	.349
2.280	.344
2.306	.339
2.351	.335
2.371	.330
2.383	.326
2.420	.322
2.443	.319
2.463	.307
2.466	.302
2.511	.298
2.520	.294
2.566	.292
2.600	.288
2.626	.284
2.691	.280
2.740	.276

$n_1 = 4, n_2 = 5, n_3 = 5$

x	$P_0\{H \geq x\}$
2.783	.272
2.786	.268
2.831	.257
2.840	.254
2.886	.250
2.931	.246
2.946	.239
2.966	.236
2.991	.232
3.023	.229
3.083	.224
3.103	.221
3.160	.218
3.240	.215
3.243	.211
3.266	.209
3.286	.203
3.311	.200
3.343	.197
3.380	.188
3.403	.187
3.471	.184
3.540	.176
3.571	.174
3.586	.170
3.651	.167
3.743	.162
3.746	.160
3.791	.155
3.800	.153
3.846	.151
3.883	.148
3.891	.144
3.906	.142
3.926	.140
3.951	.137
3.971	.135
4.043	.133
4.063	.131
4.166	.127
4.200	.124
4.203	.122
4.246	.120
4.271	.118

표 7 (계속)

$n_1 = 4, n_2 = 5, n_3 = 5$

x	$P_0\{H \geq x\}$
4.291	.115
4.303	.113
4.363	.111
4.383	.110
4.386	.108
4.486	.106
4.500	.105
4.520	.101
4.523	.099
4.531	.098
4.591	.096
4.611	.095
4.660	.093
4.706	.092
4.806	.089
4.843	.088
4.851	.086
4.866	.084
4.886	.083
4.911	.079
4.943	.078
4.980	.076
5.023	.075
5.071	.074
5.126	.073
5.163	.070
5.171	.069
5.186	.068
5.206	.067
5.231	.066
5.263	.064
5.323	.063
5.400	.061
5.446	.059
5.460	.058
5.483	.057
5.491	.056
5.526	.056
5.571	.055
5.583	.052
5.620	.051
5.643	.050
5.666	.049

$n_1 = 4, n_2 = 5, n_3 = 5$

x	$P_0\{H \geq x\}$
5.711	.048
5.780	.048
5.803	.047
5.811	.046
5.871	.045
5.903	.043
5.963	.042
5.983	.042
5.986	.041
6.031	.040
6.086	.040
6.100	.038
6.123	.037
6.146	.037
6.166	.035
6.211	.035
6.223	.034
6.283	.034
6.303	.033
6.351	.032
6.406	.031
6.440	.030
6.451	.029
6.486	.029
6.531	.028
6.543	.028
6.603	.027
6.623	.026
6.626	.026
6.671	.025
6.760	.025
6.763	.024
6.771	.024
6.786	.023
6.806	.022
6.831	.022
6.900	.021
6.943	.020
7.000	.019
7.046	.019
7.080	.018
7.106	.018
7.171	.018

$n_1 = 4, n_2 = 5, n_3 = 5$

x	$P_0\{H \geq x\}$
7.183	.017
7.220	.017
7.243	.017
7.266	.016
7.311	.015
7.320	.015
7.426	.015
7.446	.014
7.471	.014
7.491	.014
7.503	.013
7.563	.013
7.586	.012
7.631	.012
7.640	.011
7.686	.011
7.720	.011
7.766	.010
7.791	.010
7.823	.010
7.860	.010
7.903	.009
7.906	.009
8.006	.009
8.043	.009
8.051	.008
8.066	.008
8.086	.008
8.131	.008
8.143	.007
8.223	.007
8.226	.007
8.271	.006
8.280	.006
8.340	.006
8.363	.006
8.371	.005
8.386	.005
8.431	.005
8.463	.005
8.523	.005
8.543	.005
8.546	.004

$n_1 = 4, n_2 = 5, n_3 = 5$

x	$P_0\{H \geq x\}$
8.683	.004
8.691	.004
8.726	.004
8.751	.004
8.771	.004
8.969	.003
8.980	.003
9.000	.003
9.011	.003
9.026	.003
9.071	.002
9.103	.002
9.163	.002
9.231	.002
9.286	.002
9.323	.001
9.411	.001
9.503	.001
9.506	.001
9.606	.001
9.643	.001
9.651	.001
9.686	.001
9.926	.001
9.986	.000
10.051	.000
10.063	.000
10.100	.000
10.260	.000
10.511	.000
10.520	.000
10.566	.000
10.646	.000
11.023	.000
11.083	.000
11.571	.000

$n_1 = 5, n_2 = 5, n_3 = 5$

x	$P_0\{H \geq x\}$
.000	1.000
.020	.998

표 7 (계속)

$n_1 = 5, n_2 = 5, n_3 = 5$

x	$P_0\{H \geq x\}$
.060	.983
.080	.968
.140	.954
.180	.925
.240	.911
.260	.898
.320	.871
.380	.858
.420	.832
.500	.807
.540	.794
.560	.783
.620	.759
.720	.736
.740	.725
.780	.703
.860	.681
.960	.660
.980	.650
1.040	.620
1.140	.601
1.220	.582
1.260	.564
1.280	.547
1.340	.538
1.460	.521
1.500	.505
1.520	.497
1.580	.481
1.620	.466
1.680	.459
1.820	.444
1.860	.416
1.940	.403
2.000	.390
2.060	.383
2.160	.371
2.180	.365
2.220	.353
2.240	.342

$n_1 = 5, n_2 = 5, n_3 = 5$

x	$P_0\{H \geq x\}$
2.340	.330
2.420	.319
2.480	.314
2.540	.304
2.580	.294
2.660	.284
2.780	.265
2.880	.256
2.940	.252
2.960	.239
3.020	.231
3.120	.223
3.140	.216
3.260	.208
3.380	.201
3.420	.190
3.440	.184
3.500	.177
3.620	.171
3.660	.165
3.780	.159
3.840	.153
3.760	.150
3.920	.145
3.980	.137
4.020	.132
4.160	.127
4.220	.123
4.340	.118
.4380	.110
4.460	.105
4.500	.102
4.560	.100
4.580	.096
4.740	.092
4.820	.089
4.860	.085
4.880	.084
4.940	.081
5.040	.075

$n_1 = 5, n_2 = 5, n_3 = 5$

x	$P_0\{H \geq x\}$
5.120	.072
5.180	.070
5.360	.065
5.420	.063
5.460	.060
5.540	.055
5.580	.053
5.660	.051
5.780	.049
5.820	.048
5.840	.046
6.000	.044
6.020	.043
6.080	.040
6.140	.038
6.180	.036
6.260	.035
6.320	.033
6.480	.032
6.500	.031
6.540	.030
6.620	.028
6.660	.027
6.720	.026
6.740	.025
6.860	.024
6.980	.021
7.020	.020
7.220	.019
7.260	.018
7.280	.018
7.340	.016
7.440	.015
7.460	.015
7.580	.014
7.620	.013
7.740	.012
7.760	.012
7.940	.011
7.980	.011

$n_1 = 5, n_2 = 5, n_3 = 5$

x	$P_0\{H \geq x\}$
8.000	.009
8.060	.009
8.180	.008
8.240	.008
8.340	.007
8.420	.007
8.540	.006
8.640	.006
8.660	.006
8.720	.005
8.780	.005
8.820	.005
8.880	.004
8.960	.004
9.060	.004
9.140	.003
9.260	.003
9.360	.003
9.380	.003
9.420	.002
9.500	.002
9.620	.002
9.680	.001
9.740	.001
9.780	.001
9.920	.001
9.980	.001
10.140	.001
10.220	.001
10.260	.000
10.500	.000
10.580	.000
10.640	.000
10.820	.000
11.060	.000
11.180	.000
11.520	.000
11.580	.000
12.020	.000
12.500	.000

표 8 Friedman 통계량 분포표

$k=3,\ n=2$

x	$P_0\{S \geq x\}$
1	1.000
2	.833
3	.500
4	.167

$k=3,\ n=3$

x	$P_0\{S \geq x\}$
.000	1.000
.667	.944
2.000	.528
2.667	.361
4.667	.194
6.000	.025

$k=3,\ n=4$

x	$P_0\{S \geq x\}$
.0	1.000
.5	.931
1.5	.653
2.0	.431
3.5	.273
4.5	.125
6.0	.069
6.5	.042
8.0	.005

$k=3,\ n=5$

x	$P_0\{S \geq x\}$
.0	1.000
.4	.954
1.2	.691
1.6	.522
2.8	.367
3.6	.182
4.8	.124
5.2	.093
6.4	.039
7.6	.024
8.4	.008
10.0	.001

$k=3,\ n=6$

x	$P_0\{S \geq x\}$
.000	1.000
.333	.956
1.000	.740
1.333	.570
2.333	.430
3.000	.252
4.000	.184
4.333	.142
5.333	.072
6.333	.052
7.000	.029
8.333	.012
9.000	.008
9.333	.006
10.333	.002
12.000	.000

$k=3,\ n=7$

x	$P_0\{S \geq x\}$
.000	1.000
.286	.964
.857	.768
1.143	.620
2.000	.486
2.571	.305
3.429	.237
3.714	.192
4.571	.112
5.429	.085
6.000	.051
7.143	.027
7.714	.021
8.000	.016
8.857	.008
10.286	.004
10.571	.003
11.143	.001
12.286	.000

$k=3,\ n=8$

x	$P_0\{S \geq x\}$
.00	1.000
.25	.967
.75	.794

$k=3,\ n=8$

x	$P_0\{S \geq x\}$
1.00	.654
1.75	.531
2.25	.355
3.00	.285
3.25	.236
4.00	.149
4.75	.120
5.25	.079
6.25	.047
6.75	.038
7.00	.030
7.75	.018
9.00	.010
9.25	.008
9.75	.005
10.75	.002
12.00	.001
12.25	.001
13.00	.000

$k=3,\ n=9$

x	$P_0\{S \geq x\}$
.000	1.000
.222	.971
.667	.814
.889	.685
1.556	.569
2.000	.398
2.667	.328
2.889	.278
3.556	.187
4.222	.154
4.667	.107
5.556	.069
6.000	.057
6.222	.048
6.889	.031
8.000	.019
8.222	.016
8.667	.010
9.556	.006
10.667	.004
10.889	.003
11.556	.001
12.667	.001
13.556	.000

$k=3,\ n=10$

x	$P_0\{S \geq x\}$
.0	1.000
.2	.974
.6	.830
.8	.710
1.4	.601
1.8	.436
2.4	.368
2.6	.316
3.2	.222
3.8	.187
4.2	.135
5.0	.092
5.4	.078
5.6	.066
6.2	.046
7.2	.030
7.4	.026
7.8	.018
8.6	.012
9.6	.007
9.8	.006
10.4	.003
11.4	.002
12.2	.001
12.6	.001
12.8	.001
13.4	.000

$k=3,\ n=11$

x	$P_0\{S \geq x\}$
.000	1.000
.182	.976
.545	.844
.727	.732
1.273	.629
1.636	.470
2.182	.403
2.364	.351
2.909	.256
3.455	.219
3.818	.163
4.545	.116
4.909	.100
5.091	.087
5.636	.062
6.545	.043
6.727	.038
7.091	.027
7.818	.019
8.727	.013
8.909	.011
9.455	.006

표 8 (계속)

$k=3,\ n=11$

x	$P_0\{S \geq x\}$
10.364	.004
11.091	.003
11.455	.002
11.636	.001
12.182	.001
13.273	.001
13.636	.000

$k=3,\ n=12$

x	$P_0\{S \geq x\}$
.000	1.000
.167	.978
.500	.856
.667	.751
1.167	.654
1.500	.500
2.000	.434
2.167	.383
2.667	.287
3.167	.249
3.500	.191
4.167	.141
4.500	.123
4.667	.108
5.167	.080
6.000	.058
6.167	.051
6.500	.038
7.167	.027
8.000	.020
8.167	.017
8.667	.011
9.500	.007
10.167	.005
10.500	.004
10.667	.003
11.167	.002
12.167	.002
12.500	.001
12.667	.001
13.167	.001
13.500	.000

$k=3,\ n=13$

x	$P_0\{S \geq x\}$
.000	1.000
.154	.980
.462	.866
.615	.767
1.077	.675

$k=3,\ n=13$

x	$P_0\{S \geq x\}$
1.385	.527
1.846	.463
2.000	.412
2.462	.316
2.923	.278
3.231	.217
3.846	.165
4.154	.145
4.308	.129
4.769	.098
5.538	.073
5.692	.065
6.000	.050
6.615	.037
7.385	.028
7.538	.025
8.000	.016
8.769	.012
9.385	.009
9.692	.007
9.846	.005
10.308	.004
11.231	.003
11.538	.002
11.692	.002
12.154	.001
12.462	.001
12.923	.001
14.000	.001
14.308	.000

$k=4,\ n=2$

x	$P_0\{S \geq x\}$
.0	1.000
.6	.958
1.2	.833
1.8	.792
2.4	.625
3.0	.542
3.6	.458
4.2	.375
4.8	.208
5.4	.167
6.0	.042

$k=4,\ n=3$

x	$P_0\{S \geq x\}$
.2	1.000
.6	.958
1.0	.910
1.8	.727

$k=4,\ n=3$

x	$P_0\{S \geq x\}$
2.2	.608
2.6	.524
3.4	.446
3.8	.342
4.2	.300
5.0	.207
5.4	.175
5.8	.148
6.6	.075
7.0	.054
7.4	.033
8.2	.017
9.0	.002

$k=4,\ n=4$

x	$P_0\{S \geq x\}$
.0	1.000
.3	.992
.6	.928
.9	.900
1.2	.800
1.5	.754
1.8	.677
2.1	.649
2.4	.524
2.7	.508
3.0	.432
3.3	.389
3.6	.355
3.9	.324
4.5	.242
4.8	.200
5.1	.190
5.4	.158
5.7	.141
6.0	.105
6.3	.094
6.6	.077
6.9	.068
7.2	.054
7.5	.052
7.8	.036
8.1	.033
8.4	.019
8.7	.014
9.3	.012
9.6	.007
9.9	.006
10.2	.003
10.8	.002
11.1	.001
12.0	.000

$k=4,\ n=5$

x	$P_0\{S \geq x\}$
.12	1.000
.36	.975
.60	.944
1.08	.857
1.32	.771
1.56	.709
2.04	.652
2.28	.561
2.52	.521
3.00	.445
3.24	.408
3.48	.372
3.96	.298
4.20	.260
4.44	.226
4.92	.210
5.16	.162
5.40	.151
5.88	.123
6.12	.107
6.36	.093
6.84	.075
7.08	.067
7.32	.055
7.80	.044
8.04	.034
8.28	.031
8.76	.023
9.00	.020
9.24	.017
9.72	.012
9.96	.009
10.20	.007
10.68	.005
10.92	.003
11.16	.002
11.64	.002
11.88	.002
12.12	.001
12.60	.001
12.84	.000

$k=4,\ n=6$

x	$P_0\{S \geq x\}$
.0	1.000
.2	.996
.4	.957
.6	.940
.8	.874
1.0	.844
1.2	.789
1.4	.772

$k=4,\ n=6$

x	$P_0\{S \ge x\}$
1.6	.679
1.8	.668
2.0	.609
2.2	.574
2.4	.541
2.6	.512
3.0	.431
3.2	.386
3.4	.375
3.6	.338
3.8	.317
4.0	.270
4.2	.256
4.4	.230
4.6	.218
4.8	.197
5.0	.194
5.2	.163
5.4	.155
5.6	.127
5.8	.114
6.2	.108
6.4	.089
6.6	.088
6.8	.073
7.0	.066
7.2	.060
7.4	.056
7.6	.043
7.8	.041
8.0	.037
8.2	.035
8.4	.032
8.6	.029
8.8	.023
9.0	.022
9.4	.017
9.6	.014
9.8	.013
10.0	.010
10.2	.010
10.4	.009
10.6	.007
10.8	.006
11.0	.006
11.4	.004
11.6	.003
11.8	.003
12.0	.002
12.2	.002
12.6	.001
12.8	.001
13.0	.001
13.2	.001
13.4	.001
13.6	.000

$k=4,\ n=7$

x	$P_0\{S \ge x\}$
.086	1.000
.257	.984
.429	.963
.771	.906
.943	.845
1.114	.800
1.457	.757
1.629	.685
1.800	.652
2.143	.590
2.314	.557
2.486	.524
2.829	.456
3.000	.418
3.171	.382
3.514	.366
3.686	.310
3.857	.297
4.200	.262
4.371	.239
4.543	.220
4.886	.195
5.057	.180
5.229	.161
5.571	.143
5.743	.122
5.914	.118
6.257	.100
6.429	.093
6.600	.085
6.943	.073
7.114	.063
7.286	.056
7.629	.052
7.800	.041
7.971	.038
8.314	.035
8.486	.033
8.657	.030
9.000	.023
9.171	.020
9.343	.017
9.686	.015
9.857	.013
10.029	.012
10.371	.010
10.543	.009
10.714	.008
11.057	.007
11.229	.005
11.400	.004
11.743	.004
11.914	.003
12.086	.003
12.429	.002
12.600	.002
12.771	.002
13.114	.001
13.286	.001

$k=4,\ n=7$

x	$P_0\{S \ge x\}$
13.457	.001
13.800	.001
13.971	.001
14.143	.001
14.486	.000

$k=4,\ n=8$

x	$P_0\{S \ge x\}$
.00	1.000
.15	.998
.30	.971
.45	.959
.60	.912
.75	.890
.90	.849
1.05	.837
1.20	.765
1.35	.757
1.50	.710
1.65	.681
1.80	.654
1.95	.629
2.25	.558
2.40	.517
2.55	.507
2.70	.471
2.85	.450
3.00	.404
3.15	.389
3.30	.362
3.45	.350
3.60	.326
3.75	.323
3.90	.287
4.05	.278
4.20	.242
4.35	.226
4.65	.219
4.80	.193
4.95	.191
5.10	.168
5.25	.158
5.40	.148
5.55	.141
5.70	.121
5.85	.117
6.00	.110
6.15	.106
6.30	.100
6.45	.094
6.60	.081
6.75	.079
7.05	.068
7.20	.060

$k=4,\ n=8$

x	$P_0\{S \ge x\}$
7.35	.058
7.50	.051
7.65	.049
7.80	.046
7.95	.042
8.10	.038
8.25	.037
8.55	.031
8.70	.028
8.85	.025
9.00	.023
9.15	.022
9.45	.019
9.60	.016
9.75	.015
9.90	.014
10.05	.014
10.20	.011
10.35	.011
10.50	.009
10.65	.009
10.80	.008
10.95	.008
11.10	.006
11.25	.006
11.40	.005
11.55	.005
11.85	.004
12.00	.004
12.15	.004
12.30	.003
12.45	.003
12.60	.002
12.75	.002
12.90	.002
13.05	.002
13.20	.002
13.35	.001
13.50	.001
13.65	.001
13.80	.001
13.95	.001
14.25	.001
14.40	.001
14.55	.001
14.70	.001
14.85	.000

$k=5,\ n=3$

x	$P_0\{S \ge x\}$
.000	1.000

표 8 (계속)

$k=5,\ n=3$

x	$P_0\{S \geq x\}$
.267	1.000
.533	.988
.800	.972
1.067	.941
1.333	.914
1.600	.845
1.867	.831
2.133	.768
2.400	.720
2.667	.682
2.933	.649
3.200	.595
3.467	.559
3.733	.493
4.000	.475
4.267	.432
4.533	.406
4.800	.347
5.067	.326
5.333	.291
5.600	.253
5.867	.236
6.133	.213
6.400	.172
6.667	.163
6.933	.127
7.200	.117
7.467	.096
7.733	.080
8.000	.063
8.267	.056
8.533	.045
8.800	.038
9.067	.028
9.333	.026
9.600	.017
9.867	.015
10.133	.008
10.400	.005
10.667	.004
10.933	.003
11.467	.001
12.000	.000

$k=5,\ n=4$

x	$P_0\{S \geq x\}$
.0	1.000
.2	.999
.4	.991
.6	.980
.8	.959
1.0	.940
1.2	.906
1.4	.895
1.6	.850
1.8	.815
2.0	.785
2.2	.759
2.4	.715
2.6	.685
2.8	.630
3.0	.612
3.2	.579
3.4	.552
3.6	.500
3.8	.479
4.0	.442
4.2	.413
4.4	.395
4.6	.370
4.8	.329
5.0	.317
5.2	.286
5.4	.275
5.6	.249
5.8	.227
6.0	.205
6.2	.197
6.4	.178
6.6	.161
6.8	.143
7.0	.136
7.2	.121
7.4	.113
7.6	.095
7.8	.086
8.0	.080
8.2	.072
8.4	.063
8.6	.060
8.8	.049
9.0	.043
9.2	.038
9.4	.035
9.6	.028
9.8	.025
10.0	.021
10.2	.019
10.4	.017
10.6	.014
10.8	.011
11.0	.010
11.2	.008
11.4	.007
11.6	.006
11.8	.005
12.0	.004
12.2	.004
12.4	.003
12.6	.002
12.8	.002
13.0	.001
13.2	.001
13.4	.001
13.6	.001
13.8	.000

$k=5,\ n=5$

x	$P_0\{S \geq x\}$
.00	1.000
.16	1.000
.32	.994
.48	.986
.64	.972
.80	.958
.96	.932
1.12	.925
1.28	.891
1.44	.865
1.60	.842
1.76	.823
1.92	.789
2.08	.765
2.24	.721
2.40	.707
2.56	.679
2.72	.657
2.88	.613
3.04	.594
3.20	.562
3.36	.535
3.52	.518
3.68	.494
3.84	.454
4.00	.443
4.16	.410
4.32	.398
4.48	.371
4.64	.349
4.80	.325
4.96	.316
5.12	.295
5.28	.275
5.44	.255
5.60	.246
5.76	.227
5.92	.218
6.08	.195
6.24	.183
6.40	.174
6.56	.164
6.72	.151
6.88	.146
7.04	.130
7.20	.121
7.36	.112
7.52	.107
7.68	.094
7.84	.089
8.00	.082
8.16	.077
8.32	.073
8.48	.066
8.64	.058
8.80	.056
8.96	.049
9.12	.046
9.28	.042
9.44	.038
9.60	.035
9.76	.032
9.92	.029
10.08	.026
10.24	.024
10.40	.022
10.56	.019
10.72	.018
10.88	.015
11.04	.013
11.20	.012
11.36	.012
11.52	.010
11.68	.009
11.84	.008
12.00	.007
12.16	.006
12.32	.006
12.48	.005
12.64	.004
12.80	.004
12.96	.003
13.12	.003
13.28	.003
13.44	.002
13.60	.002
13.76	.002
13.92	.002
14.08	.001
14.24	.001
14.40	.001
14.56	.001
14.72	.001
14.88	.001
15.04	.000

표 9 Kolmogorov-Smirnov 통계량 분포표

	α=0.10	0.05	0.025	0.01	0.005		α=0.10	0.05	0.025	0.01	0.005
n=1	.900	.950	.975	.990	.995	n=21	.226	.259	.287	.321	.344
2	.684	.776	.842	.900	.929	22	.221	.253	.281	.314	.337
3	.565	.636	.708	.785	.829	23	.216	.247	.275	.307	.330
4	.493	.565	.624	.689	.734	24	.212	.242	.269	.301	.323
5	.447	.509	.563	.627	.669	25	.208	.238	.264	.295	.317
6	.410	.468	.519	.577	.617	26	.204	.233	.259	.290	.311
7	.381	.436	.483	.538	.576	27	.200	.229	.254	.284	.305
8	.358	.410	.454	.507	.542	28	.197	.225	.250	.279	.300
9	.339	.387	.430	.480	.513	29	.193	.221	.246	.275	.295
10	.323	.369	.409	.457	.489	30	.190	.218	.242	.270	.290
11	.308	.352	.391	.437	.468	31	.187	.214	.238	.266	.285
12	.296	.338	.375	.419	.449	32	.184	.211	.234	.262	.281
13	.285	.325	.361	.404	.432	33	.182	.208	.231	.258	.277
14	.275	.314	.349	.390	.418	34	.179	.205	.227	.254	.273
15	.266	.304	.338	.377	.404	35	.177	.202	.224	.251	.269
16	.258	.295	.327	.366	.392	36	.174	.199	.221	.247	.265
17	.250	.286	.318	.355	.381	37	.172	.196	.218	.244	.262
18	.244	.279	.309	.346	.371	38	.170	.194	.215	.241	.258
19	.237	.271	.301	.337	.361	39	.168	.191	.213	.238	.255
20	.232	.265	.294	.329	.352	40	.165	.189	.210	.235	.252
						$n>40$일 때 근삿값	$\frac{1.07}{\sqrt{n}}$	$\frac{1.22}{\sqrt{n}}$	$\frac{1.36}{\sqrt{n}}$	$\frac{1.52}{\sqrt{n}}$	$\frac{1.63}{\sqrt{n}}$

표 10 Kolmogorov-Smirnov 통계량 분포표(두 집단비교: 표본수가 같은 경우)

(i) $m = n$일 때

	α = 0.10	0.05	0.025	0.01	0.005		α = 0.10	0.05	0.025	0.01	0.005
n=3	2/3	2/3				n=20	6/20	7/20	8/20	9/20	10/20
4	3/4	3/4	3/4			21	6/21	7/21	8/21	9/21	10/21
5	3/5	3/5	4/5	4/5	4/5	22	7/22	8/22	8/22	10/22	10/22
6	3/6	4/6	4/6	5/6	5/6	23	7/23	8/23	9/23	10/23	10/23
7	4/7	4/7	5/7	5/7	5/7	24	7/24	8/24	9/24	10/24	11/24
8	4/8	4/8	5/8	5/8	6/8	25	7/25	8/25	9/25	10/25	11/25
9	4/9	5/9	5/9	6/9	6/9	26	7/26	8/26	9/26	10/26	11/26
10	4/10	5/10	6/10	6/10	7/10	27	7/27	8/27	9/27	11/27	11/27
11	5/11	5/11	6/11	7/11	7/11	28	8/28	9/28	10/28	11/28	12/28
12	5/12	5/12	6/12	7/12	7/12	29	8/29	9/29	10/29	11/29	12/29
13	5/13	6/13	6/13	7/13	8/13	30	8/30	9/30	10/30	11/30	12/30
14	5/14	6/14	7/14	7/14	8/14	31	8/31	9/31	10/31	11/31	12/31
15	5/15	6/15	7/15	8/15	8/15	32	8/32	9/32	10/32	12/32	12/32
16	6/16	6/16	7/16	8/16	9/16	34	8/34	10/34	11/34	12/34	13/34
17	6/17	7/17	7/17	8/17	9/17	36	9/36	10/36	11/36	12/36	13/36
18	6/18	7/18	8/18	9/18	9/18	38	9/38	10/38	11/38	13/38	14/38
19	6/19	7/19	8/19	9/19	9/19	40	9/40	10/40	12/40	13/40	14/40
						$n > 40$일 때 근삿값	$\frac{1.52}{\sqrt{n}}$	$\frac{1.73}{\sqrt{n}}$	$\frac{1.92}{\sqrt{n}}$	$\frac{2.15}{\sqrt{n}}$	$\frac{2.30}{\sqrt{n}}$

표 11 Kolmogorov-Smirnov 통계량 분포표(두 집단비교: 표본수가 다른 경우)

(ⅱ) $m < n$일 때

		α=0.10	0.05	0.025	0.01	0.005
m=1	n=9	17/18				
	10	9/10				
m=2	n=3	5/6				
	4	3/4				
	5	4/5	4/5			
	6	5/6	5/6			
	7	5/7	6/7			
	8	3/4	7/8	7/8		
	9	7/9	8/9	8/9		
	10	7/10	4/5	9/10		
m=3	n=4	3/4	3/4			
	5	2/3	4/5	4/5		
	6	2/3	2/3	5/6		
	7	2/3	5/7	6/7	6/7	
	8	5/8	3/4	3/4	7/8	
	9	2/3	2/3	7/9	8/9	8/9
	10	3/5	7/10	4/5	9/10	9/10
	12	7/12	2/3	3/4	5/6	11/12
m=4	n=5	3/5	3/4	4/5	4/5	
	6	7/12	2/3	3/4	5/6	5/6
	7	17/28	5/7	3/4	6/7	6/7
	8	5/8	5/8	3/4	7/8	7/8
	9	5/9	2/3	3/4	7/9	8/9
	10	11/20	13/20	7/10	4/5	4/5
	12	7/12	2/3	2/3	3/4	5/6
	16	9/16	5/8	11/16	3/4	13/16
m=5	n=6	3/5	2/3	2/3	5/6	5/6
	7	4/7	23/35	5/7	29/35	6/7
	8	11/20	5/8	27/40	4/5	4/5
	9	5/9	3/5	31/45	7/9	4/5
	10	1/2	3/5	7/10	7/10	4/5
	15	8/15	3/5	2/3	11/15	11/15
	20	1/2	11/20	3/5	7/10	3/4
	n=7	23/42	4/7	29/42	5/7	5/6
	8	1/2	7/12	2/3	3/4	3/4
	9	1/2	5/9	2/3	13/18	7/9
m=6	10	1/2	17/30	19/30	7/10	11/15
	12	1/2	7/12	7/12	2/3	3/4
	18	4/9	5/9	11/18	2/3	13/18
	24	11/24	1/2	7/12	5/8	2/3

표 11 (계속)

		α=0.10	0.05	0.025	0.01	0.005
m=7	n=8	27/56	33/56	5/8	41/56	3/4
	9	31/63	5/9	40/63	5/7	47/63
	10	33/70	39/70	43/70	7/10	5/7
	14	3/7	1/2	4/7	9/14	5/7
	28	3/7	13/28	15/28	17/28	9/14
m=8	n=9	4/9	13/24	5/8	2/3	3/4
	10	19/40	21/40	23/40	27/40	7/10
	12	11/24	1/2	7/12	5/8	2/3
	16	7/16	1/2	9/16	5/8	5/8
	32	13/32	7/16	1/2	9/16	19/32
m=9	n=10	7/15	1/2	26/45	2/3	31/45
	12	4/9	1/2	5/9	11/18	2/3
	15	19/45	22/45	8/15	3/5	29/45
	18	7/18	4/9	1/2	5/9	11/18
	36	13/36	5/12	17/36	19/36	5/9
m=10	n=15	2/5	7/15	1/2	17/30	19/30
	20	2/5	9/20	1/2	11/20	3/5
	40	7/20	2/5	9/20	1/2	
m=12	n=15	23/60	9/20	1/2	11/20	7/12
	16	3/8	7/16	23/48	13/24	7/12
	18	13/36	5/12	17/36	19/36	5/9
	20	11/30	5/12	7/15	31/60	17/30
m=15	n=20	7/20	2/5	13/30	29/60	31/60
m=16	n=20	27/80	31/80	17/40	19/40	41/80
대표본 근사		$1.07\sqrt{\frac{m+n}{mn}}$	$1.22\sqrt{\frac{m+n}{mn}}$	$1.36\sqrt{\frac{m+n}{mn}}$	$1.52\sqrt{\frac{m+n}{mn}}$	$1.63\sqrt{\frac{m+n}{mn}}$

찾아보기

영문

【A】

Accuracy 149-150, 156

Anderson-Darling 검정통계량 116

AR 124

AUC 120-121

【B】

bandwidth 140

【C】

CAP 곡선 124

Cochran's Q 검정통계량 87-88

Cramer-von Mises 검정통계량 114, 116

Cubic spline 추정량 144

【F】

F 분포 3

F1 score 149

Friedman 검정통계량 95

【K】

Kernel 밀도함수 추정량 140-141

Kolmogorov-Smirnov 검정통계량 112

Kruskal-Wallis 검정 71, 73

【L】

LOESS 145

【M】

Mann-Whitney 검정통계량 68

McNemar 검정통계량 83

【N】

Nadaraya-Watson 추정량 142-143

Naive 밀도함수 추정량 139

NPV 149, 157

【O】

Overall variance 48

【P】

p-값 23

*p*번째 분위수 4

Pooled variance 48

Precision 148-149, 156-157

【Q】

Q-Q plot 127

Quade 검정통계량 97-98

【R】

Recall 148-149

ROC 곡선 120-121

【S】

Sensitivity 148

Specificity 148

Sturge's 공식 137

【T】

T*au* − *a*　38

T*au* − *b*　38

【W】

Wilcoxon 부호순위검정　93

Wilcoxon rank sum 검정통계량　68-69

국문

【ㄱ】

검정력　24

검정통계량　23

경험적 분포함수　12, 16

공분산　5, 85

구간추정량　18

국소가중평균 추정량　142

귀무가설　23

기각역　23-24

【ㄷ】

대립가설　23

독립　2-3, 44, 46, 60, 82, 117

독립성 검정　42, 43, 67

동질성 검정　42, 67

【ㅁ】

명목형 변수　32

모수적 붓스트랩　15

몬테칼로(Monte Carlo) 모의실험　15

무기억성　3

【ㅂ】

범주형 변수　32-33, 46, 50

베르누이 시행　2, 19, 60

복합가설　24

부호검정　91

비모수 회귀방법　142

【ㅅ】

생존함수　25

수치형 변수　32-35, 91

순서형 변수　32

스피어맨의 순위상관계수　36-37

신뢰구간　18-22

【ㅇ】

엔트로피　2

연속성 조정　61

유의수준　23-25

이산형 균등분포　2

이항분포　2, 19, 60, 63, 83, 91

【ㅈ】

적률　4

점추정량　18

정규분포　3, 14-15, 20, 22, 35, 46, 71, 89

정확한(exact) 분포　15

제1종 오류　24

제2종 오류　24

종속　82

지수분포　2

【ㅊ】

초기하분포　2, 65

최대 비모수 가능도　136

최대 엔트로피　136

추정량　18, 20, 136

【ㅋ】

카이제곱분포　3, 41, 43-44, 47-48, 73, 83, 89, 95

켄달의 순위상관계수　37-38

【ㅌ】

통계량　7, 14

【ㅍ】

표본상관계수　34

표준정규분포　3, 47, 63, 91

피어슨 상관계수　5, 34-37

【ㅎ】

확률적 선행　6-7

확률적 순서　6-7

히스토그램　136-139

저자 소개

박상언
연세대학교 응용통계학과 졸업
Iowa State U 통계학석사
U of Chicago 통계학박사(비모수통계, 정보이론 전공)
U of Oregon, UC Davis 방문교수
삼성경제연구소 초빙연구위원
현) 연세대학교 응용통계학과 교수

R과 Python을 이용한
비모수통계학

저　자　박상언
발 행 인　김지영
발 행 처　자유아카데미
주　소　경기도 파주시 회동길 37-42
　　　　파주출판도시
전　화　031-955-1321
팩　스　031-955-1322
홈페이지　www.freeaca.com
전자우편　main@freeaca.com (대표)
　　　　editor@freeaca.com (편집)
　　　　crm@freeaca.com (영업)
등　록　제406-2003-017호, 1980. 7. 12
제1판1쇄　2022년 1월 5일 발행

저자와의
협의하에
인지생략

ISBN 979-11-5808-338-0　93310